新版 基礎高分子工業化学

中田 誠 行
大津 隆 弘
角 岡 正 徹
高 岸 司
圓藤紀代 著

朝倉書店

執 筆 者 (執筆分担)

田中　誠（たなか　まこと）　大阪府立大学名誉教授（6章）

大津　隆行（おおつ　たかゆき）　大阪市立大学名誉教授（2章, 3章）

角岡　正弘（つのおか　まさひろ）　大阪府立大学名誉教授
（6章, 7.1節, 7.2節, 10章）

高岸　徹（たかぎし　とおる）　東京家政大学・教授
大阪府立大学名誉教授
（4章, 5章, 7.3節）

圓藤　紀代司（えんどう　きよし）　大阪市立大学大学院工学研究科・助教授
（1章〜3章, 7.4節, 8章, 9章）

まえがき

　本書の前身である『基礎高分子工業化学』（大津隆行，田中　誠，故　黒木宣彦著）は，『基礎有機工業化学』（故　黒木宣彦，松本　博著）との姉妹書として1979年に刊行された．そのため，素原料，モノマー合成などを後書へ，高分子合成の基礎化学（3章分）を前書に加えることによってそれぞれ独立性を高めた．幸いに，発刊以来好評を得て，教科書ならびに参考書として広く利用されてきた．

　しかし，生体高分子（本書ではふれない）や合成高分子などにみられるように，最近の科学と技術の進歩は著しく，また種々改質されたプラスチック，合成繊維，合成ゴムなどの汎用高分子は生産量を増やし（世界で約1.5億トン），天然物をしのぐ新しい高性能，高機能性高分子材料は産業のあらゆる分野で利用され，天然物や金属をこえる材料まで合成されるようになった．なかでも，半世紀ほど前まで自然界に存在しなかった熱可塑性プラスチックなどによる環境問題への対応が新しい研究課題になってきた．

　このように，21世紀の高分子の化学工業に対応できるように旧版の内容を改訂する必要性が生じてきた．そこで，第一線で活躍されている大阪府立大学　角岡正弘教授，同大学　高岸　徹教授ならびに大阪市立大学　圓藤紀代司助教授を執筆者に加え，最新の高分子化学と工業について旧版を全面改訂した『新版　基礎高分子工業化学』として出版することになった．

　本書は，教科書としての性格から限られた枚数内に多くの内容をつめ込むよう努めたため，説明の十分でないところがあるかもしれない．ご叱責賜れれば幸いである．本書が環境問題の解決や持続性のある地球環境を保持するための参考になれば望外の喜びである．

　最後に，朝倉書店編集部の方々のご配慮に対し厚くお礼申し上げます．

　2003年1月

大津隆行

目　　次

1. **高分子化学とその工業** ………………………………………………………… 1
   1.1 高分子発展の歴史 ……………………………………………………… 1
   1.2 高分子の確立と展開 …………………………………………………… 4
   1.3 高分子工業の発展 ……………………………………………………… 5
   1.4 今後の高分子工業 ……………………………………………………… 6

2. **高分子とその特性** ……………………………………………………………… 8
   2.1 高分子の定義 …………………………………………………………… 8
   2.2 高分子と低分子の違い ………………………………………………… 9
   2.3 高分子の分類 …………………………………………………………… 11
   2.4 高分子の分子構造 ……………………………………………………… 13
   2.5 高分子の固体構造 ……………………………………………………… 14
   　　2.5.1 微細組織 ………………………………………………………… 14
   　　2.5.2 高分子の結晶 …………………………………………………… 15
   　　2.5.3 高分子の高次構造 ……………………………………………… 17
   2.6 高分子の熱的性質 ……………………………………………………… 18
   2.7 高分子の力学的性質 …………………………………………………… 20
   　　2.7.1 粘弾性 …………………………………………………………… 20
   　　2.7.2 ゴム弾性 ………………………………………………………… 21
   2.8 高分子の溶解と希薄溶液の性質 ……………………………………… 23

3. **高分子合成の基礎** ……………………………………………………………… 26
   3.1 高分子の合成反応 ……………………………………………………… 26
   　　3.1.1 反応の形式と分類 ……………………………………………… 26
   　　3.1.2 高分子の合成反応の特徴 ……………………………………… 27
   3.2 付加重合（ビニル重合） ……………………………………………… 29
   3.3 ラジカル重合 …………………………………………………………… 30

- 3.3.1 ラジカル重合の方式 ······ 30
- 3.3.2 ラジカル重合の動力学 ······ 31
- 3.3.3 素反応機構 ······ 33
- 3.4 ラジカル共重合 ······ 39
  - 3.4.1 共重合組成式 ······ 39
  - 3.4.2 モノマー反応性比 ······ 41
  - 3.4.3 モノマーおよびラジカルの反応性 ······ 41
  - 3.4.4 Q, e の取扱い ······ 42
- 3.5 イオン重合 ······ 44
- 3.6 カチオン重合 ······ 45
  - 3.6.1 開始反応 ······ 45
  - 3.6.2 成長反応 ······ 46
  - 3.6.3 停止反応 ······ 47
  - 3.6.4 連鎖移動反応 ······ 47
- 3.7 アニオン重合 ······ 47
  - 3.7.1 開始反応 ······ 48
  - 3.7.2 成長反応 ······ 49
  - 3.7.3 停止および連鎖移動反応 ······ 49
- 3.8 配位重合 ······ 50
  - 3.8.1 チーグラー–ナッタ触媒による重合 ······ 50
  - 3.8.2 メタロセン触媒による重合 ······ 51
- 3.9 リビング重合 ······ 52
  - 3.9.1 リビングアニオン重合 ······ 52
  - 3.9.2 リビングカチオン重合 ······ 54
  - 3.9.3 リビングラジカル重合 ······ 54
- 3.10 開環重合 ······ 56
  - 3.10.1 環状エーテルの開環重合 ······ 56
  - 3.10.2 ラクトンの開環重合 ······ 57
  - 3.10.3 ラクタムの開環重合 ······ 57
- 3.11 重付加 ······ 58
- 3.12 重縮合 ······ 59
  - 3.12.1 重縮合の例 ······ 59
  - 3.12.2 重縮合の特徴 ······ 60
  - 3.12.3 重縮合の方法 ······ 61

3.13　付加縮合 …………………………………………………… 62
　　　3.13.1　フェノール・ホルムアルデヒド樹脂の生成 ………… 62
　　　3.13.2　尿素・ホルムアルデヒド樹脂の生成 ………………… 63
　　3.14　高分子の化学反応 ………………………………………… 64
　　　3.14.1　等重合度反応（高分子反応）………………………… 64
　　　3.14.2　ブロックおよびグラフト共重合 ……………………… 65
　　　3.14.3　橋かけ反応 ……………………………………………… 66

4. 木材化学工業 ……………………………………………………… 68
　　4.1　木材の化学 ………………………………………………… 68
　　　4.1.1　セルロース ……………………………………………… 68
　　　4.1.2　リグニン ………………………………………………… 70
　　　4.1.3　ヘミセルロース ………………………………………… 70
　　　4.1.4　その他 …………………………………………………… 70
　　4.2　パルプ工業 ………………………………………………… 71
　　　4.2.1　パルプ製造法 …………………………………………… 71
　　　4.2.2　亜硫酸パルプ法 ………………………………………… 71
　　　4.2.3　硫酸塩パルプ法 ………………………………………… 73
　　　4.2.4　半化学パルプ法 ………………………………………… 74
　　　4.2.5　機械パルプ法 …………………………………………… 74
　　4.3　製紙工業 …………………………………………………… 75

5. 繊維工業 …………………………………………………………… 77
　　5.1　繊維 ………………………………………………………… 77
　　　5.1.1　繊維の分類 ……………………………………………… 77
　　　5.1.2　化学繊維の紡糸法 ……………………………………… 78
　　5.2　天然繊維 …………………………………………………… 79
　　　5.2.1　セルロース系天然繊維 ………………………………… 79
　　　5.2.2　タンパク質系天然繊維 ………………………………… 79
　　5.3　再生繊維 …………………………………………………… 82
　　　5.3.1　ビスコースレーヨン …………………………………… 82
　　　5.3.2　キュプラ ………………………………………………… 84
　　5.4　半合成繊維 ………………………………………………… 86
　　　5.4.1　アセテート（$2\frac{1}{2}$ アセテート）…………………………… 86

- 5.4.2 トリアセテート ……………………………………………… 88
- 5.5 合成繊維 ………………………………………………………… 88
  - 5.5.1 合成繊維の種類 …………………………………………… 88
  - 5.5.2 合成繊維の製造工程 ……………………………………… 89
  - 5.5.3 合成繊維各論 ……………………………………………… 90
  - 5.5.4 無機繊維 …………………………………………………… 103
  - 5.5.5 各種繊維の性質 …………………………………………… 103
- 5.6 繊維加工工業 …………………………………………………… 104
  - 5.6.1 精練, 漂白 ………………………………………………… 104
  - 5.6.2 染色 ………………………………………………………… 106
  - 5.6.3 なせん（捺染）……………………………………………… 109
  - 5.6.4 樹脂加工 …………………………………………………… 110
- 5.7 セロハンおよび不織布 ………………………………………… 111
  - 5.7.1 セロハン …………………………………………………… 111
  - 5.7.2 不織布 ……………………………………………………… 111

6. プラスチック工業 …………………………………………………… 114
- 6.1 プラスチックとは ……………………………………………… 114
- 6.2 プラスチックの成型加工 ……………………………………… 114
- 6.3 プラスチック各論 ……………………………………………… 119
  - 6.3.1 セルロース系プラスチック ……………………………… 119
  - 6.3.2 付加重合系プラスチック ………………………………… 120
  - 6.3.3 重縮合系プラスチック …………………………………… 129
  - 6.3.4 付加縮合系プラスチック ………………………………… 135
  - 6.3.5 開環重合系プラスチック ………………………………… 138
  - 6.3.6 重付加系プラスチック …………………………………… 141

7. 機能性高分子材料 …………………………………………………… 144
- 7.1 分離機能 ………………………………………………………… 144
  - 7.1.1 イオン交換樹脂 …………………………………………… 144
  - 7.1.2 イオン交換膜 ……………………………………………… 145
  - 7.1.3 透析膜 ……………………………………………………… 146
  - 7.1.4 逆浸透膜 …………………………………………………… 146
  - 7.1.5 ガス分離膜 ………………………………………………… 147

7.2 光・電気・電子機能 …………………………………………… 147
　7.2.1 導電性ポリマー ……………………………………… 148
　7.2.2 感光性ポリマー/フォトレジスト …………………… 149
7.3 医用高分子 ……………………………………………………… 151
7.4 光学材料 ………………………………………………………… 153
　7.4.1 光学プラスチックの特性 …………………………… 153
　7.4.2 プラスチックレンズ材料 …………………………… 154
　7.4.3 光ファイバー ………………………………………… 154
　7.4.4 光ディスク基盤材料 ………………………………… 155
　7.4.5 高分子偏光フィルム ………………………………… 155

8. ゴム工業 ……………………………………………………… 156
8.1 ゴムの生産 ……………………………………………………… 156
8.2 ゴムの歴史 ……………………………………………………… 156
8.3 ゴムの加工 ……………………………………………………… 158
　8.3.1 素練り ………………………………………………… 158
　8.3.2 混練り（配合）……………………………………… 159
　8.3.3 成型と加硫 …………………………………………… 161
　8.3.4 加硫の意義 …………………………………………… 162
8.4 ゴムの用途 ……………………………………………………… 163
8.5 天然ゴム ………………………………………………………… 163
　8.5.1 ラテックス …………………………………………… 163
　8.5.2 生ゴム ………………………………………………… 164
　8.5.3 天然ゴムの構造 ……………………………………… 164
　8.5.4 天然ゴム誘導体 ……………………………………… 164
8.6 合成ゴム ………………………………………………………… 165
　8.6.1 合成ゴムの種類 ……………………………………… 165
　8.6.2 汎用ゴム ……………………………………………… 165
　8.6.3 特殊ゴム ……………………………………………… 167
8.7 新しい形態のゴム ……………………………………………… 171
　8.7.1 熱可塑性エラストマー ……………………………… 171
　8.7.2 液状ゴム ……………………………………………… 172

9. 塗料・印刷インキ・接着剤 …… 174
9.1 塗　　　料 …… 174
9.1.1 塗料とは …… 174
9.1.2 塗料の分類と塗膜形成成分 …… 174
9.1.3 油 性 塗 料 …… 175
9.1.4 セルロース誘導体 …… 176
9.1.5 合成樹脂塗料 …… 176
9.1.6 エマルションペイント …… 180
9.1.7 酒 精 塗 料 …… 180
9.1.8 ラッカー …… 180
9.2 印刷インキ …… 180
9.2.1 印刷インキの組成 …… 180
9.2.2 印刷方式と印刷インキ …… 181
9.2.3 印刷インキ乾操方式 …… 182
9.2.4 製 造 方 法 …… 183
9.3 接　着　剤 …… 183
9.3.1 接着剤とその選択 …… 183
9.3.2 接着剤の種類と特徴 …… 183

10. 高分子材料の分解と再生利用技術 …… 187
10.1 高分子の分解 …… 187
10.2 環境保全と高分子材料の分解性 …… 189

索　　　引 …… 193

1

高分子化学とその工業

1.1 高分子発展の歴史

　現代生活において，身のまわりの材料には多くの高分子化合物が使われている．われわれの祖先は，昔から天然高分子を利用する術を知っていた．紀元前のインド文明の遺跡からの綿布，中国における絹織物の発見など，木綿や絹が高分子化合物とは知らずに使用されていたことからも明らかである．そして，合成高分子が誕生するまで，われわれの祖先が使える材料としては，獣皮，生ゴム，綿，象牙，木などの天然高分子や生体高分子しかなく，それらに少し手を加えた靴，ゴム，衣料，紙などを使用していた．

　18世紀中頃に産業革命が起こり，綿布や紙などの材料を用いて製品を大量に安くつくることが必要となった．しかし，天候，病害，投機，戦争などに左右され，天然に由来するこれらの原料の供給は一定しなかった．このような時期において化学が登場してきた．ヨーロッパにおいて19世紀後半には天然染料に変わる合成染料の研究が盛んに行われた．合成染料の研究において，しばしば試験管のなかでネバネバしたものが樹脂状物になってしまい「今日も失敗，樹脂状物！」と揶揄される厄介物が，ロジンのような天然の樹脂と外見上似ていたことから「樹脂状物」と呼ばれたが，その物質の本質を理解していたわけではなかった．この時代から人工ポリマーのはじめとされるベークライトの発明に至るまでの高分子に関する主な出来事を表1.1に示す．

表1.1　高分子科学技術の発展

西暦（年）	事項
1838	レグノー，塩化ビニルの重合体を観測
1839	シモン，スチレンが膠状の集塊に変移を観測
1839	グッドイヤー，ゴムの硫黄加硫を発見
1843	ハンコック，エボナイトを発明
1845	シェーンバイン，硝酸セルロースを発明
1869	ハイアット，セルロイドを発明
1879	ブーシャルダ，イソプレンよりゴム状物を得る
1883	スワン，Artificial Silk（人造絹糸）
1891	シャルドンネ，人造絹糸の工業化
1907	ベークランド，ベークライトの工業化

人間は象牙を使うために，19世紀に多くの象を殺したとされる．タンパク質のケラチンであった象牙は櫛，ピアノの鍵盤，ボタン，刃物の握り，ビリヤードの球に使われていた．1845年のシェーンバイン（C. F. Schönbein）により硝酸セルロースが見いだされた．ハイアット（J. W. Hyatt）はこの硝酸セルロースを用いてビリヤードの球をつくった．しかし，この球はよく燃え，なんとかならないかと実験が続けられた．1869年ハイアットは硝酸セルロースに樟脳を混ぜ，圧力を加え加熱することでセルロイドをつくり，入れ歯にもした．また，セルロイドはその特徴を生かし家庭用品としても製造販売された．一方，セルロースと酢酸の反応から糸に引ける人造絹糸を1983年にスワン（J. W. Swan）が発明した．1891年にはシャルドンネ（Chardonnet）による人造絹糸の工業化となった．ちょうど天然繊維が足りなくなった頃と重なり歓迎された．

　一方，1839年にグッドイヤー（C. Goodyear）は天然ゴムに硫黄を混ぜたものが台所のストーブの熱気で変性し，強い弾性をもった，べたつきのない物体に変わることを発見した．今日われわれが弾性ゴムとして使用している物体の発見であった．さらに，硫黄をゴムに対して十数％混ぜたものを長時間熱したところ黒く硬い塊となった．削り磨くと美しい艶を示し，木材の黒檀（ebony）になぞらえエボナイトと名付けられた．これらの発見の後，加工技術の進歩と相まってゴム工業の発展の基となった．

　純粋な人工ポリマーの最初のものは，1907年にベークランド（L. H. Bekeland）が工業化した，フェノールとホルムアルデヒドの反応から得られるベークライトであろう．これは軽くて丈夫であり成型もでき，電気も通さないことから電気製品に使われた．また，木工品の塗装天然シェラック（ラック貝殻の分泌物から抽出）の代替としても使用された．

　象牙の代替品を目標にスタートした合成樹脂の研究から，それまで考えられなかった新素材が次々とつくられていった．天然品の不足を補う目的から一連の合成樹脂が誕生した．それらには，三大合成繊維と呼ばれるナイロン，ポリエステル，アクリル系繊維，クロロプレンやスチレン－ブタジエンゴムなどの合成ゴム，軽量で透明性に優れ航空機の窓に使われたアクリル板，電線被覆としてのポリ塩化ビニルなどがある．

　これらが産業用として流通し始めた頃は，石炭を出発原料としていた．やがて，原料が安価で取り扱いが容易な石油への変換に伴い，これらを使用する高分子工業は戦後における日用品の需要の増人とともに，飛躍的な発展を遂げた．大量生産と安定した品質，しかも安価である合成高分子はさまざまな材料の代替としても使用されてきた．それらには合成皮革，合成繊維，合成糊，合成木材，不織布，プラスチックフィルム（紙の代用－容器包装）などがある．これらの合成物質を生み出す要因となった合成高分子の発明・発見のなかで重要と思われるものを表1.2に示す．これらの樹脂の開発が合成高分子材料の大量生産を生み出した．これらのなかで高分子工業の発展においても重要な意

表1.2 代表的な合成高分子の発明

西暦（年）	人物および事項
1931	カロザース，クロロプレンの発明
1933	フォーセット，高圧法による低密度ポリエチレンの合成
1935	カロザース，ナイロンの発明（重合繊維化に成功）
1936	桜田一郎，ビニロンの発明
1941	フィンフィールド，ポリエステルの発明
1953	チーグラー，高密度ポリエチレンの合成に成功
1954	ナッタ，規則性ポリプロピレンの合成に成功
1954	グッドリッチ，シス-1,4-ポリイソプレンの合成に成功

表1.3 エンジニアプラスチックの開発の歴史

西暦（年）	品名	開発会社
1939	ポリアミド	デュポン
1949	ポリエチレンテレフタレート*（PET）	ICI
1956	ポリアセタール（POM）	デュポン
1958	ポリカーボネート（PC）	バイエル
1964	ポリイミド（PI）	デュポン
1968	ポリフェニレンスルフィド（PPS）	フィリップス
1970	ポリブチレンテレフタレート*（PBT）	セラニーズ
1972	アラミド	デュポン
1973	ポリアリレート（Uポリマー）	ユニチカ
1980	ポリエーテルエーテルケトン（PEEK）	ICI

味をもつとされるカロザース（W. H. Carothers）によるナイロンの発明，キャリコ・プリンターズ社のホインフィールド（J. R. Whinfield）とディクソン（J. H. Dickson）によるポリエステルの発明，ICI社のハウセット（E. W. Fawcet），ギブソン（R. O. Gibson）らによる高圧法ポリエチレンおよびチーグラー（K. Ziegler）によるニッケル効果からの低圧法ポリエチレンの発明などの高分子の実際的な発明は，突然に訪れた幸運とそれをすかさず捉えた研究者の成果であった．

　これらの高分子が供給される体制のもとで，高分子のさらなる高性能化が志向され，エンジニアリングプラスチック（金属に代わるあるいは産業用途に使われるプラスチックという意味で，デュポンがポリアセタール樹脂を発表したときにはじめて使われた）が生まれた．その後，炭素繊維やアラミド繊維なども生まれた．これらは軽量で高強度・高弾性を示すことから金属材料の代替を担った．代表的なエンジニアリングプラスチックの開発の歴史を表1.3に示す．エンジニアリングプラスチックの歴史は，耐熱性

---

* 日本化学会の命名法では，ポリエチレンテレフタラート，ポリブチレンテレフタラート．

のポリマーの開発の歴史ともいえる．そして，それらを用いた複合化技術すなわちポリマーアロイ化により，その性能を向上させた．このようなエンジニアリングプラスチックは自動車，電気・電子などの産業における技術革新の推進役として，今後もその役割を果たしていくとされる．

このようにして，高分子産業は20世紀の科学に根ざした新しい産業のなかで大きく発展した．現在では高分子は合成繊維，合成ゴム，プラスチック，塗料，接着などとして身のまわりで利用され，人びとの生活を豊かにしている．さらに，優れた性能・機能をもつ高分子が合成され，先端材料の分野でも利用されている．

1.2 高分子の確立と展開

1920年頃までは，まだ高分子という概念は確立されていなかった．ドイツのフライブルグ大学のスタウデンガー（H. Staudinger）は巨大分子を直感し，多くの実験的根拠をもって，それまでの低分子の会合説を排除して高分子を樹立した．その過程において多くのビニルモノマーや環状モノマーについての重合の研究が展開された．この後，1938年にカロザースによるナイロンの発明があり，重縮合における理論が展開された．一方，付加重合のラジカル連鎖機構と速度論は1940年代に確立された．一方，1910年代より天然高分子の構造や物理的性質の研究も積極的に続けられてきた．これらの研究は合成高分子にまで展開され，高分子化学の体系化も進められた．

1950年以後の高分子化学に関する重要な発明として，高分子の立体化学の扉を開いた1955年のナッタ（G. Natta）による1-オレフィンの立体特異性重合と，1956年シュバルク（M. Szwarc）により見いだされた分子量および分子量分布を制御可能にしたリビングポリマーの発明があげられる．これらの重合は高分子の一次構造の制御に対して大きく貢献した．このような構造制御の因子として，付加重合による高分子合成においては図1.1に示すものがある．付加方向の制御による頭－尾あるいは頭－頭構造，さらに立体規則性の制御，成長末端の制御からの末端修飾，分子量および分子量分布，共重合における構成単位の制御からのランダム，交互，グラフトおよびブロック共重合体の合成などである．これらの構造制御にはリビング重合および立体特異性重合が大きな効果を発揮した．

1980年になり，可溶性のメタロセン触媒によるオレフィンの重合が登場してきた．この触媒は配位子を設計することでオレフィン系ポリマーの立体規則性の制御を可能にした．この頃を契機に精密重合の研究が活発化し，高分子の一次構造の制御に目覚しい発展がみられた．精密重合のなかで重要と思われる例を表1.4に示す．

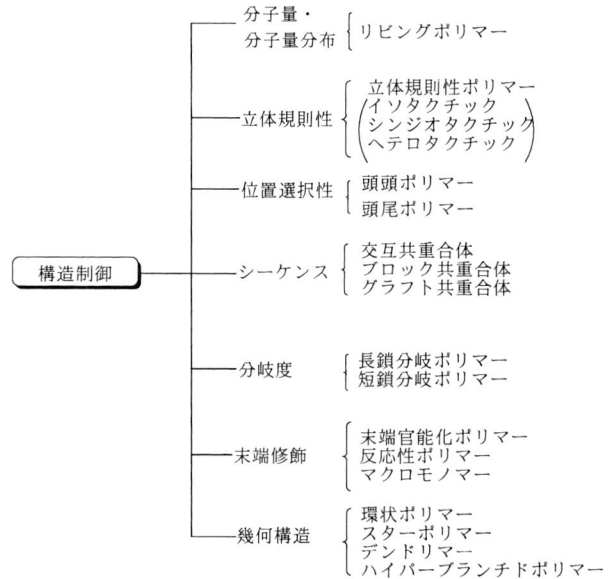

図1.1　ポリマーの構造制御

表1.4　精密重合の発展

西暦（年）	事項
1980	メタロセン触媒重合
1982	Iniferter法によるリビングラジカル重合
1984	スチレンのリビングカチオン重合
1986	スチレンのシンジオ特異性重合
	アクリル系モノマーの立体特異性リビング重合
1989	メタセシス立体特異性リビング重合
1990	希土類触媒による立体特異性リビング重合
	アセチレンの立体特異性リビング重合

1.3　高分子工業の発展

　第二次世界大戦直前および戦時中に合成高分子の研究開発および工業化の速度が著しく促進され，アメリカにおける石油化学工業の発達と相まって，戦後安価に大量生産されるに至った．1950年代までには主なプラスチックのほとんどの工業生産が確立された．日本における合成高分子の工業化は，酢酸ビニル樹脂（PVAc）が1936年，ポリメ

表 1.5 戦中・戦後の日本のポリマー生産量（トン/年）

西暦（年）	PVC	PVAc	UF	PF	PMMA	ビニロン	ナイロン	アセテート	セルロイド
1940	–	106	42	7000	163	–	–	–	–
1944	126	458	2980	10600	1088	255	7	–	–
1945	16	110	1180	4100	422	–	–	3	–
1950	1208	2343	5920	4890	99	594	178	–	5970
1957	108538	39653	70382	19322	600	約15000	約24000	約6000	6866

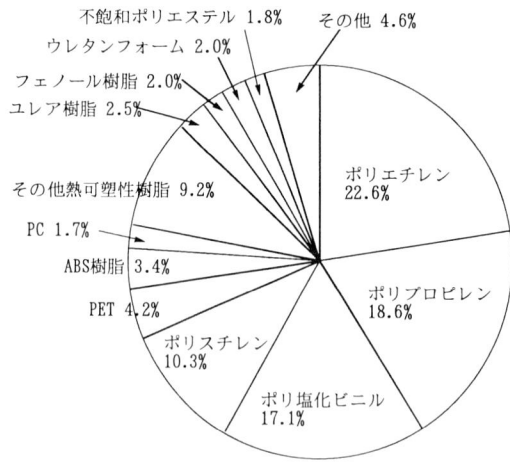

図 1.2 樹脂別生産量の割合

タクリル酸メチル（PMMA）が1938年になされた．また，汎用樹脂の塩化ビニル樹脂（PVC）およびスチレン樹脂は1941年に，ポリエチレンは1958年に，ポリプロピレンが1962年に工業化された．

日本における戦中および戦後の高分子の生産量を表1.5に示す．PFはフェノール樹脂，UFはユリア樹脂を示す．ここで，1957年は石油化学工業時代が幕を開ける直前であり，戦中からの技術の継続と復興の成果に支えられた石炭工業における重要性が読み取れる．1957年には合成樹脂の生産量は約25万トンであった．その後の石油化学工業の隆盛に伴い，1963年には100万トンを超え，1976年には580万トンとなり，1997年には約1500万トンに達した．その合成樹脂の生産量の約70％は図1.2に示すように四大汎用樹脂で占められている．

1.4　今後の高分子工業

20世紀において，ひたすら生産の拡大を続けてきた産業界の前に地球温暖化，化石資源の枯渇，廃棄物の大量発生などの問題が生じてきた．そして，21世紀は環境の悪化と資源枯渇による破局に足を踏み出すか，地球の持続発展の道を歩むかの岐路に立っているともいわれている．高分子工業においても環境保全・資源循環型社会への対応が求められる．このような観点から，社会性・公共性の概念が取り入れられたポリマーのリサイクルシステムの構築，ポリマーの生産におけるエネルギー効率の向上，未利用資

源の活用と静脈産業の確立，石油代替原料（C1化学）および再生可能資源の活用（植物廃棄物のバイオテクノロジーの活用）なども高分子工業の重要な課題となろう．例として，トウモロコシ廃棄物のバイオテクノロジーを利用したトリエチレングリコールの生産およびアクリロニトリルのアクリルアミドへの変換に酵素法を用いる方法がある．酵素法では炭酸ガスやエネルギーの削減に効果があり，製造プロセスのシンプル化も可能となる．発酵技術，酵素工学は日本が優位に立てる分野とされる．

　今後の高分子工業は，高分子科学の周辺領域科学の担い手にもなるであろう．それらには，高度情報通信社会の進展による情報通信・電子機器の分野における表示材料，記録材料や高解像度レジスト材料，高齢化社会における医療健康分野での生体適合材料・新素材および分子間相互作用の解明によるナノ構造の集積およびナノ構造制御による特有な機能発現の技術による高機能材料の開発などがある．一方，自動車分野の軽量高強度新素材，リサイクル素材の開発や基礎素材の新合成法，汎用製品製造における精密重合などの開発もある．

　高分子工業はこれまでにも多くの産業に時代に合った素材を提供しており，今後の高分子工業においても，そのことに変わりはないであろう．

参 考 文 献

1) 小宮山　宏：地球持続の技術，岩波新書，1999.
2) 佐伯康治，尾見信三編：新ポリマー製造プロセス，工業調査会，1994.
3) 藤永昇永：身のまわりの高分子―巨大高分子の世界―，東京化学同人，1992.
4) 高松秀機：創造は天才だけのものか―模倣は創造への第一歩―，化学同人，1992.
5) 中川鶴太郎：科学全書 12 ゴム物語，大月書店，1984.
6) 永井芳男，神原　周：高分子物語―材料革命の主役のすべて―，中公新書 199，中央公論社，1969.
7) 三浦　昭：高分子，**50**，19，2001.
8) 高島直一：高分子，**47**（増刊），s 87，2001.
9) 化学技術戦略推進機構編：新化学技術体系とロードマップ，2000.
10) 炭田精造：化学経済，**47**，81，2000.

2

高分子とその特性

2.1 高分子の定義

　高分子 (macromolecule, polymer) とは，分子量が1万以上であり，主として共有結合で連なっている一連の化合物の総称である．この1万以上という値に特別な意味があるわけではなく，低分子にみられない高分子に特有な性質が現れるのが，この程度の値であるという意味である．IUPAC (The International Union of Pure and Applied Chemisty；国際純正および応用化学連合) の定義によれば，高分子とは「1種または数種の原子あるいは原子団が，たがいに数多く繰り返し連結していることを特徴とする分子からなる物質」をいい，「ポリマー分子における構成単位の繰返し回数は非常に多いので，ポリマーのある一連の性質は1個あるいは数個の構成単位の増減によって大きくは変化しない」とされている．
　高分子はでたらめに原子が配列しているわけではなく，ある単位が規則的に繰り返された構造を有している．例えば，ナイロン-66やポリビニルアルコールは次のカッコに示したような繰返し単位 (繰返し単位はモノマー (monomer) あるいは単量体と呼ばれる) が，n 個繰り返して連なった構造をしている．

$$A-(CO(CH_2)_4CONH(CH_2)_6NH)_n-B \qquad A-\left(CH_2-\underset{OH}{CH}\right)_n-B$$

ナイロン-66　　　　　ポリビニルアルコール

ここで，n は平均重合度と呼ばれ，繰返し単位の分子量を n 倍したものが平均分子量となる．両端の A および B は開始末端基および停止末端基と呼ばれ，高分子を合成する際の条件によってその構造は変化する．通常の高分子では n が十分大きいので，高分子の組成や分子量に末端基はほとんど影響を与えない．表 2.1 にいくつかの高分子の繰返し単位と用途および平均分子量を示す．
　高分子は天然にも多く存在している．例えば，木材，紙，木綿，絹，羊毛，天然ゴム，

表2.1 高分子の繰返し単位と分子量

高分子化合物	繰返し単位	用途	平均分子量
セルロース	(グルコース環構造、H, OH, CH$_2$OH を含む)	木綿, 麻, 木材 レイヨン用 セロハン	120〜150万 6〜7万 5〜6万
天然ゴム	—CH$_2$—C(CH$_3$)=CH—CH$_2$—	各種ゴム製品	41〜21万
ナイロン-6	—(CH$_2$)$_5$CONH—	衣料用 成型用	1〜4万 1〜2.5万
ポリエチレンテレフタレート	—CO—C$_6$H$_4$—COOCH$_2$CH$_2$O—	飲料容器用	2〜10万
ポリエチレン	—CH$_2$—CH$_2$—	包装材料	3〜4万
ポリスチレン	—CH$_2$—CH(C$_6$H$_5$)—	成型材料 塗料用	40〜45万 8〜15万
ポリメタクリル酸メチル	—CH$_2$—C(CH$_3$)(COOCH$_3$)—	有機ガラス 成型用	60〜100万 10〜30万
ポリ塩化ビニル	—CH$_2$—CH(Cl)—	パイプ, 建築用資材	4〜10万

デンプン,肉などである.もっと身近ではわれわれの体の毛髪,皮膚,筋肉なども高分子でできている.プラスチック,合成ゴム,合成繊維なども典型的な高分子である.

2.2 高分子と低分子の違い

　高分子が低分子と著しく異なる点は,分子量の大きいことである.このことが高分子特有の性質を示すことになる.いま,ポリエチレンについて分子量が大きくなるとその沸点,融点ならびに外観がどのように変化するかをみてみよう.表2.2に示すように,融点は分子量が増大するにつれて高くなるが,約1500以上となるとほとんど一定となる.沸点についても同様な関係がみられるが,分子量が1500以上になると気化する前に分解が起こる.外観上からみると,分子量が増大するとともに,気体→液体→結晶→もろい固体→強じんな固体へと変化する.実用上必要な強じんな性質はポリエチレンの場合には分子量が約3万以上であることがわかる.

表 2.2 ポリエチレン［H-(CH$_2$-CH$_2$)$_n$-H］の分子量と性質の関係

重合度 (n)	分子量	外観	融点（℃）	沸点（℃/mmHg）
1	30	気体	-183	-88.6/760
5	142	液体	-30	174/760
10	282	結晶	36	205/15
30	844	結晶	99	250/10^{-5}
60	1684	ろう状固体	100	分解
100	2802	もろい固体	106	分解
1000	28002	強じんな固体	110	分解

　他の違いは，通常の合成高分子が多分散性を示すことである．低分子では蒸留や再結晶などの操作で単一の分子量をもつ化合物を単離することができるが，高分子の場合には単一の分子量のものを合成することは一般に困難である．さらに，蒸留や再結晶もできないことから，単一の分子量のものに分離することも一般にむずかしい．つまり，通常の高分子はいろいろな分子量をもつものの混合物であり（このことを多分散性（polydispersity）という），種々の方法で測定された分子量はあくまで平均の値である平均分子量を示すわけである．この分子量の分布は高分子の性質に影響を及ぼす．

　単一の分子量よりなる単分散高分子（monodispersed polymer）はある分子量のものしか存在しない特別の場合である．合成高分子の場合でもリビング重合などの方法で単分散に近いものが合成されている．しかし，通常の重合で合成された高分子は，幅の広い分子量分布をもった多分散な高分子（polydispersed polymer）である．このように高分子は多分散性であるために，平均の分子量で表されることになる．また，分子量の測定方法によっても平均のとり方が異なり，平均分子量（average molecular weight）の値も異なってくる．

　いま，M_iなる分子量をもつ高分子がN_i個存在する場合を考える．ただし，iは1から∞までの値である．このような場合には，平均分子量は次のように表される．

$$\overline{M}_n = \frac{\Sigma N_i M_i}{\Sigma N_i}$$　　数平均分子量

$$\overline{M}_w = \frac{\Sigma N_i M_i^2}{\Sigma N_i M_i}$$　　重量平均分子量

$$\overline{M}_\eta = \left(\frac{\Sigma N_i M_i^{\alpha+1}}{\Sigma N_i M_i}\right)^{1/\alpha}$$　　粘度平均分子量

$$\overline{M}_z = \frac{\Sigma N_i M_i^3}{\Sigma N_i M_i^2}$$　　Z平均分子量

　粘度平均分子量における極限粘度（［η］）と分子量の間にMark-Houwink-桜田の

式といわれる $[\eta] = KM^\alpha$ という関係がある．この式において，一般に，α はビニル系高分子では $0.5 \sim 1.0$ の値をとり，$\alpha = 1.0$ の場合のみ $\overline{M}_v = \overline{M}_w$ となる．

いま，簡単な例として分子量 100 のものが 10 分子，分子量 1000 のものが 5 分子混ざった場合について，上式に代入して種々の平均分子量を計算すると，$\overline{M}_n = 400$，$\overline{M}_w = 850$，$\overline{M}_v = 811$（ただし，$\alpha = 0.6$ と仮定）および $M_z = 982$ と求められる．このような計算からもわかるように，通常の多分散性の高分子では，図 2.1 に示すように $\overline{M}_n < \overline{M}_v < \overline{M}_w < \overline{M}_z$ の順となり，$\overline{M}_n : \overline{M}_w : \overline{M}_z = 1 : 2 : 3$ となる．

単分散の高分子では，$\overline{M}_z = \overline{M}_w = \overline{M}_v = \overline{M}_n$ となるので，$\overline{M}_w/\overline{M}_n$ を多分散性の尺度として用い，この値が大きくなるほど分子量分布が幅広くなることを意味する．枝分かれや橋かけが生じると $\overline{M}_w/\overline{M}_n$ は大きくなる．

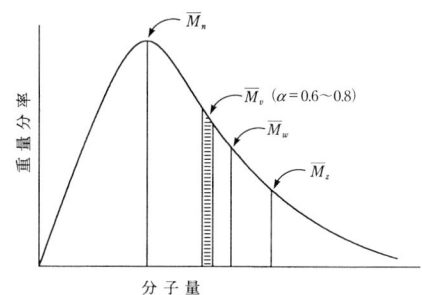

図 2.1 分子量分布曲線と平均分子量

表 2.3 分子量測定法と平均分子量の関係

分子量測定法	平均分子量	分子量の測定範囲
末端基定量法	$\overline{M}_n$（絶対法）	$< 5 \times 10^4$
蒸気圧浸透圧法	$\overline{M}_n$（相対法）	$< 2 \times 10^5$
沸点上昇法	$\overline{M}_n$（相対法）	$< 10^5$
膜浸透圧法	$\overline{M}_n$（絶対法）	$10^4 \sim 10^6$
粘度法	$\overline{M}_v$（相対法）	$10^3 \sim 10^7$
光散乱法	$\overline{M}_w$（絶対法）	$10^4 \sim 10^7$
沈降速度法	$\overline{M}_z$（相対法）	$10^4 \sim 10^7$

このことは，異なった測定法で求めた平均分子量がどのような平均の値であるかに留意しないと，比較に用いても無意味となるおそれがある．表 2.3 に種々の分子量測定法と求められる平均分子量およびその測定範囲の関係をまとめた．これらのなかで粘度法および膜浸透圧法については高分子の希薄溶液のところで述べる．

2.3 高分子の分類

高分子は今日ではさまざまな用途に使用されている．このような高分子も種々の観点から分類される．その由来から分類すると天然高分子，合成高分子，生体高分子，無機高分子に大別される．産出による分類では天然に存在するもの，純粋に合成されるもの，および天然に存在する高分子を化学的に処理したものに分けられる．これらはさらに有機物および無機物に細分される．

高分子の繰返し単位のつながり方（構造）によっても図 2.2 のように分類することが

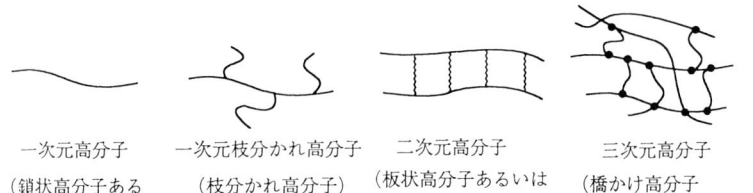

　　　一次元高分子　　　一次元枝分かれ高分子　　　二次元高分子　　　　　三次元高分子
　　　（鎖状高分子ある　　　（枝分かれ高分子）　　（板状高分子あるいは　　　（橋かけ高分子
　　　いは線状高分子）　　　　　　　　　　　　　　　梯子状高分子）　　　　あるいは網状高分子）

図 2.2　構造による高分子の分類

できる．

　表 2.1 に示した高分子はすべて一次元高分子であり，一般にこれらは適当な溶媒に溶け，また，加熱によって溶融し，冷却すると元の固体に戻る性質（熱可塑性）がある．このような高分子は熱可塑性樹脂（thermoplastic resin）と呼ばれ，その性質を利用して成型や加工がなされる．高圧法ポリエチレンや通常のポリ塩化ビニルは枝分かれ高分子ともみられるが，その性質からは熱可塑性樹脂に属する．

　これに対して，フェノール樹脂や尿素樹脂の硬化物（成型品）は三次元高分子であり，これらは溶融も溶解もしない．しかし，このような樹脂も硬化前には熱可塑性樹脂である（プレポリマーと呼ばれ，一般に低分子量の液状からもろい固体状の高分子である）が，加熱によって硬化し三次元高分子に変化する．したがって，このようなプレポリマーは熱硬化性樹脂（thermosetting resin）と呼ばれ，成型と加熱による硬化が同時に行われる．二次元高分子には石墨や雲母などがある．また，炭素繊維をつくる際の前駆体に梯子型ポリマーが生成するとされているが，有機系の二次元高分子も合成可能となっている．

　高分子はそのものが示す性質からも分類できる．すなわち，繊維，ゴムおよびプラスチックであり，繊維として優れた性質のある高分子としてポリアミド，ポリエステル，セルロース，ポリビニルアルコール，ポリアクリロニトリルなどがあり，ゴム弾性を示す高分子として天然ゴム，合成ゴム，シリコンゴムなどが知られており，成型品として優れた性質を示す高分子としてポリエチレン，ポリスチレン，ポリ塩化ビニル，ポリメタクリル酸メチル，ポリアミド，石炭酸樹脂，尿素樹脂などがある．このほかに，フィルム，接着剤，塗料などのように使用される用途によっても分類される．

　合成高分子については，生成する反応機構や原料名あるいは高分子中の繰返し単位からも，次のように分類できる．

付加重合系高分子（樹脂）─┬─ビニル系高分子…ポリエチレン，ポリプロピレン，ポリ塩化ビニル，
　　　　　　　　　　　　　│　　　　　　　　　　ポリスチレン，ポリメタクリル酸メチルなど
　　　　　　　　　　　　　└─ジエン系高分子…ポリブタジエン，ポリイソプレンなど
開環重合系高分子（樹脂）──ポリエーテル，ポリアセタール樹脂など
重付加系高分子（樹脂）───ポリウレタン，ポリ尿素など
重縮合系高分子（樹脂）───ポリアミド，ポリエステル，アルキド樹脂など
付加縮合系高分子（樹脂）──フェノール樹脂，尿素樹脂，メラミン樹脂など

2.4　高分子の分子構造

　高分子はある繰返し単位（repeating unit）が共有結合で連なった構造よりなる．ビニルモノマー（$CH_2 = CHX$）の通常の重合から得られる一次元高分子であるビニル系高分子について，そのつながり方を細かくみると，種々の結合様式が存在する．置換基のついた炭素を頭（head）とし，もう一方の炭素を尾（tail）とすると次に示す2種の結合様式がある．

　　　──CH₂─CH─CH₂─CH─CH₂─CH─　　頭尾構造
　　　　　　　│　　　　　│　　　　　│
　　　　　　　X　　　　　X　　　　　X

　　　　　　　　　　頭頭構造　　尾尾構造
　　　──CH₂─CH─CH─CH₂─CH₂─CH─　　頭頭あるいは尾尾構造
　　　　　　　│　　│　　　　　　　　│
　　　　　　　X　　X　　　　　　　　X

　これらの結合は任意に生じるのではなく，置換基の種類などに影響されるが，通常のビニル系高分子は主として頭尾構造（head-to-tail structure）よりなる．さらに，この頭尾構造には次のような立体異性体が存在する．このときモノマー単位が3個連続した場合のつながり方で示すと次のごとくに区別される．

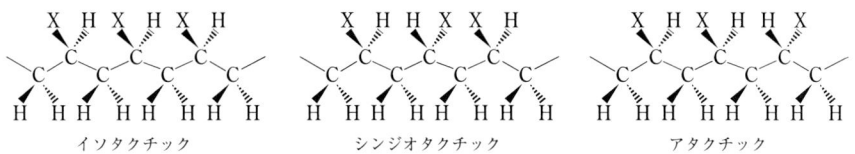

　　　　イソタクチック　　　　　シンジオタクチック　　　　　アタクチック

　高分子の主鎖の炭素を平面ジグザグに引き伸ばしたとすると，炭素の結合角は正四面体であるから置換基はその平面の上下のどちらかの方向に結合する．Xが同じ側に連なっている場合をイソタクチック（isotactic），Xが交互に反対側に連なっているのをシンジオタクチック（syndiotactic），規則的に結合していないものはアタクチック（atactic）という．

このようなイソタクチックおよびシンジオタクチック構造を有する高分子は立体特異性重合（stereospecific polymerization）により合成される．一方，通常の条件下で得られる高分子は，イソタクチックとシンジオタクチック構造のような規則性がなく，それらが不規則に連なった構造（アタクチック構造という）よりなっている．

ジエン系高分子のポリブタジエンでは，1,2-および1,4-構造が存在する．さらに，1,4-構造ではシスとトランスの構造があり，1,2-重合では頭-尾，頭-頭結合に加え，ビニル系高分子と同様のイソタクチック，シンジオタクチック，アタクチックの3種の立体規則性がある．これら単位の存在する割合によりポリブタジエンの性質は著しく変化する．

シス-1,4-構造　　　トランス-1,4-構造　　　1,2-構造

2種以上の異なった繰返し単位よりなる高分子は共重合体（copolymer）と呼ばれる．いま，AとBが繰返し単位である共重合体を考えると次のような構造が存在する．このなかで，グラフト共重合体は枝分かれ高分子であり，他は鎖状高分子である．

～～～AAABBABBAAAB～～～
　　　ランダム共重合体

～～～ABABABABABAB～～～
　　　交互共重合体

～～～AAAAAABBBBB～～～
　　　ブロック共重合体

　　　　　　　　BBBBBBBB～～
～～AAAAAAAAAAAAA～～
　　　　　　　　BBBBBBBB～～
　　　グラフト共重合体

重合の過程における分子の結合により生じる化学結合によって決定される高分子の構造は一次構造といわれるが，高分子のいろいろな性質に大きな影響を与える．それゆえに，このような構造を制御することが重要である．

2.5　高分子の固体構造

2.5.1　微細組織

通常の高分子は結晶化している部分と結晶化していない部分が共存している．これは高分子のようにからみ合うことができる長い分子では，仮に結晶核が生成しても分子鎖全体へと成長することが困難なためである．多数の結晶化した小さい部分を微結晶（crystallite）というが，その大きさは高分子鎖に比べて短く，したがって高分子が微結

2.5 高分子の固体構造

晶と凝集状態の乱れた非晶（non-crystal あるいは amorphous）領域を貫通する房状ミセル（fringed micelle）モデルが用いられてきた．つまり，固体中の微結晶部分が非晶部分のなかに分散したような構造（微細組織）より成り立っているとされる．図2.3の(a)と(b)に

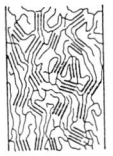
(a) プラスチック

(b) 繊維

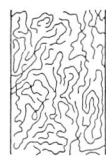
(c) ゴム

図2.3　高分子の微細構造モデル

このような構造を示す．しかし，特別な条件下で結晶を成長させるとポリエチレンを代表とする高分子の単結晶が生成する．

通常プラスチックでは微結晶の配向はみられないが，繊維では配向性がある．このような構造は繊維構造と呼ばれる．なお(c)はゴムで微結晶は存在せず，無定形高分子である．微結晶の構造はX線回折により解析される．微結晶の全質量の高分子全体の質量に対する百分率は結晶度または結晶化度（crystallinity）と呼ばれ，分子量などとともに固体高分子の性質を決定する重要な因子である．

化学構造の乱れや立体規則性連鎖をもたない高分子は結晶化しない．完全な非晶性高分子である無定形高分子は，結晶性高分子と異なり結晶部と非晶部の間の密度のゆらぎがなく，光が散乱されないことにより透明なものとなる．

2.5.2　高分子の結晶

高分子が高い結晶性を示すためには，ポリエチレン以外では立体規則性構造を有し，側鎖が短くて分子鎖の対称性がよいことが必要である．さらに，多くの鎖状高分子は，分子内回転が可能である単結合を主鎖中に含む．高分子はこのような回転可能な結合を多く有していることから，高分子の分子鎖は種々の形をとることが可能となる．そして，この単結合の回転ポテンシャルが小さくなる形は高分子が結晶内での分子鎖の形を決めるときに重要な役割を果たす．そのような立体配座（conformation）を n-ブタンを例にして次に示すが，最もエネルギー的に安定なトランス型（trans form；T）と，その次に安定なゴーシュ型（gauche form；G あるいは $\overline{G}$）がある．

トランス（T）　　　ゴーシュ（G）　　　ゴーシュ（$\overline{G}$）

この単結合についての分子内回転は高分子結晶の分子鎖方向の周期を決める役割を果

たし,ファン・デル・ワールス(van der Waals)力は分子間の距離を決定する.ナイロンなどでは水素結合も結晶構造に影響を与える.以下に代表的な高分子の結晶構造を取り上げる.

a. ポリエチレン

ポリエチレンはオレフィン系高分子の代表的な例である.このポリエチレンにも高温高圧のラジカル重合で得られる枝分かれの多い低密度ポリエチレンからチーグラー-ナッタ触媒により得られる枝分かれの少ない高密度ポリエチレンおよびエチレンと1-オ

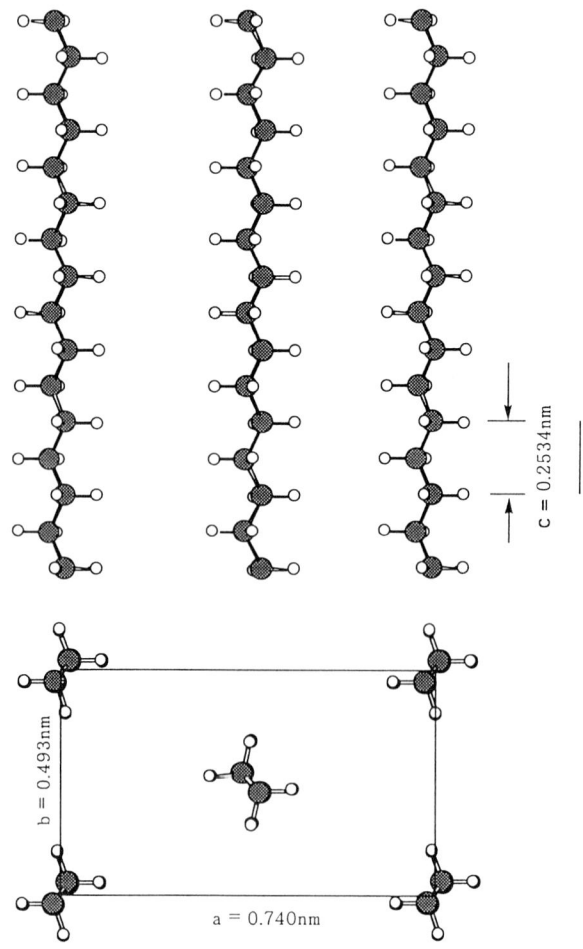

図2.4 ポリエチレンの結晶構造

レフィンの共重合体である直鎖状低密度ポリエチレンなどがある（3.8.1参照）．枝分かれは結晶化に不利であり，メチレン鎖が規則正しくつながっている部分で結晶化する．このとき分子鎖の立体配座は平面ジグザグ構造をとり，ファン・デル・ワールス力と電子の重なりによる斥力とのバランスにより安定な結晶構造をつくる．その結晶構造を図2.4に示す．

b. ポリプロピレン

ポリプロピレンはポリ-1-オレフィンの代表的なものである．イソタクチックポリプロピレンはメチル基の存在により，その分子鎖のコンホメーションはトランスとゴーシュが交互となり，3個のモノマー単位で分子鎖が1回転する3/1らせん構造をとる．一方，シンジオタクチックポリプロピレンは4/1らせん構造となる．これらの分子鎖のコンホメーションを図2.5に示す．結晶構造もポリマーの立体規則性により変化する．

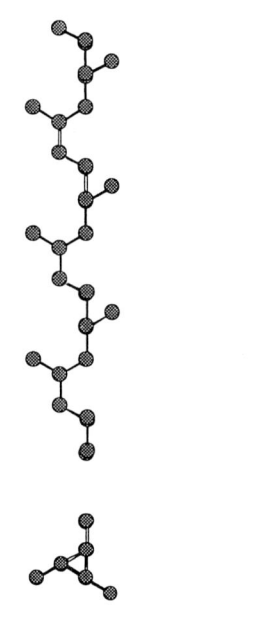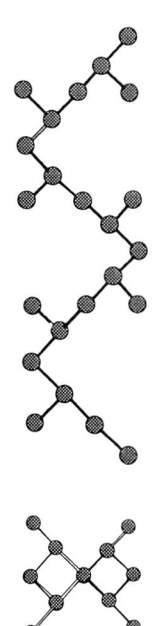

イソタクチックポリプロピレンの分子鎖のコンホメーション　　シンジオタクチックポリプロピレンの分子鎖のコンホメーション

図2.5 ポリプロピレンの結晶中の分子鎖のコンホメーション

c. ナイロン

ナイロン-6などのポリアミドポリマー中の-NHCO-基は平面構造であり，繰返し単位中のメチレン連鎖もトランス型の平面構造となり，ナイロン分子鎖の立体配座は平面ジグザグとなる．さらに，ナイロンの分子鎖は水素結合により層状構造（sheet structure）を形成する．この層の重なりにより結晶構造がつくられている．

2.5.3 高分子の高次構造

a. 単 結 晶

結晶の凝集構造は高次構造と定義されることより単結晶もこれに属する．高密度ポリエチレンの0.01〜0.05 wt％沸騰キシレン溶液を約140℃に保ったままで一日静置しておくとポリエチレンの単結晶が雲状に析出してくる．図2.6のように，これは厚さ約

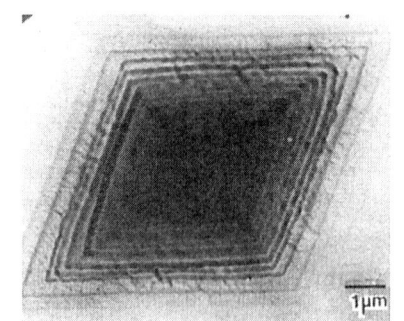

図 2.6 ポリエチレンの単結晶の電子顕微鏡写真

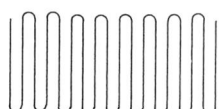

図 2.7 ポリエチレンの折り畳み（ラメラ）構造

10 nm の菱形板結晶より成り立っており，ポリエチレン鎖が伸びて結晶しているのではなく，約 10 nm の長さで規則正しく折り畳まれて結晶化していることがわかる．このような構造を折り畳み構造あるいはラメラ構造（図2.7）という．高分子試料の調整条件によっては種々の構造を有するものが得られる．ポリエチレン以外にポリオキシメチレン，ポリフッ化ビニリデン，ナイロンなどでも高分子単結晶が報告されている．

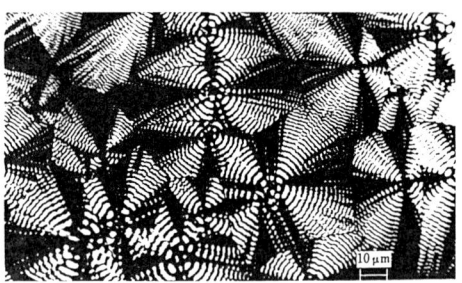

図 2.8 ポリエチレン球晶の消光模様

b. 球　　晶

　高分子を融液からゆっくりと冷却するとある温度で固化してくる．このとき，その試料を偏光顕微鏡で観察すると，図 2.8 に示したような，中心から放射状にひろがった球状の構造がみえる．これが球晶である．球晶の大きさは力学的性質や透明性に変化をもたらすことから，高分子の固体構造のなかで重要である．

2.6　高分子の熱的性質

　高分子の耐熱性はもちろんのこと，力学的性質ならびに成型加工性を考えるうえでも高分子の熱的性質は重要である．一般に固体の一次元高分子を加熱すると，ある温度範囲で軟化し，続いて溶融（ある高分子では溶融する前に分解を起こすものもある）し，さらに温度を上げると気化せずに分解が起こる（表 2.2 参照）．低分子化合物ははっきりとした融点を示すが，高分子では溶融し結晶化するものでも通常はシャープな融点を示さない．これは，一般に高分子は分子量分布が多分散性で結晶部と非結晶部よりなるためである．高分子の融点とはその結晶部分が融解する温度である．

2.6 高分子の熱的性質

図 2.9 に，結晶性の高分子の温度と比容積の関係を示す．融解した高分子を徐々に冷却していくと比容積は温度低下に伴い減少するが，ある温度で不連続的に変化する（A → B → C → E′ → D）（実際には A → B′ → C′ → E′ → D となる）．この温度が融点（melting point；T_m）である．

一般に結晶と液体の自由エネルギー差 G_c, G_l の ΔG は融点では結晶と液体が共存していることより 0 となる．すなわち，$\Delta G = G_l - G_c = \Delta H - T_m \Delta S = 0$ となるので

$$T_m = \Delta H / \Delta S$$

で示される．このことは分子の側鎖が動きにくいものはエントロピーの減少により融点が上がり，大きな極性基をもつものや水素結合をもつものはエンタルピー変化が大きく融点が上昇する．

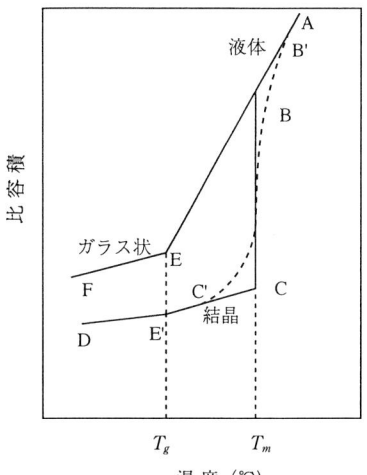

図 2.9 高分子の比容積の温度による変化

一方，高分子を急速に冷却すると，T_m をすぎても比容積は引き続き減少し，ある温度で比容積の変化の割合が異なり，非結晶のガラス状固体となる（A → B → E → F）．この温度はガラス転移温度（glass transition temperature；T_g）と呼ばれる．T_g においては，比容積のほかに弾性，粘性，膨張係数，比熱，屈折率などが著しく変化する．一般の高分子が T_m および T_g の両方を示すのは，結晶部と非晶部より成り立っているためである．

T_g は高分子の性質に重要な役割を果たす．T_g より高い温度では高分子は強じんであるが，それ以下の温度では硬くてもろくなる．T_g 以上では，熱運動のために高分子鎖を構成している数個あるいはそれ以上の繰り返し単位（セグメントという）が運動すること（ミクロブラウン運動）が可能となる．その結果，かなりの弾性変形が可能となり，強じんとなる．一方，T_g 以下ではミクロブラウン運動が起こらなくなるので，硬くてもろくなる．例えば，天然ゴムの T_g は -73 ℃ であり，これ以下の温度ではゴム的な性質は示さなくなる．

分解を起こすために T_m が求められないような高分子でも T_g は求めることができる．いくつかの代表的な高分子の T_g と T_m を表 2.4 に示す．高分子量のポリマーで使用温度（一般に室温）が T_g と T_m 間あるいは T_g 以下のものはプラスチックや繊維として，T_g が室温より低いものはゴムとして用いられる．一方，三次元高分子の場合は加熱によって溶融することなしに分解が起こることより融点を示さない．

表2.4 代表的な高分子の T_g と T_m (℃)

高分子	T_g (℃)	T_m (℃)
天然ゴム	-73	28
ナイロン-6	50	225 (215)
ポリエチレンテレフタレート	69	267
ポリエチレン	-20	137
ポリ塩化ビニル	83	220〜240
ポリ酢酸ビニル	29	—
ポリスチレン	100	225 (イソタクチック)
ポリスチレン	100	265 (シンジオタクチック)
ポリプロピレン	-19	176 (イソタクチック)
ポリメタクリル酸メチル	105	>200 (シンジオタクチック)
ポリメタクリル酸メチル	45	160 (イソタクチック)

2.7 高分子の力学的性質

2.7.1 粘弾性

ある物体に外から力を加えると変形が起こるが,力を取り除くと元の形に戻るような変形は弾性変形(elastic deformation)と呼ばれる.いま,l_0 の長さの物体に σ の応力を加えたとき l の長さになった場合を考えると,このときの伸びは $\Delta l = l - l_0$ であり,$\Delta l/l_0 = \gamma$ を伸び率(elongation)という.この伸び率は張力の小さい範囲では張力と直線関係にあり,張力を除くと元の長さに戻る.このような弾性変形の起こる範囲ではフックの法則が成立する.

$$\sigma = E\gamma$$

ここで,E は物質定数としての引張弾性率(elastic modulus)またはヤング率(Young's modulus)もしくは単に弾性率と呼ばれる.ゴムの E 値は常温で 10^6 Pa 程度で,金属では 10^{10}〜10^{11} Pa 程度の値をもち,他の高分子ではこの中間の値をもつ.

一方,力を加えると変形するが,力を除いても元の形に戻らないような変形は塑性変形(plastic deformation)あるいは塑性流動(plastic flow)と呼ばれる.塑性変形を起こす物体では,ニュートンの法則に従って力(応力;stress)は変形速度には比例するが,ひずみ ε には依存せず,次の式が成立する.

$$\sigma = \eta (d\varepsilon/dt)$$

ここで,η は粘性率(coefficient of viscosity)という.

この弾性と粘性が共存している現象を取り扱う学問分野をレオロジー(rheology)と呼び,高分子の成型・加工の基礎となっている.また,そのような性質を有しているも

2.7 高分子の力学的性質

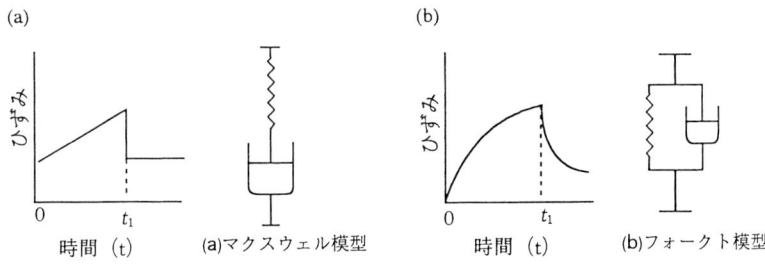

図2.10 マクスウェル模型およびフォークト模型における時間による変ひずみの模式図 ($t=0$ で一定の外力を加えたのち,$t=t_1$ で外力を除いた場合)

のを粘弾性体と呼ぶ．通常の高分子は弾性と粘性との両方の性質が同時に現れる．このような性質を粘弾性 (viscoelasticity) という．粘弾性挙動の説明にはスプリングおよびダッシュポット模型の組合せが利用される．

この粘弾性的性質を表すのに，応力緩和，クリープそして正弦波応答の三つの方法が用いられる．応力緩和は瞬間的に高分子試料に一定のひずみを与えて，応力の時間変化を調べるものである．この方法ではひずみ速度が非常に大きいので粘性抵抗が大きくなり，ダッシュポット部は変形しないが，バネに蓄えられた力のため徐々に変形する．つまり図2.10の (a) マクスウェル模型 (Maxell model) で表される．

クリープは，物体に一定の応力を与えてひずみの時間変化をみると，弾性的な初期ひずみが現れたのち，ひずみが時間とともに増大する．この時間によるひずみの増加現象をクリープという．つまり，応力を除くとバネが収縮力となり，ダッシュポットがこの力の抵抗となり，このクリープ現象は図2.10の (b) フォークト模型 (Voigt model) で表される．

周期的な力やひずみに対する応答を調べるものが，粘弾性の正弦波応答である．つまり，動的測定により粘弾性の特性をとらえるものである．

室温においてある試料に引張応力を与えたときのひずみとの関係 (S-S曲線と呼ばれる) を図2.11に示す．これより力学的性質についてのいくつかの重要な値が得られる．すなわち，弾性率 (その曲線の初期の傾き)，降伏応力 (初期の降伏強度)，破断時のひずみ，降伏伸び，破断伸びおよび破断までのエネルギーなどの値である．これらは高分子の力学的性質を知るのに重要なものである．そして，高分子の種類に基づく特徴的な曲線を与える．その例を図2.12に示す．

2.7.2 ゴム弾性

ゴムが他の高分子に比べて著しく高弾性体であるのは，弾性変形のしくみが異なるた

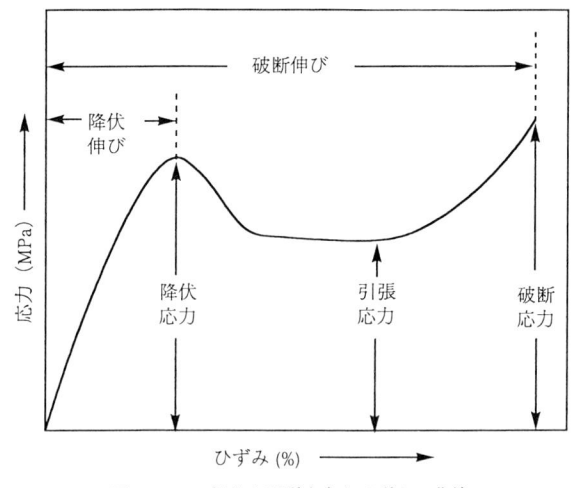

図 2.11　一般的な引張応力とひずみの曲線

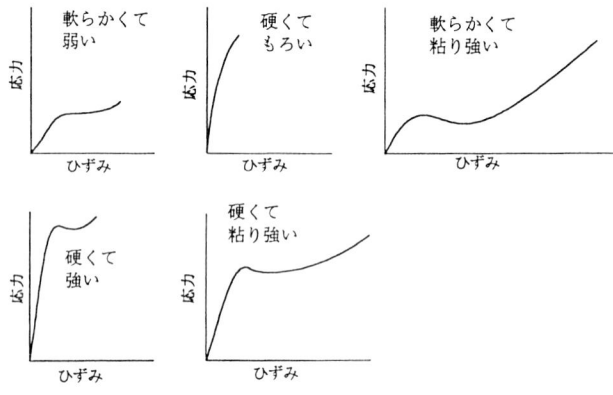

図 2.12　高分子の代表的な応力-ひずみ（S-S）曲線

めである．すなわち，一般の高分子にみられる弾性変形は高分子鎖の結合角や結合の伸びに基づくものである．これに対して，ゴム弾性（rubber elasticity）は高分子鎖がもともとエントロピー的に安定な糸まりの状態をとっており，これを引き伸ばすと結晶状態に似た配列をとることにより高弾性を示す．未加硫ゴムでは鎖のすべりが起こり高弾性は示さない．このように，ゴム弾性を示す高分子は，非晶性で高分子鎖の熱運動が活発に起こり（T_g が低い），かつ高分子鎖のすべりを防ぐため一部橋かけした構造をもつものである．その模式図を図 2.13 に示す．よってゴム弾性はエントロピー弾性（entropy elasticity）と呼ばれる．

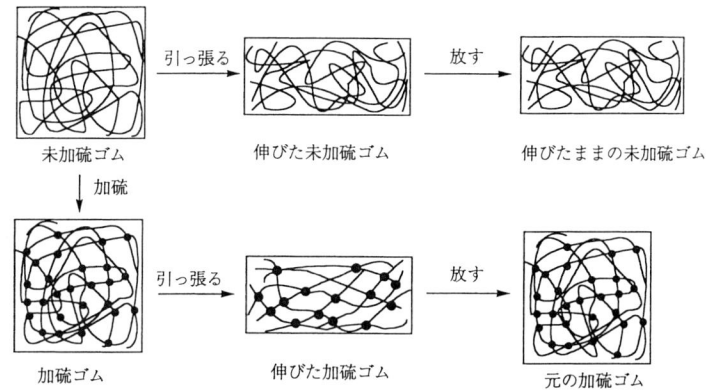

図 2.13　ゴム分子の塑性変形と弾性変形

硫黄による橋かけ構造以外にもゴム弾性を示すものがある．スチレン-ブタジエン-スチレンのトリブロック共重合体などである．この場合，ブロック共重合体中のスチレン部分（セグメント）が常温ではガラス状態で凍結状態にあることから橋かけの代わりの役を果たすことでゴム弾性を示す．このようなポリマーは高温では熱可塑性を示すことから，熱可塑性エラストマー（TPE）と呼ばれる．エチレンとアクリル酸の共重合体ではイオン橋かけによりゴム弾性を示す．

2.8　高分子の溶解と希薄溶液の性質

　高分子が溶媒に溶ける過程は低分子の場合と異なり複雑である．もちろん，三次元高分子はいかなる溶媒にも溶けないが，一次元の高分子である限り，なんらかの溶媒に溶解するであろう．低分子の場合には，ある溶媒への溶解性を溶解度で表示できるが，高分子の場合には，溶媒への溶解性は分子量や橋かけが増すとともに減少するので，溶解度を定量的に表すことはできない．しかし，このような性質は適当な溶解力をもつ溶媒を用いて，多分散高分子をいろいろな分子量をもつものに分別し，分子量分布曲線を求めるのに応用される．

　一般に，低分子と異なって高分子を適当な溶媒に溶解する際には膨潤（swelling）という過程をへて溶解する．高分子が溶解するためには高分子鎖同士の引力あるいは溶媒同士の引力に比べて高分子と溶媒の間の引力（相互作用）が大きい溶媒和が必要である．このとき高分子と相互作用の大きい溶媒は良溶媒（good solvent）と呼ばれる．低分子の場合と同様に，一般に高分子の繰返し単位の化学構造とよく似た構造の溶媒は良溶媒である．これに対し溶媒和の起こりにくいものは貧溶媒（poor solvent）であり，全く

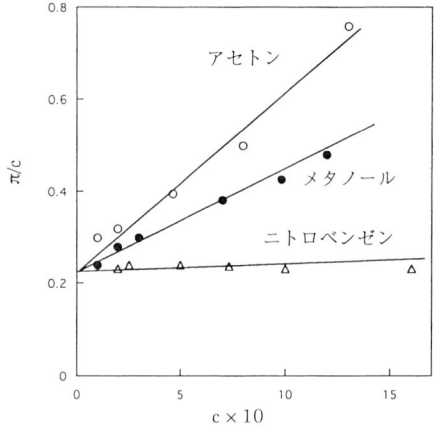

図 2.14 3 種類の溶媒中でのニトロセルロースの希薄溶液の π/c と濃度の関係

溶解しないものは非溶媒あるいは沈殿剤（precipitant）と呼ばれる．高分子は再結晶によって精製できないので，適当な良溶媒に高分子を溶かしてこれを大量の沈殿剤中に投入して沈殿させ，精製することができる．この精製操作を再沈殿（reprecipitation）と呼んでいる．

適当な溶媒に溶解した高分子の希薄溶液の性質，例えば蒸気圧，氷点降下，浸透圧，光散乱，粘度などを測定することによって平均分子量や多分散度などが求められる．例えば，高分子希薄溶液の濃度（c）と浸透圧（osmotic pressure；π）の間には次の関係式が成立する．

$$\pi/c = RT/\overline{M}_n (1 + Ac)$$

ここで，R はガス定数，T は絶対温度，A は高分子と溶媒間の相互作用の程度を表す定数である．したがって，いろいろな濃度で π/c を測定し，π/c を c に対してプロットすると直線が得られ，この直線の切片から $\overline{M}_n$ が求められる．3 種類の溶媒中でのニトロセルロースについて π/c と c の関係の例を図 2.14 に示す．

浸透圧は，透過速度既知のセロハン膜などを半透膜に用いて浸透圧式分子量測定装置を用いて測定される．この方法では分子量 1 万以上の高分子について精度よく $\overline{M}_n$ が求まるが，1 万以下の高分子については蒸気圧式分子量測定装置を用いて求められる．高分子希薄溶液の光散乱（light scattering）を測定することによって $\overline{M}_w$ を求めることができ，$\overline{M}_w$ と $\overline{M}_n$ の比，$\overline{M}_w/\overline{M}_n$ から多分散度が求められる．現在では，クロマトグラフィにより $M_w/\overline{M}_n$ が容易に求められる．高分子希薄溶液の粘度（viscosity）測定から相対法で $\overline{M}_v$ が求められる．この粘度法で $\overline{M}_v$ を求めるにはあらかじめ粘度－分子量関係式が既知のときに限られる．それは次の Mark–Houwink–桜田の式で表される．

$$[\eta] = K\overline{M}_v^{\alpha}$$

ここで，$[\eta]$ は極限粘度，α は定数であるが通常は 0.5～1.0 の値である．数種の高分子について K および α の値を表 2.5 に示す．この α の値は高分子の溶媒中での形態を表し，溶媒を変化させてもこの値が大きいものではポリマーが屈曲性に乏しいことを示す．

表 2.5 Mark‐Houwink‐桜田の式における K と α 値

高　分　子	溶　媒	測定温度	$K \times 10^4$	α
ポリスチレン	ベンゼン	25	1.0	0.74
ポリスチレン	ブタノン	30	3.9	0.58
ポリイソブテン	シクロヘキサン	25	2.6	0.70
ポリメタクリル酸メチル	ベンゼン	25	5.5	0.76
ポリイソブテン	ベンゼン	24	8.3	0.50
天然ゴム	トルエン	25	5.0	0.67

参 考 文 献

1) 大津隆行：改訂 高分子合成の化学, 化学同人, 1988.
2) 三枝武夫, 東村敏延, 大津隆行編：講座 重合反応論, 化学同人 (1977, 全14巻完結).
3) 高分子学会編：高分子科学の基礎, 東京化学同人, 1978.
4) F. A. Bovey, F. H. Winslow : Introduction to Polymer Chemistry, Academic Press, 1979.
5) 高分子学会編：高分子科学演習, 東京化学同人, 1985.
6) 村橋俊介, 藤田 博, 小高忠男：高分子化学 (4版), 共立出版, 1993.
7) H. F. Mark, N. B. Bikales, C. G. Overberger, G. Menges eds.：Encyclopedia of Polymer Science and Engineering, Wiley (1990, 全19巻完結).
8) G. Ordian : Principle of Polymerization (3 rd ed.), Wiley, 1991.
9) 安田 源ほか：高分子化学, 朝倉書店, 1994.
10) 伊勢典夫ほか：新高分子化学序論, 化学同人, 1995.
11) 山下雄也監修：高分子合成化学, 電機大学出版局, 1995.
12) 井上祥平, 宮田清蔵：高分子材料の化学 (第2版), 丸善, 1996.
13) 野瀬卓平, 中浜精一, 宮田清蔵編：大学院 高分子科学, 講談社サイエンティフィク, 1997.

3

高分子合成の基礎

3.1 高分子の合成反応

　高分子の合成法には，大別して低分子から高分子化する方法と，高分子の化学反応によって別の高分子誘導体を得る方法がある．後者については 3.14 で述べる．

3.1.1 反応の形式と分類

　低分子から高分子が生成するためには，互いに反応して高分子化しうる官能基（functional group）を少なくとも一つの化合物中に 2 個以上有しなければならない．このような官能基を A と B で表し，反応によって生成する A-B 結合を C で示すと，次のような官能基間の反応で高分子が生成する．

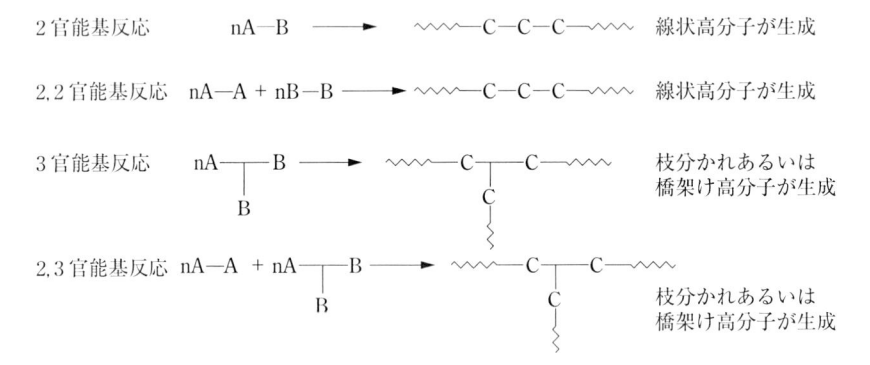

2官能基反応	$nA-B \longrightarrow \sim\sim\sim C-C-C\sim\sim\sim$	線状高分子が生成
2,2官能基反応	$nA-A + nB-B \longrightarrow \sim\sim\sim C-C-C\sim\sim\sim$	線状高分子が生成
3官能基反応	$nA{\substack{-B \\ -B}} \longrightarrow \sim\sim\sim C-C\sim\sim\sim$ 枝のC	枝分かれあるいは橋架け高分子が生成
2,3官能基反応	$nA-A + nA{\substack{-B \\ -B}} \longrightarrow \sim\sim\sim C-C\sim\sim\sim$ 枝のC	枝分かれあるいは橋架け高分子が生成

　このように互いに反応しうる官能基を一つの化合物に 2 個有するか，あるいは別々の化合物中にそれぞれ 2 個ずつ有する場合には線状高分子が生成することになり，このような低分子化合物を単量体あるいはモノマー（monomer）と呼ぶ．これに対して官能基を 3 個以上有するものでは橋かけ高分子が生成するので，橋かけモノマー（crosslinkable monomer）と呼ばれる．

　縮合反応を繰り返して高分子化する反応は重縮合（polycondensation）と呼ばれ，付加反応を繰り返して進む反応は重付加（polyaddition）と呼ばれる．

　ビニル化合物やある種の環状化合物の高分子化では官能基という言葉はあまり使われないが，前者では反応しやすい2個のπ電子を，後者では切れやすい結合に存在する2個のσ電子を官能基と考えることができる．わかりやすくするために，このような化合物が高分子化する際の反応過程を極限式で示すと次のように書ける．

$$\mathrm{CH_2{=}CH \atop |\ X} \quad \text{では} \quad \mathrm{\overset{\cdot}{CH_2}{-}\overset{\cdot}{CH} \atop |\ X} \quad \mathrm{\overset{\oplus}{CH_2}{-}\overset{\cdot\cdot}{\underset{\ominus}{CH}} \atop |\ X} \quad \mathrm{\overset{\cdot\cdot}{\underset{\ominus}{CH_2}}{-}\overset{\oplus}{CH} \atop |\ X}$$

$$\mathrm{CH_2{-}CH_2 \atop \diagdown O \diagup} \quad \text{では} \quad \mathrm{\overset{\oplus}{CH_2}{-}CH{-}\overset{\cdot\cdot}{\underset{\ominus}{O}}}$$

　このように2官能性のラジカルあるいはイオンがそれぞれ分子間で結合して進む．実際には，ラジカルあるいはイオンは反応の中間体として存在し，これがモノマーに連鎖的に付加して進む．このような反応は有機化学では付加反応と呼ばれるが，不安定中間体を経由するため上と区別して付加重合（addition polymerization）と呼ばれる．また，上述の二つの化合物の重合例を区別する意味で，それぞれビニル重合（vinyl polymerization）および開環重合（ring‐opening polymerization）と呼ばれる．特別な例として官能基が重合に際して転位を起こして進む場合がある．転位は新しい結合の生成（環の形成）や水素の移動あるいは簡単な分子の脱離などによって起こる．

　このような官能基の転位が起こっても，高分子化の反応形式は付加であるので，それぞれ環の形成を伴う重合，異性化を伴う重合，水素移動を伴う重合および低分子の脱離を伴う脱離重合と呼んで区別することができる．通常これらの高分子化反応は，環化重合（cyclopolymerization），異性化重合（isomerization polymerization），水素移動重合（hydrogen transfer polymerization），脱離重合（elimination polymerization）と呼ばれる．

　以上をまとめると，低分子から高分子を合成する反応は次のように分類される．

1. 付加重合（ビニル重合）　　4. 開環重合　　　　7. 重縮合（ポリ縮合）
2. 環化重合　　　　　　　　　5. 脱離重合　　　　8. 付加縮合
3. 異性化重合　　　　　　　　6. 重付加（ポリ付加）

3.1.2　高分子の合成反応の特徴

　上の分類のうちで，付加重合および重縮合は古くから詳しく研究され，それぞれ連鎖反応（chain reaction）および逐次反応（stepwise reaction）で進むとされている．連鎖反応ならびに逐次反応による高分子の合成反応は本質的に異なった特徴を示す．一般に，

連鎖反応は次の四つの素反応（elementary reaction）より成り立っている．すなわち，連鎖てい伝体（不安定中間体）のできる開始反応（initiation reaction），それが成長する成長反応（propagation reaction），それが失活する停止反応（termination reaction）およびそれが他へ移動する連鎖移動反応（chain transfer reaction）よりなる．いま，Mをモノマー，Pをポリマー，Aを連鎖移動反応を起こす物質とすると，連鎖反応は次のように書ける．

$$\begin{array}{ll} \text{開始反応} & M_1 \longrightarrow M_1^* \\ \text{成長反応} & M_1^* + M_1 \longrightarrow M_2^* \\ & M_2^* + M_1 \longrightarrow M_3^* \\ & \vdots \\ & M_n^* + M_1 \longrightarrow M_{n+1}^* \\ \text{停止反応} & M_n^* \longrightarrow P \\ \text{連鎖移動反応} & M_n^* + A \longrightarrow P + A^* \end{array}$$

ここで，M_n^*（$n:1 \sim n$）は連鎖てい伝体で，ラジカル，カチオンあるいはアニオンの3種類がある．このような連鎖重合の特徴を表3.1に示す．後述するように，逐次反応で進む重縮合と比べると，図3.1のように反応時間と生成高分子の平均分子量の関係が異なる．

逐次反応では，次に示すように官能基が反応を逐次繰り返して高分子化する．したが

$$\begin{array}{l} M_1 + M_1 \longrightarrow M_2 \\ M_2 + M_1 \longrightarrow M_3 \\ \vdots \\ M_2 + M_2 \longrightarrow M_4 \\ M_n + M_m \longrightarrow M_{n+m} \end{array}$$

って，反応の途中に連鎖てい伝体のような不安定な中間体を生成せず，反応時間と生成ポリマーの分子量の関係は図3.1のようになる（表3.1参照）．

表3.1 連鎖反応と逐次反応による高分子合成の比較

連鎖反応による重合（ビニル重合）	逐次反応による重合（重縮合）
成長は連鎖てい伝体とモノマーの反応で起こり，連鎖てい伝体と容易に反応する物質を少量加えると反応は完全に止まる．	モノマーあるいはポリマー中の官能基同士の反応で起こり，一官能性化合物を加えると分子量が低下する．
モノマー濃度は反応を通して順次減少し，反応の途中ではモノマーとポリマーの混合物である．	モノマー濃度は速やかに減少する．重合度が10となると，モノマー濃度は10％以下となる．
高分子量のポリマーが直ちに生成し，反応の進行とともに原則として変化しない（図3.1）．	分子量は徐々に反応の進行とともに増大（図3.1）し，高分子量のポリマーを得るには長時間を要する．

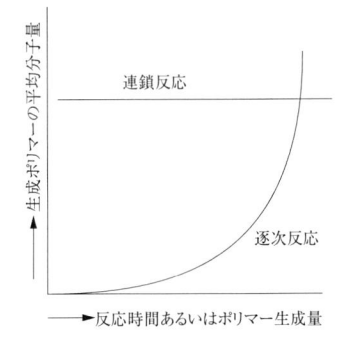

図 3.1 連鎖反応と逐次反応による高分子生成反応における反応時間と分子量の関係

3.2 付加重合（ビニル重合）

　スチレンや塩化ビニルなど一連のビニル化合物，ブタジエンやイソプレンのような共役ジエン類は付加重合によって高分子を生成する．この重合反応は連鎖機構で進み，その連鎖てい伝体がラジカル，カチオンあるいはアニオンであるかによって，それぞれラジカル重合（radical polymerization），カチオン重合（cationic polymerization），あるいはアニオン重合（anionic polymerization）に区別される．

　いま，ビニルモノマー（$CH_2 = CHX$）について，重合を素反応のうちで最も重要な成長反応で示すと次のように書ける．

$$\sim\sim CH_2-\overset{\cdot}{C}H(X) + CH_2=CH(X) \longrightarrow \sim\sim CH_2-\overset{\cdot}{C}H(X) \quad \text{ラジカル重合}$$

$$\sim\sim CH_2-\overset{\oplus}{C}H(X)\cdots\overset{\ominus}{B} + CH_2=CH(X) \longrightarrow \sim\sim CH_2-\overset{\oplus}{C}H(X)\cdots\overset{\ominus}{B} \quad \text{カチオン重合}$$

$$\sim\sim CH_2-\overset{\ominus}{C}H(X)\cdots\overset{\oplus}{A} + CH_2=CH(X) \longrightarrow \sim\sim CH_2-\overset{\ominus}{C}H(X)\cdots\overset{\oplus}{A} \quad \text{アニオン重合}$$

　ラジカルは電気的に中性であるが，イオンは荷電しているので，イオン重合においては必ず反対荷電をもつ対イオン（$B^{\ominus}$あるいは$A^{\oplus}$）が成長活性点の近くに存在する．この点が両者の大きな相違点である．アニオン重合のなかでチーグラー-ナッタ触媒のようにモノマーの付加に配位が重要な役割を果たす場合には配位重合（coordination polymerization）と呼ばれている．このとき，立体規則性ポリマーを生成する重合を立体特異性重合（stereospecific polymerization）と呼ぶ．

表 3.2 種々のモノマーの重合のしやすさ

アニオン重合しやすい モノマー	カチオン重合しやすい モノマー	ラジカル重合しやすいモノマー	配位アニオン重合するモノマー
アクリロニトリル ($CH_2=CHCN$) アクリル酸メチル ($CH_2=CHCOOCH_3$) メタクリル酸メチル ($CH_2=C(CH_3)COOCH_3$) α-シアノアクリル酸メチル ($CH_2=C(CN)COOCH_3$) など	スチレン ($CH_2=CHC_6H_5$) イソブテン ($CH_2=C(CH_3)_2$) ブチルビニルエーテル ($CH_2=CHOC_4H_9$) など	塩化ビニル ($CH_2=CHCl$) 酢酸ビニル ($CH_2=CHOCOCH_3$) スチレン, アクリロニトリル, メタクリル酸メチル など	エチレン ($CH_2=CH_2$) プロピレン ($CH_2=CHCH_3$) スチレン, ブタジエン ($CH_2=CHCH=CH_2$)

モノマーがどのような機構によって重合するかはその構造によって決まる.一般に,二重結合に結合した置換基の数と位置によって重合性は著しく変わり,立体障害が大きくなるほど重合しにくくなる.例えば,ビニル化合物($CH_2=CHX$),ビニリデン化合物($CH_2=CXY$)では容易に重合するが,ビニレン化合物($CHX=CHY$)ではきわめて重合性に乏しい.3個以上置換基をもつものでは,置換基がフッ素以外は特別な場合を除いて重合しない.置換基の極性も重要である.すなわち,置換基が反応する二重結合に電子を供与するものではカチオン重合を,吸引するものではアニオン重合を起こしやすくなる.ラジカル重合では,このような極性効果よりは共鳴効果がむしろ重要である.表 3.2 にどのようなモノマーがどのような重合を起こしやすいかを示す.

3.3 ラジカル重合

3.3.1 ラジカル重合の方式

スチレンのようなビニルモノマーに少量の過酸化ベンゾイル(BPO)を加えて加熱すると,ラジカル重合が起こり,高分子量のポリスチレンが生成する.ここで,過酸化ベンゾイルは,最初にラジカルを生成するもので重合開始剤(initiator)と呼ばれる.重合開始剤を加えず加熱した場合(熱重合)や紫外線あるいは放射線を当てた場合(それぞれ光重合あるいは放射線重合と呼ばれる)にもラジカル重合が起こりうることがある.このようなラジカル重合の具体的な方法には次のようなものがある.

a. 塊状重合(bulk polymerization)

モノマーだけをそのまま加熱するか,光または放射線を照射するか,あるいは適当な開始剤を加えて加熱して重合させる方法である.この方法で得られるポリマーは不純物の混入が少なく,重合度もかなり大きいが,重合熱の除去がむずかしく,工業的にはこの熱の制御が重要となる.メタクリル酸メチルから有機ガラス板をつくるような場合に

b. 溶液重合 (solution polymerization)

モノマーを溶媒に溶かして重合させる方法で，重合熱の蓄積を避けることができる．重合速度，重合度は塊状重合に比べて小さい．生成ポリマーを取り出すには溶媒を分離する必要がある．溶液のまま塗料や接着剤などとして使用する場合もある．塊状重合とともに実験室的には広く行われる方法である．

c. 懸濁重合 (suspension polymerization)

モノマーを水中で強くかき混ぜて微粒状に懸濁させて重合させる方法で，ポリビニルアルコールなどを分散安定化剤として使用し，開始剤としてはモノマーに不溶性の過酸化ベンゾイル，アゾビスイソブチロニトリルなどが使用される．重合はモノマー液滴中で起こるので重合機構などは本質的に塊状重合と同じであるが，重合熱が周囲の水相によって除かれる利点がある．また，ポリマーは微粒状として得られるので，分離操作も容易である．成型材料用の樹脂を得る方法として工業的に広く採用されている．

d. 乳化重合 (emulsion polymerization)

セッケンなどの乳化剤を使用して難水溶性のモノマーを水中に乳化させて重合させる方法である．開始剤としては水液性のもの（過酸化水素，過硫酸アンモニウムなど）が使用される．モノマーは乳化剤ミセル内部へ可溶化し，このなかへ水中で発生したラジカルがとび込んで重合が進行する．この重合方法の特徴は重合速度，重合度がともに塊状重合に比して著しく大きいことである．ポリマーはエマルション (emulsion) として得られ，そのまま塗料や接着剤として使用することができる．

3.3.2 ラジカル重合の動力学

ラジカル重合の素反応を一般式で示すと次のようになる．ただし，重合開始剤を I，モノマーを M，生成ポリマーを P で表し，k をそれぞれの素反応の速度定数，M· を成長ラジカル（連鎖てい伝体）とする．

開始反応
$$I \xrightarrow{k_d} 2R\cdot \tag{1}$$

$$2R\cdot + CH_2=CH\underset{X}{|} \xrightarrow{k_i} R-CH_2-\overset{\cdot}{C}H\underset{X}{|} \tag{2}$$

成長反応
$$\sim\sim CH_2-\overset{\cdot}{C}H\underset{X}{|} + CH_2=CH\underset{X}{|} \xrightarrow{k_p} \sim\sim CH_2-CH\underset{X}{|}-CH_2-\overset{\cdot}{C}H\underset{X}{|} \tag{3}$$

停止反応   2 ~~~CH$_2$-ĊH
$\overset{\text{再結合 }(k_{tc})}{\nearrow}$ ~~~CH$_2$-CH—CH-CH$_2$~~~   (4)
               | | |
               X   X   X

$\overset{\text{不均化 }(k_{td})}{\searrow}$ ~~~CH=CH + CH$_2$-CH$_2$~~~   (5)
                                          | |
                                          X   X

連鎖移動反応 ~~~CH$_2$-ĊH + CH$_2$=CH $\xrightarrow[\text{移動反応 }(k_{trm})]{\text{モノマーへの}}$ ~~~CH=CH + CH$_3$-ĊH   (6)
                     | | | |
                     X   X   X   X

~~~CH$_2$-ĊH + I $\xrightarrow[\text{移動反応 }(k_{tri})]{\text{開始剤への}}$ ~~~CH$_2$-CH−R + R·   (7)
         | |
         X   X

このような素反応に基づいて重合速度式(rate of polymerization)を誘導する．そのために次の約束をする．① 成長反応の速度定数(k_p) は M· の大きさ(鎖長)には無関係に一定である．② M· の生成速度と消失速度は等しい(定常状態の仮定)．③ 生成ポリマーの重合度はきわめて大きく，モノマーは成長反応によってのみ消失する．④ 連鎖移動反応は重合速度を低下させない．すると，重合速度(R_p)すなわちモノマーの消失速度は，約束の ③ と ④ から次のように表される．

$$R_p \equiv -\frac{d[\text{M}]}{dt} = k_p[\text{M·}][\text{M}] \qquad (8)$$

ここで，M· の濃度を求めるために，約束 ③ を用いる．開始速度は $k_i[\text{R·}][\text{M}]$ で示されるが，簡略化のため開始剤の分解で生じた 2 個の R· のうちのある割合(f：開始剤効率)だけが開始反応に入ると考え，開始剤からのラジカルが生成すると直ちにモノマーと反応するとすれば，開始速度は $2k_df[\text{I}]$ となる．一方，停止速度は $k_t[\text{M·}]^2$ (ただし，$k_t = k_{tc} + k_{td}$) であるので，定常状態の仮定から $2k_df[\text{I}] = k_t[\text{M·}]^2$ となり，M· の濃度が

$$[\text{M·}] = \left(\frac{2k_df}{k_t}\right)^{1/2}[\text{I}]^{1/2} \qquad (9)$$

と求まる．この関係を(8)式に代入すると重合速度式として(10)式が得られる．

$$-\frac{d[\text{M}]}{dt} = \left(\frac{2k_df}{k_t}\right)^{1/2} k_p[\text{I}]^{1/2}[\text{M}] \qquad (10)$$

(10)式は多くのモノマーのラジカル重合において実験的に成立することが認められている．ラジカル重合のように，停止反応が 2 分子的に起こる場合には，開始剤次数は 1/2 次となり，この関係は平方根の法則と呼ばれている．また，モノマー次数も通常一次となる．しかし，開始剤効率がモノマー濃度で変わるか，モノマーが開始速度に関与

するときには 3/2 次となることもある．
　次に，先に示した素反応をもとに生成するポリマーの数平均重合度（P_n）の関係式を導いてみよう．ポリマーは停止反応と連鎖移動反応によって生成するので，(11)式のごとく表される．

$$P_n = \frac{k_p[\text{M}\cdot][\text{M}]}{k_{trm}[\text{M}\cdot][\text{M}] + k_{tri}[\text{M}\cdot][\text{I}] + k_t[\text{M}\cdot]^2} \tag{11}$$

簡略化のために(11)式の逆数をとり，(8)式の関係を用いて［M・］を消去すると(12)式が得られる．

$$\frac{1}{P_n} = \frac{k_{trm}}{k_p} + \frac{k_{tri}}{k_p}\left[\frac{\text{I}}{\text{M}}\right] + \frac{k_t R_p}{k_p^2[\text{M}]^2}$$

$$= C_m + C_i\left[\frac{\text{I}}{\text{M}}\right] + \frac{k_t R_p}{k_p^2[\text{M}]^2} \tag{12}$$

ここで，C_m および C_i はそれぞれモノマーおよび開始剤への連鎖移動定数である．

3.3.3 素反応機構

　あるモノマーのラジカル重合速度ならびに生成ポリマーの構造，分子量や分子量分布などは，各素反応の速度と機構によって決まる．以下に，各素反応の特徴（機構など）を概説する．

a. 開 始 反 応

　ラジカル重合の開始は，モノマーに熱，光，放射線などのエネルギーが供給されることによって起こる．通常は，これらエネルギーの受渡し役をする物質（重合開始剤あるいは重合触媒や光増感剤と呼ばれる）を加えて行われる．ラジカル重合の開始剤（initiator）には過酸化物あるいはアゾ化合物のように，熱あるいは光によって容易にラジカル分解を起こすような弱い結合をもつものが用いられる．過酸化物と還元剤を組み合わせた系は，レドックス開始剤（redox initiator）と呼ばれる．それらは低温でもラジカルを発生することができ，室温あるいはそれ以下でのラジカル重合で使用される．表 3.3 に代表的な開始剤とその分解機構を示す．

　表 3.3 に示したような開始剤の分解で生成したラジカル（一次ラジカル（primary radical）と呼ばれる）は，そのすべてが重合の開始に働くとは限らない．それは一次ラジカル（R・）のいくらかは(13)式のようにお互いに反応したり，成長ラジカルと反応を起こすためである．

$$\left.\begin{array}{l} 2\text{R}\cdot \longrightarrow \text{R}-\text{R} \quad \text{あるいは} \quad \text{R}(+\text{H}) + \text{R}(-\text{H}) \\ \text{R}\cdot + \cdot\text{P} \longrightarrow \text{R}-\text{P} \end{array}\right\} \tag{13}$$

　一次ラジカルがモノマーと反応して(2)式の開始反応に入る割合は，開始剤効率（ini-

表3.3 ラジカル重合の開始剤とその分解

開始剤	使用温度(℃)	分解反応
過酸化ベンゾイル	50〜80	$C_6H_5CO-OCC_6H_5 \longrightarrow 2\,C_6H_5CO\cdot$ (両C=O)
過酸化第三ブチル	80〜120	$(CH_3)_3C-O-O-C(CH_3)_3 \longrightarrow 2(CH_3)_3C-O\cdot$
第三ブチルヒドロペルオキシド	80〜120	$(CH_3)_3C-OOH \longrightarrow (CH_3)_3C-O\cdot + \cdot OH$
過硫酸カリウム	40〜80	$[{}^-O_3S-O-O-SO_3{}^-]2K^+ \longrightarrow 2[{}^-O_3S-O\cdot]K^+$
α,α'-アゾビスイソブチロニトリル	50〜80	$CH_3-\underset{CN}{\underset{\|}{C}}(CH_3)-N=N-\underset{CN}{\underset{\|}{C}}(CH_3)-CH_3 \longrightarrow 2\,CH_3-\underset{CN}{\underset{\|}{C}}(CH_3)\cdot + N_2$
α,α'-アゾビス-2,4-ジメチルバレロニトリル	30〜50	$CH_3CH-CH_2-\underset{CN}{\underset{\|}{C}}(CH_3)-N=N-\underset{CN}{\underset{\|}{C}}(CH_3)-CH_2-CH(CH_3) \longrightarrow 2\,CH_3CH-CH_2-\underset{CN}{\underset{\|}{C}}(CH_3)\cdot + N_2$
過酸化水素と第1鉄塩	0〜30	$H_2O_2 + Fe^{2+} \longrightarrow HO\cdot + OH^- + Fe^{3+}$
過硫酸塩と第1鉄塩	0〜30	$S_2O_8^{2-} + Fe^{2+} \longrightarrow SO_4{}^-\cdot + SO_4{}^{2-} + Fe^{3+}$
過酸化ベンゾイルとジメチルアニリン	0〜30	$C_6H_5CO-OCC_6H_5 + CH_3NCH_3(C_6H_5) \longrightarrow C_6H_5CO\cdot + C_6H_5CO^- + CH_3\overset{+}{N}CH_3(C_6H_5)$
酸素-トリエチルホウ素	−70〜0	$O_2 + (C_2H_5)_3B \longrightarrow (C_2H_5)_2BOOC_2H_5 \longrightarrow C_2H_5\cdot + C_2H_5O\cdot + その他$

tiator efficiency)と呼ばれる.60℃付近で使用した場合には,通常アゾ化合物の開始剤効率は50〜70%であり,過酸化ベンゾイルでは90〜100%である.しかし,開始剤の使用適正温度(表3.3参照)より高い温度で用いた場合には,開始剤同士の反応が起こることなどにより,開始剤効率は低くなる.開始剤切片である一次ラジカルは生成ポリマーの末端基として導入される.

b. 成長反応

成長反応は開始反応で生じた成長ラジカル($M\cdot$)が停止反応を起こすまで引き続いて速やかに起こる反応である.通常,$M\cdot$の寿命は10^{-2}〜10秒程度で,その濃度は10^{-7}〜10^{-8}モル/Lと小さい.しかし,この反応は重合速度,生成ポリマーの分子量ならびにポリマーの構造を決める重要な反応である.表3.4に代表的なモノマーにおける成長反応の速度定数(k_p)を示す.

成長反応におけるモノマーの付加には,(14)および(15)式に示す頭尾付加ならびに頭頭付加の2通りがある.

$$\sim\sim\sim CH_2-\overset{\cdot}{C}H + CH_2=CH \quad \begin{array}{c} \text{頭尾付加} \\ \longrightarrow \\ \text{頭頭付加} \\ \longrightarrow \end{array} \quad \begin{array}{l} \sim\sim\sim CH_2-CH-CH_2-\overset{\cdot}{C}H \quad (14) \\ \qquad\qquad\quad | \qquad\qquad | \\ \qquad\qquad\quad X \qquad\qquad X \\ \sim\sim\sim CH_2-CH-CH-\overset{\cdot}{C}H_2 \quad (15) \\ \qquad\qquad\quad | \quad\; | \\ \qquad\qquad\quad X \; X \end{array}$$
(式中のXは置換基を表す)

　成長反応が(14)式で起これば頭尾構造（head-to-tail structure）が,(15)式だと,頭頭あるいは尾尾構造（head-to-head あるいは tail-to-tail structure）が生成することになる.両反応の起こりやすさは,それぞれの反応の活性化エネルギー差で決まる.例えば,ポリスチリルラジカルでは,

（共鳴構造式）

のように共鳴安定化する.他のビニルモノマーについても,大なり小なり同様な効果を生じる.つまり,一般的に(14)式の生成ラジカルは(15)式のものよりも置換基(X)による共鳴のために安定化されるので,それだけ(14)式の反応の活性化エネルギーは小さくなり,成長反応は主として(14)式で進む.しかし,Xによる共鳴の程度が小さければ,両反応の活性化エネルギー差は小さくなり,頭頭構造もいくらか生成することになる.例えば,XがC_6H_5基であるスチレンでは頭頭構造は含まれないが,Xが$OCOCH_3$基である酢酸ビニルでは100モノマー単位当たり1～2個の頭頭構造を含む.

c. 停止反応

　通常のラジカル重合における停止反応は成長ラジカル同士の2分子反応である.このことは速度論的に平方根の法則が成立することからわかる.停止反応には再結合（recombination）(4)式と不均化（disproportionation）(5)式がある.

　不均化反応は$H\cdot$の移動によって起こり,飽和と不飽和の末端基をもつポリマーが50%ずつ生成する.(4)式の再結合停止で生成したポリマーの数平均分子量は(5)式で生成したポリマーの分子量の2倍となる.スチレンの重合では,ほとんど再結合停止が起こるが,メタクリル酸メチルでは約50%が不均化停止する.代表的なモノマーの停止反応の速度定数（$k_t = k_{tc} + k_{td}$）を表3.4に示した.

　実際の重合では,高分子鎖は糸まり状の形をしており,その端にラジカルが存在している.したがって,このような成長ラジカル同士が反応する場合には,それらの拡散のしやすさが重要となる.このような拡散は重合が進んで,系の粘度が高くなると起こり

表3.4 モノマーの成長および停止反応の速度定数（60℃）

モノマー	k_p (L/モル・秒)	k_t (L/モル・秒)
酢酸ビニル	3700	7.4×10^7
塩化ビニル	12900	210×10^7
スチレン	176	3.6×10^7
メタクリル酸メチル	734	3.74×10^7
アクリロニトリル	1960	78.2×10^7

にくくなり，それに伴って停止反応も起こりにくくなる（拡散律速停止）．これは重合が進み，k_tが小さくなると(10)式からして重合速度が大きくなり，また分子量も大きくなることになる．この場合，重合速度は重合の進行とともに増大する．このような効果はゲル効果（gel effect）あるいは自動加速効果（autoacceleration effect）と呼ばれる．

停止が成長ラジカル同士の反応で起こらない場合がある．このような例としてアクリロニトリルの塊状重合がある．アクリロニトリルの塊状重合ではポリアクリロニトリルがそのモノマーに溶けないので，成長ラジカルは沈殿相に埋もれる．つまり，沈殿のなかに埋め込まれた成長ラジカル（occluded radical）はお互いに反応することはできないことから，見かけ上の停止反応となるわけである．

もう一つの例は α - オレフィンあるいはアリル化合物の重合でみられる．このようなモノマーは分子中にアリル型の活性水素原子を有し，容易に成長ラジカルと(16)式のごとく連鎖移動反応を行う．

$$\sim\sim\sim CH_2-\overset{\cdot}{C}H + CH_2=CH \longrightarrow \sim\sim\sim CH_2-CH_2 + CH_2=CH-\overset{\cdot}{C}HX \quad (16)$$
$$\qquad\qquad |\qquad\qquad\quad |\qquad\qquad\qquad\qquad\qquad |$$
$$\qquad\quad CH_2X\qquad\quad CH_2X\qquad\qquad\qquad\quad CH_2X$$

(16) 式の反応で生成したアリルラジカル（allyl radical）は次のようなアリル共鳴で安定化するため，もはやモノマーと反応して新しい成長ラジカルに戻らない．このような

$$CH_2=CH-\overset{\cdot}{C}HX \longleftrightarrow \overset{\cdot}{C}H_2-CH=CHX$$

連鎖移動反応は破壊的連鎖移動反応（degradative chain transfer）と呼ばれ，やはり見かけ上の停止反応となる．

d. 連鎖移動反応

連鎖移動反応は成長反応と競争して起こる．このとき再開始反応の起こりやすさは重合速度に影響する．

成長反応と連鎖移動反応の反応速度定数比は連鎖移動定数（chain transfer constant）と呼ばれる．連鎖移動反応は重合系に存在するすべての物質(A)（モノマー，開始剤，溶媒，ポリマーなど）に対して起こる．モノマーおよび開始剤への連鎖移動定数を求めるためには(12)式が用いられる．それ以外の溶媒(S)への連鎖移動定数(C_s)を求めるた

表3.5 スチレンおよびメタクリル酸メチルの重合における連鎖移動定数 (60℃)

連鎖移動剤	スチレンの場合	メタクリル酸メチルの場合
モノマー	6.0×10^{-5}	1.0×10^{-5}
過酸化ベンゾイル	0.05	0.02
アゾビスイソブチロニトリル	~ 0	~ 0
ベンゼン	0.18×10^{-5}	0.40×10^{-5}
トルエン	1.25×10^{-5}	1.70×10^{-5}
エチルベンゼン	6.7×10^{-6}	7.66×10^{-5}
クロロホルム	5.0×10^{-5}	4.54×10^{-5}
四塩化炭素	9.2×10^{-3}	9.25×10^{-5}

めには(17)式が用いられる.

$$\frac{1}{\overline{P_n}} = \frac{1}{\overline{P_{n0}}} + C_s \frac{[S]}{[M]} \tag{17}$$

ここで, $\overline{P_{n0}}$ は溶媒を加えない場合の数平均重合度であり, C_s は k_{tr}/k_p である. したがって, モノマーと溶媒の濃度をいろいろ変えて重合し, 生成ポリマーの $1/\overline{P_n}$ と $[S]/[M]$ をプロットすることによって C_s を求めることができる. このようにして求められた連鎖移動定数を表3.5に示す.

連鎖移動反応は水素原子, ハロゲン原子あるいはグループが移動することによって進む. モノマーおよび過酸化ベンゾイルへの連鎖移動反応は, 水素原子およびグループの移動で起こる. トルエンへの連鎖移動反応について示すと, (18)式のようになる.

$$\sim\!\!\sim\!\!\sim\!CH_2\!-\!\dot{C}H\!-\!X + CH_3\!-\!C_6H_5 \longrightarrow \sim\!\!\sim\!\!\sim\!CH_2\!-\!CH_2\!-\!X + \dot{C}H_2\!-\!C_6H_5 \tag{18}$$

適当に大きい連鎖移動定数をもつものは, 生成ポリマーのゲル化を防ぎ重合度を制御するのに使用される. このような物質は重合度調整剤 (modifier) と呼ばれ, メルカプタン類がよく用いられる.

重合が進行するとポリマーが生成するので, (19)式のようなポリマーへの連鎖移動反応も起こる.

$$\sim\!\!\sim\!CH_2\!-\!\dot{C}H\!-\!X + \sim\!\!\sim\!CH_2\!-\!CH\!-\!X\!\sim\!\!\sim \longrightarrow \sim\!\!\sim\!CH_2\!-\!CH_2\!-\!X + \sim\!\!\sim\!CH_2\!-\!\dot{C}\!-\!X\!\sim\!\!\sim \tag{19}$$

一般に, この反応はポリマー中の置換基(X)のついた炭素上の水素原子が引き抜かれて起こるが, ポリ酢酸ビニルのような場合には(20)式に示すように置換基 ($OCOCH_3$) 中の水素原子でも起こる.

$$\sim\!\!\sim\!\!\text{CH}_2-\overset{\bullet}{\text{CH}} + \sim\!\!\sim\!\!\text{CH}_2-\text{CH}\!\sim\!\!\sim \longrightarrow \sim\!\!\sim\!\!\text{CH}_2-\text{CH}_2 + \sim\!\!\sim\!\!\text{CH}_2-\overset{\bullet}{\text{CH}}\!\sim\!\!\sim \quad (20)$$
$$\text{OCOCH}_3 \qquad \text{OCOCH}_3 \qquad\qquad \text{OCOCH}_3 \qquad \text{OCOCH}_2$$

このようにして生成したポリマーラジカルがついで再開始反応に入る場合には長い枝をもった枝分かれポリマー (branched polymer) が生成することになる．高圧法ポリエチレン，ポリ塩化ビニル，ポリ酢酸ビニルでは，このようにして生成した長い枝と，(21)式のように成長ラジカルが分子内で移動反応することによってできた短い枝（n-ブチル基あるいはエチル基）を有している．このような分子内水素原子の移動反応（厳密には成長ラジカルの異性化反応である）は途中に安定な6員環遷移状態を形成することによって起こる．

$$(21)$$

e. 重合の禁止と抑制

ある物質を重合系に加えた場合，重合を完全に止めるようなものを重合禁止剤 (inhibitor)，重合速度を遅らせるようなものを重合抑制剤 (retarder) と呼び，区別される．このような物質を加えた場合の重合時間と重合率の関係を図3.2に示す．Aは何も加えない場合，Bは重合禁止剤を加えた場合，Cは重合抑制剤を加えた場合である．重合禁止剤を加えた場合には全く重合の起こらない期間（誘導期，induction period）あるいは禁止

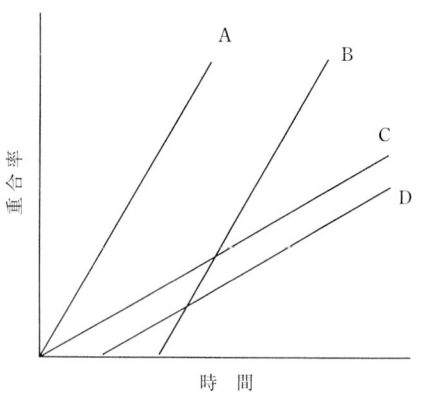

図3.2 重合禁止剤あるいは抑制剤の存在する場合の時間と重合率の関係

期（inhibition period））があり，それを過ぎると何も加えない場合とほとんど同じ重合速度で重合が進む．一般には，Dのように重合禁止剤と抑制剤の両方の働きをするものが多い．

　重合禁止剤にはジフェニルピクリルヒドラジル（DPPH）のような安定ラジカルあるいはキノン類，第二鉄塩，硫黄，酸素などがある．また，重合抑制剤にはニトロ化合物やフェノール類があるが，用いるモノマーによっては禁止剤あるいは抑制剤として異なった働きをする．DPPHはラジカルであるが安定なため重合反応を開始する作用をもたず，活性な成長ラジカルとのみ(22)式のように反応して安定な化合物となり重合を禁止する．

$$\sim\!\!\sim\!\!CH_2\text{-}\overset{\cdot}{C}H\text{-}X + DPPH \longrightarrow \sim\!\!\sim\!\!CH_2\text{-}CH\text{-}X\text{-}N(C_6H_5)\text{-}NH\text{-}C_6H_2(NO_2)_3 \quad (22)$$

安定ラジカルを除いて，成長ラジカルとの反応のしやすさ，ならびに生成したラジカルの安定性（再開始反応の起こしやすさ）によって重合禁止剤と抑制剤の違いが生じる．

3.4　ラジカル共重合

2種あるいはそれ以上のモノマーを混合して重合すると両モノマー単位よりなるポリマーが生成する．このような重合を共重合（copolymerization）と呼び，生成ポリマーは共重合体（copolymer）と呼ばれる．このような共重合は，単独重合体にはない新しい性質をもつ高分子を合成することができるので，工業的にも重要である．

3.4.1　共重合組成式

いま，M_1およびM_2モノマーを共重合する場合を考える．モノマーはもっぱら成長反応で消失するので，生成共重合体の組成は前末端基を考慮しないときには(23)式の四つの成長素反応の起こしやすさで示される．

$$\begin{aligned}
\sim\!\!\sim M_1\!\cdot + M_1 &\xrightarrow{k_{11}} \sim\!\!\sim M_1\!\cdot &\text{速度：} & k_{11}[M_1\!\cdot][M_1] \\
\sim\!\!\sim M_1\!\cdot + M_2 &\xrightarrow{k_{12}} \sim\!\!\sim M_2\!\cdot &\text{速度：} & k_{12}[M_1\!\cdot][M_2] \\
\sim\!\!\sim M_2\!\cdot + M_1 &\xrightarrow{k_{21}} \sim\!\!\sim M_1\!\cdot &\text{速度：} & k_{21}[M_2\!\cdot][M_1] \\
\sim\!\!\sim M_2\!\cdot + M_2 &\xrightarrow{k_{22}} \sim\!\!\sim M_2\!\cdot &\text{速度：} & k_{22}[M_2\!\cdot][M_2]
\end{aligned} \quad (23)$$

これら成長素反応から M_1 および M_2 モノマーの消失速度は(24)式および(25)式で表される．

$$-d[M_1]/dt = k_{11}[M_1\cdot][M_1] + k_{21}[M_2\cdot][M_1] \quad (24)$$
$$-d[M_2]/dt = k_{12}[M_1\cdot][M_2] + k_{22}[M_2\cdot][M_2] \quad (25)$$

(24)式を(25)式で割ると，(26)式が得られる．

$$\frac{d[M_1]}{d[M_2]} = \frac{k_{11}[M_1\cdot][M_1] + k_{21}[M_2\cdot][M_1]}{k_{12}[M_1\cdot][M_2] + k_{22}[M_2\cdot][M_2]} \quad (26)$$

ここで，$d[M_1]/d[M_2]$ は生成共重合体中の M_1 と M_2 モノマー単位の比であり，$[M_1]$ と $[M_2]$ はおのおののモノマーの仕込み初濃度である．(26)式で $M_1\cdot$ と $M_2\cdot$ の濃度がわからないので，定常状態の仮定を用いて消去する．すなわち，$M_1\cdot$ が $M_2\cdot$ に変化する速度と $M_2\cdot$ が $M_1\cdot$ に変化する速度が等しいという定常状態の仮定：$k_{12}[M_1\cdot][M_2] = k_{21}[M_2\cdot][M_1]$ を(26)式に代入し，整理すると(27)式が導かれる．

$$\frac{d[M_1]}{d[M_2]} = \frac{[M_1]}{[M_2]}\left(\frac{r_1[M_1]+[M_2]}{[M_1]+r_2[M_2]}\right) \quad (27)$$

$$\text{ただし，} r_1 = k_{11}/k_{12},\ r_2 = k_{22}/k_{21} \quad (28)$$

(27)式は共重合組成式と呼ばれる．また，r_1 および r_2 はそれぞれ M_1 および M_2 モノマーのモノマー反応性比（monomer reactivity ratio）と呼ばれ，共重合のしやすさを表す定数である．(27)式を用いて r_1 および r_2 が既知であるモノマーの組合せにおいては，仕込みモノマー組成から初期生成共重合体の組成を予測，計算することができ，実験的に r_1 および r_2 値を求めることができる．表3.6は，ラジカル共重合で求められた代表的なモノマーの r_1 および r_2 値を示す．

(27)式から，数種の代表的な r_1 および r_2 値をもつモノマーの共重合において，両モノマーの仕込み組成と生成共重合体の組成の関係を計算した結果を図3.3に示す．この

表3.6 ラジカル共重合におけるモノマー反応性比

M_1 モノマー	M_2 モノマー	r_1	r_2	r_1r_2
スチレン	ブタジエン	0.78	1.39	1.08
スチレン	p-メトキシスチレン	1.16	0.82	0.95
スチレン	メタクリル酸メチル	0.52	0.46	0.24
スチレン	アクリル酸メチル	0.75	0.18	0.14
スチレン	無水マレイン酸	0.04	0	0
メタクリル酸メチル	メタクリロニトリル	0.67	0.65	0.43
メタクリル酸メチル	アクリロニトリル	1.35	0.18	0.24
メタクリル酸メチル	塩化ビニリデン	2.53	0.24	0.61
酢酸ビニル	アクリロニトリル	0.06	4.05	0.25
酢酸ビニル	塩化ビニル	0.32	1.68	0.38

関係曲線を共重合組成曲線（copolymerization composition curve）と呼ぶ．

3.4.2 モノマー反応性比

図3.3の共重合組成曲線とr_1およびr_2の関係を（曲線AからEについて）ながめてみよう．① 曲線Aはr_1が1より小で，r_2が1より大きい場合である．② 曲線Cはちょうどこの逆の場合である．AはモノマーM$_2$がM$_1$よりも，成長ラジカルM$_1$・およびM$_2$・に対してより反応しやすい場合である．Cはこの逆である．③ 曲線Bはr_1およびr_2がともに1よりも小さく，M$_2$・に対してはM$_1$が，M$_1$・に対してはM$_2$がそれぞれM$_2$あるいはM$_1$よりも反応しやすい場合である．現在知られているラジカル共重合では，すべてA，B，Cに相当する．④ 直線Eはr_1とr_2がともに1の場合で仕込み組成と常に同じ組成の共重合体が生成し，M$_1$・およびM$_2$・に対してM$_1$とM$_2$が同じ反応性をもつ場合である．⑤ DはBのちょうど逆であるが，このような場合には共重合体は，それぞれの単独ポリマーが生成しやすいことになる．このことはr_1およびr_2の積をとってみると理解しやすい．

$$r_1 r_2 = k_{11} k_{22} / k_{12} k_{21}$$

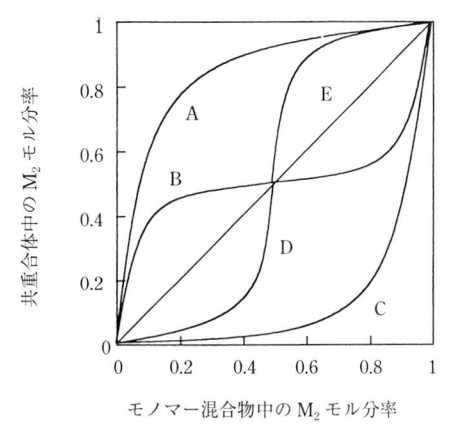

図3.3 モノマー反応性比と共重合組成曲線

$r_1 r_2$値はM$_1$・とM$_2$・の両モノマーに対する選択性を示す．$r_1 r_2 = 0$ということは$k_{11} = 0$か，$k_{22} = 0$あるいは$k_{11} = k_{22} = 0$の場合であり，一方あるいは両方のモノマーが連続して共重合に入らないことを示す．$k_{11} = k_{22} = 0$の場合には完全にM$_1$とM$_2$モノマー単位が交互に入った共重合体（交互共重合体；alternating copolymer）が得られることになる．$r_1 = r_2 = 1$ということは$k_{11} k_{22} = k_{12} k_{21}$であり，同種のモノマーが連続して共重合する確率と連続しない確率の等しい場合で，常に仕込み組成と同じ組成の共重合体が生成する．また，$r_1 r_2 > 1$ということは同種モノマーの重合が優先的に起こり，ランダム共重合体が得られない（ブロック共重合体が生成しやすい）ことを意味する．一般に，ラジカル共重合では$0 \leq r_1 r_2 \leq 1$であり，この$r_1 r_2$値がゼロに近づくほど交互共重合体が生成しやすく，交互共重合性が大きいといえる．

3.4.3 モノマーおよびラジカルの反応性

(28)式のr_1値の逆数をとると，(29)式が得られる．

表3.7 成長ラジカル（$M_1\cdot$）に対するモノマー（M_2）の相対反応性

M_2 モノマー ＼ M_1 ラジカル	スチレン	メタクリル酸メチル	塩化ビニル	酢酸ビニル
スチレン	1.00	2.18	30	100
メタクリル酸メチル	1.92	1.00	—	67
塩化ビニル	0.06	0.08	1.0	3
酢酸ビニル	0.02	0.05	0.5	1.0

$$1/r_1 = k_{12}/k_{11} \qquad (29)$$

いま，M_1 モノマーを基準に用い種々の M_2 モノマーとの共重合実験から，$1/r_1$ を求めると，それは M_1 ラジカルに対する種々の M_2 モノマーの相対反応性（relative reactivity）を表すことになる．表3.7に，種々のラジカルに対する種々のモノマーの相対反応性をまとめる．

表3.7の値を縦に比べるとわかるように，スチレンラジカルを除いて，下にあるモノマーほど相対反応性は低下する．すなわち，モノマーの相対反応性は次の順序となる．

スチレン＞メタクリル酸メチル＞塩化ビニル＞酢酸ビニル

この順序は反応によって生成するラジカルが置換基とより共鳴安定化する順序と一致している．すなわちスチレンについては3.3.3で示したような共鳴が考えられる．しかし，塩化ビニルや酢酸ビニルではこのような共鳴は考えられない．

共鳴効果はモノマーの二重結合がその置換基中の不飽和基と共役しているほど大きい．したがって，共役型モノマーではモノマーとしては高反応性となる．一方，表3.7の値を横にながめると一定のモノマーに対する成長ラジカルの反応性の順序を示すことになる．これより，モノマーとして高反応性であるものでは逆に成長ラジカルとなると反応性は小さくなることがわかる．一般に，成長反応の速度定数（表3.4参照）は成長ラジカルとしての反応性の順序と一致している．

3.4.4　Q, e の取扱い

これまで述べてきたように，立体効果が無視できる限り成長反応の速度定数は，モノマー中の置換基の極性効果と共鳴効果によって表される．1947年アルフレー（Alfrey）とプライス（Price）は次の成長反応

$$\sim\sim\sim M_1\cdot\ +\ M_2 \xrightarrow{k_{12}} \sim\sim\sim M_2\cdot$$

の速度定数 k_{12} が(30)式のように表されると仮定した．

$$k_{12} = P_1 Q_2 \exp(-e_1 e_2) \qquad (30)$$

ここで，P_1 は〜$M_1\cdot$ の一般反応性（共鳴による安定化），Q_2 は M_2 の共鳴安定化を表し，e_1 および e_2 は〜$M_1\cdot$ および M_2 の極性効果を表す．もちろん，このような効果は，モノ

マー中の置換基によって引き起こされるものである．
(30)式の関係を(28)式の r_1 および r_2 に代入すると，(31)および(32)式が得られる．

$$r_1 = \frac{k_{11}}{k_{12}} = \frac{Q_1}{Q_2}\exp\{-e_1(e_1-e_2)\} \tag{31}$$

$$r_2 = \frac{k_{22}}{k_{21}} = \frac{Q_2}{Q_1}\exp\{-e_2(e_2-e_1)\} \tag{32}$$

したがって，r_1 と r_2 の積は(33)式のように簡単な式となり，交互共重合性はモノマー中の置換基による極性効果の差によって決められることになる．

$$r_1 r_2 = \exp\{-(e_1-e_2)^2\} \tag{33}$$

いま，基準のモノマーにスチレンを選び，その Q 値を1.0，e 値を-0.8と仮定し，スチレンラジカルの e 値もスチレンモノマーの e 値も-0.8に等しいとおくと，r_1 および r_2 の値から(31)式および(32)式を用いて多くのモノマーの Q，e 値を計算することができる．代表的なモノマーの Q，e 値を表3.8に示す．

表3.8において，Q 値はモノマー中の置換基が二重結合と共役しているようなモノマー（共役モノマー（conjugated monomer）と呼ばれる）では0.2以上と大きい値をとり，共役していない非共役モノマー（non-conjugated monomer）では0.2以下と小さい値となる．また，e 値は電子供与性の置換基をもつモノマーでは負の値であり，電子吸引性の置換基をもつモノマーでは正の値である（それぞれ電子供与性モノマー（electron-donating monomer）および電子受容性モノマー（electron-accepting monomer）と呼ばれる）．このようなモノマーの Q，e 値は重合性ならびに共重合性を予測したり，整理するうえで広く応用されている．

表3.8 種々のモノマーの Q および e 値

モノマー	Q	e	モノマー	Q	e
イソプレン	3.33	-1.23	塩化ビニル	0.044	0.20
ブタジエン	2.39	-1.05	塩化ビニリデン	0.22	0.36
イソブテン	0.033	-0.96	メタクリル酸メチル	0.74	0.40
スチレン	1.0	-0.8	アクリル酸メチル	0.42	0.60
酢酸ビニル	0.026	-0.22	アクリロニトリル	0.60	1.20
エチレン	0.015	-0.20	無水マレイン酸	0.23	2.25

3.5 イオン重合

　電子供与性置換基をもつモノマー（e 値が負のもの）はカチオン重合を，電子吸引性置換基をもつモノマー（e 値が正のもの）はアニオン重合を起こしやすい．配位重合はオレフィンあるいはジエン系などのモノマーについて起こり，立体規則性ポリマーを合成するときに用いられる．

　ラジカル重合では中性のラジカルを生成しやすいような物質が重合開始剤として用いられるが，一般にカチオン重合では酸が，アニオン重合では塩基が重合開始剤（イオン重合では重合触媒とも呼ばれることも多い）として用いられる．開始反応はそれぞれ(34)および(35)式のように示される．

$$\text{カチオン重合} \quad \overset{\oplus}{A} \cdots \overset{\ominus}{B} + \overbrace{CH_2 = CH}^{\delta^-}\!\!\underset{X}{|} \longrightarrow A - CH_2 - \overset{\oplus}{\underset{X}{CH}} \cdots \overset{\ominus}{B} \quad (34)$$

$$\text{アニオン重合} \quad \overset{\ominus}{B} \cdots \overset{\oplus}{A} + \overbrace{CH_2 = CH}^{\delta^+}\!\!\underset{X}{|} \longrightarrow B - CH_2 - \overset{\ominus}{\underset{X}{CH}} \cdots \overset{\oplus}{A} \quad (35)$$

　カチオン重合は触媒の酸性が高いほど，またモノマーの電子供与性が高いほど開始反応を起こしやすい．一方，アニオン重合は触媒の塩基性が高いほど，モノマーの電子受容性が高いほど起こりやすい．成長反応も開始反応と同様な反応で進む．イオン重合の

表3.9　ラジカル重合とイオン重合の特徴

特徴	ラジカル重合	イオン重合
連鎖てい伝体	電気的に中性なラジカルが連鎖てい伝体であり，対となるものは存在しない．	イオン重合では連鎖てい伝体が正または負の電荷を有し，対イオンが連鎖てい伝体の近傍に存在する．
重合性	重合性はモノマーの構造でほぼ決定される．	開始剤と対イオンの構造によりモノマーの重合性は変化する．
開始反応	開始反応は重合を通じて一定の速度で起こる（開始剤の一次分解）．	開始反応は重合初期に急激に起こり，開始剤は重合初期に消失する．
活性化エネルギー	全重合の活性化エネルギーは一般的に大きい．	全重合の活性化エネルギーは一般的に小さい．
停止反応	通常，成長ラジカル同士の2分子停止が起こる．	成長イオン間の停止反応は起こらない．
重合の禁止	禁止剤（酸素，安定ラジカル，キノンなど）の添加で重合は進行しない．	重合は大量の水，酸性あるいは塩基性化合物が存在すると進行しない．

特徴をラジカル重合と比較すると，表3.9のように示される．

当然のことながら成長ラジカル，カチオンあるいはアニオンに対するモノマーの反応性はいちじるしく異なる．例えば，スチレンとメタクリル酸メチルをラジカル，カチオンあるいはアニオン触媒で共重合すると，共重合組成曲線は図3.4のごとく異なる．

このような違いは，スチレンの e 値が -0.8，メタクリル酸メチルの e 値が $+0.4$ であるので，前者はカチオン重合を，後者はアニオン重合を起こしやすいことから生じる．

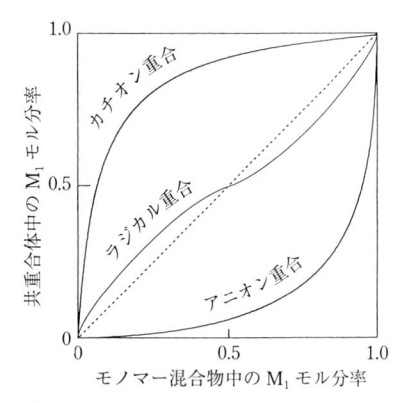

図3.4 スチレン（M_1）とメタクリン酸メチル（M_2）の共重合組成曲線

このように共重合組成曲線を比較することによって，重合の機構を推定することができる．

3.6 カチオン重合

カチオン重合では，一般に移動反応が起こりやすく，高分子量のポリマーを生成することが一般にむずかしい．触媒の活性は用いたモノマーとの組合せで異なり，一般に触媒の酸性が大きく，モノマーの塩基性の高いものがカチオン重合を起こしやすい．

カチオン重合を起こすモノマーとしては電子供与性のビニルエーテル，N-ビニルカルバゾール，イソブテンおよびスチレンなどがある．カチオン重合触媒はプロトン酸，ルイス酸（フリーデル-クラフツ触媒）およびカチオンを生成しやすい物質に分けられる．主なものを表3.10に示す．

3.6.1 開始反応

硫酸のようなプロトンを出すような酸では(36)式のように重合を開始する（開始反応）．

表3.10 カチオン重合の開始剤

種　別	開　始　剤
プロトン酸	$HClO_4$, H_2SO_4, H_3PO_4, CF_3COOH, CCl_3COOH など
ルイス酸	BF_3, $BF_3 \cdot OEt_2$, $AlBr_3$, $AlCl_3$, $SbCl_5$, $FeCl_3$, $SnCl_4$, TiC_4 など
カチオン生成が容易な物質	I_2, $(C_6H_4)_3CCl$, $C_7H_7BF_4$ など

$$H_2SO_4 + CH_2=CH(X) \longrightarrow H-CH_2-\overset{\oplus}{CH}(X)\cdots \overset{\ominus}{HSO_4} \tag{36}$$

ルイス酸を用いた場合には共触媒（cocatalyst）が必要となる．共触媒には水，アルコール，酸，エーテル，ハロゲン化合物などが用いられ，いずれも触媒と反応して，H^+あるいはアルキルカチオンを生成し，それらがモノマーに付加して重合を開始する．

$$\left.\begin{array}{l} BF_3 + H_2O \rightleftharpoons \overset{\oplus}{H}\cdots \overset{\ominus}{BF_3OH} \\ \overset{\oplus}{H}\cdots \overset{\ominus}{BF_3OH} + CH_2=CH(X) \longrightarrow H-CH_2-\overset{\oplus}{CH}(X)\cdots \overset{\ominus}{BF_3OH} \end{array}\right\} \tag{37}$$

$$\left.\begin{array}{l} AlCl_3 + C_2H_5Cl \rightleftharpoons \overset{\oplus}{C_2H_5}\cdots \overset{\ominus}{AlCl_4} \\ \overset{\oplus}{C_2H_5}\cdots \overset{\ominus}{AlCl_4} + CH_2=CH(X) \longrightarrow C_2H_5-CH_2-\overset{\oplus}{CH}(X)\cdots \overset{\ominus}{AlCl_4} \end{array}\right\} \tag{38}$$

3.6.2 成長反応

成長反応は，開始反応と同様な形式でモノマーの付加が連続的に起こることで進行する．

$$\sim\sim CH_2-\overset{\oplus}{CH}(X)\cdots \overset{\ominus}{B} + CH_2=CH(X) \longrightarrow \sim\sim CH_2-CH(X)-CH_2-\overset{\oplus}{CH}(X)\cdots \overset{\ominus}{B} \tag{39}$$

ある種のビニルモノマーのカチオン重合において成長イオンが分子内で異性化して進む場合がある（異性化重合と呼ばれる）．例えば，3-メチル-1-ブテンを塩化アルミニウムなどの触媒でカチオン重合した場合にみられる．

$$CH_2=CH-CH(CH_3)_2 \xrightarrow[\text{低温}]{AlCl_3} {\left(\!\!\begin{array}{c} CH_2-CH \\ | \\ CH \\ / \ \backslash \\ CH_3 \ CH_3 \end{array}\!\!\right)}_n \quad \text{あるいは} \quad {\left(\!\!\begin{array}{c} CH_3 \\ | \\ CH_2-CH_2-C \\ | \\ CH_3 \end{array}\!\!\right)}_n$$

重合を室温付近で行うと通常の付加重合が起こり，単に二重結合が開裂した構造のポリマーが主として生成するが，−130℃のような低温で行うと水素移動重合をした構造のポリマーが得られる．これは，成長のカルボカチオンの安定性が第3級＞第2級＞第1級の順に減少するのが推進力となり，次のような異性化が起こるためである．

3.7 アニオン重合   47

$$\sim\sim CH_2-\overset{\oplus}{\underset{\underset{CH_3}{|}}{\overset{|}{C}H}}-CH_3 \longrightarrow \sim\sim CH_2-CH_2-\overset{CH_3}{\underset{CH_3}{\overset{|}{\underset{|}{C}^{\oplus}}}}\quad (40)$$

　カチオン重合における成長反応は対イオンとの相互作用の強さが重合速度やモノマーの入り方に重要な役割を果たす．したがって，用いた触媒や溶媒の種類によって重合速度や生成ポリマーの構造が変化する．

3.6.3 停止反応

　停止反応は用いたモノマー，触媒ならびに共触媒によって一定しないが，(41)式のように1分子的に起こる．

$$\sim\sim CH_2-\underset{\underset{X}{|}}{\overset{\oplus}{C}H}\cdots \overset{\ominus}{BF_3OH} \begin{cases} \longrightarrow \sim\sim CH=\underset{\underset{X}{|}}{C}H \;+\; BF_3OH_2 \\ \\ \longrightarrow \sim\sim CH_2-\underset{\underset{X}{|}}{C}H-OH \;+\; BF_3 \end{cases} \quad (41)$$

3.6.4 連鎖移動反応

　連鎖移動反応はカチオン重合において重要である．このことはカチオン重合では連鎖移動反応が非常に起こりやすいため高分子量ポリマーの得られない原因となっている．

3.7 アニオン重合

　アニオン重合は，カチオン重合とは逆に塩基触媒によって重合する．重合触媒の種類は多いが，水のように弱い塩基から，カセイカリ，ナトリウムアミド，アルコキシド，アルカリ金属，グリニヤル試薬などの有機金属化合物が用いられる．モノマーとしてはメタクリル酸メチル，アクリル酸メチル，ビニルケトン，アクリロニトリルなど負の e 値をもつものが重合しやすい．一般に，モノマーの電子密度が低いほど（e 値が正に大きいほど），弱い塩基によってもアニオン重合を起こすが，電子密度の比較的高いモノマーでは強い塩基触媒を用いる必要がある．これらの関係を要約すると表3.11のように示せる．

表3.11 アニオン重合における触媒とモノマーの関係

触媒			モノマー
SrR$_2$ CaR$_2$ K, KR Na, NaR Li, LiR	} a →	A	{ α-メチルスチレン スチレン ブタジエン イソプレン
ケチル RMgX	} b →	B	{ メタクリル酸メチル アクリル酸メチル メチルビニルケトン
ROK RONa ROLi 強アルカリ	} c →	C	{ アクリロニトリル メタクリロニトリル
ピリジン NR$_3$ 弱アルカリ ROR H$_2$O	} d →	D	{ ニトロエチレン メチレンマロン酸エチル α-シアノアクリル酸エチル α-シアノソルビン酸エチル ビニリデンシアニド

3.7.1 開始反応

アニオン重合の開始には(42)式に示されるアルキルリチウムのような開始剤から生じたアニオンがモノマーに付加して重合が開始する付加型および(43)式で示されるナトリウム金属のような開始剤からモノマーへの電子移動によってアニオン重合が開始する電子移動型がある．

(付加型)

$$RLi + CH_2=CH\text{-}C_6H_5 \longrightarrow R\text{-}CH_2\text{-}\overset{\ominus}{CH}(C_6H_5)\cdots \overset{\oplus}{Li} \tag{42}$$

(電子移動型)

$$\text{(ナフタレン)}^{\ominus}\overset{\oplus}{\text{Na}} + \text{C}_6\text{H}_5\text{–CH=CH}_2 \longrightarrow \text{ナフタレン} + \text{H}_2\dot{\text{C}}\overset{\ominus}{-}\overset{\oplus}{\text{CH}}\cdots\text{Na}$$

$$\overset{\oplus}{\text{Na}}\cdots\overset{\ominus}{\text{CH}}\text{–}\dot{\text{CH}}_2 + \text{H}_2\dot{\text{C}}\overset{\ominus}{-}\overset{\oplus}{\text{CH}}\cdots\text{Na} \longrightarrow \overset{\oplus}{\text{Na}}\cdots\overset{\ominus}{\text{CH}}\text{–CH}_2\text{–CH}_2\text{–}\overset{\ominus}{\text{CH}}\cdots\overset{\oplus}{\text{Na}}$$

(43)

3.7.2 成長反応

　成長反応も，カチオン重合と同様に，成長アニオンがモノマーに連続して付加することにより進行する．重合速度ならびに生成ポリマーの構造は用いた触媒や溶媒によって変化する．

　成長アニオンは対イオンと静電力で引き合う．よって，成長鎖はイオン対（Ⅰ）と遊離イオン（Ⅱ）との平衡にある．成長鎖は弱電解質として挙動し，成長鎖濃度が低くなると遊離イオンへの解離が進み，イオン対に対する遊離イオンの割合が大きくなる．

$$\sim\sim\underset{X}{\overset{\ominus}{\text{CH}}}\cdots\overset{\oplus}{\text{A}} \quad \underset{}{\overset{K}{\rightleftarrows}} \quad \sim\sim\underset{X}{\overset{\ominus}{\text{CH}}} + \overset{\oplus}{\text{A}}$$
　　　　　　（Ⅰ）　　　　　　　　　（Ⅱ）

遊離イオンへの解離度を x で示し，遊離イオンの速度定数を k_p'，イオン対の速度定数を k_p'' で示すと，見かけの速度定数 k_p は次式で示される．

$$k_p = xk_p' + (1-x)k_p'' \tag{44}$$

　Na^+ を対イオンとするスチレンの THF 中での重合（25℃）から，見かけの速度 k_p を k_p' と k_p'' に分離すると k_p' = 65000 $mol^{-1}s^{-1}$ と k_p'' = 150 $mol^{-1}s^{-1}$ という値が得られる．すなわち遊離イオンによる成長が非常に速く起こることを示している．

3.7.3 停止および連鎖移動反応

　連鎖移動反応ならびに停止反応は用いたモノマー，触媒，溶媒などによって異なるが，一般にカチオン重合に比して起こりにくい．つまり，炭素アニオンは一般的に安定であり，成長アニオン同士の反応による停止反応も，対イオンの付加による停止反応も起こらない．これらのことはアニオン重合でリビングポリマーが生成しやすい理由でもある．

3.8 配位重合

3.8.1 チーグラー–ナッタ触媒による重合

1953年，ドイツのチーグラー（K. Ziegler）は，四塩化チタニウムとトリエチルアルミニウムを無水ヘキサン中で混合すると黒色の沈殿が生成し，これにエチレンを常圧・常温で吹き込むと重合が起こることを見いだした．これが低圧法ポリエチレンの合成方法で，高密度ポリエチレン（HDPE）と呼ばれるものが得られる．このものは，150℃の高温，100気圧以上の高圧で微量の酸素や過酸化物を重合開始剤としてラジカル重合によりつくられる高圧法ポリエチレン（低密度ポリエチレン（LDPE）といわれている）に比して枝分かれがなく，結晶性，比重，融点などの高いものであった．さらに，エチレンと1-オレフィンの共重合から，(c)に示したような直鎖状であるが低密度のポリエチレン（LLDPE）も合成されている．

(a) 低密度ポリエチレン　　　(b) 高密度ポリエチレン　　　(c) 直鎖状低密度ポリエチレン
　　（LDPE）　　　　　　　　　（HDPE）　　　　　　　　　（LLDPE）

一方，1954年にイタリアのナッタ（G. Natta）は三塩化チタニウムとジエチルアルミニウムクロリドを無水ヘキサン中で混合して得られた黒色の沈殿にプロピレンを加えて加熱すると重合が起こることを認めた．それまでプロピレンはラジカル重合でもカチオン重合でも高分子量のポリマーは合成されておらず，このような触媒ではじめて高分子量の高い結晶性をもつポリプロピレンが得られた．それは生成したポリマーがイソタクチック構造を有するためである．その後，多くの α-オレフィンからも立体規則性ポリマーが合成され，高分子の立体化学も体系化された．現在では上述の触媒以外に第1～3族の各種の有機金属化合物と，第4～8族の金属化合物の組合せよりなる一連の触媒系をチーグラー–ナッタ触媒（Ziegler–Natta catalyst）と呼んでいる．

チーグラー–ナッタ触媒によるオレフィンの重合は，その後触媒の重合活性の向上による無脱灰プロセスの開発，ならびにプロピレンなどの1-オレフィンの重合における抽出工程を省略できる立体規則性の改良が行われてきた．担持型触媒，さらに安息香酸エチルなどのドナーの添加により，イソタクチックポリプロピレンの無脱灰の気相重合法により工業的に生産されている．

3.8 配位重合

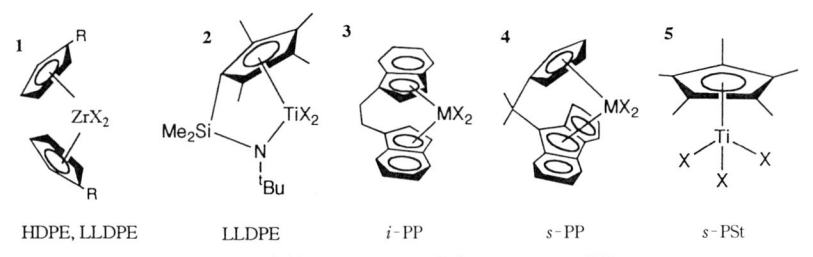

図3.5 各種ポリオレフィン合成用メタロセン触媒

3.8.2 メタロセン触媒による重合

これまで述べた不均一系のチーグラー-ナッタ触媒重合に対して，可溶性触媒もエチレンを重合させることは知られていたが，その活性は低かった．これに対して，1980年にドイツのカミンスキー（K. Kaminsky）らは Cp_2ZrMe_2 のようなメタロセン化合物とトリメチルアルミニウムと水の反応物であるメチルアルミノキサン（MAO）よりなる可溶性の触媒がエチレンの重合に対してきわめて高活性を示すことを発見した．例えば，Cp_2ZrMe_2-MAO触媒はエチレンの重合において触媒効率が高く，生成するポリマーも比較的狭い分子量分布を示す．その後，配位子を設計することにより可溶性の触媒からもイソタクチックポリプロピレン（i-PP）およびシンジオタクチックポリプロピレン（s-PP）やシンジオタクチックポリスチレン（s-PSt）などの立体規則性ポリマーの合成が可能となった．代表的なメタロセン触媒と得られるポリマーの特徴を図3.5に示す．

メタロセン触媒によるオレフィン重合での高活性の原因は，その助触媒であるMAOにある．このMAOの構造は複雑であり，いまなおその明確な構造は完全には決定されてはいないが，$-\!\!+\!Al(CH_3)-O\!+\!\!-$（$n$ は 15～20位）で示される特殊な構造をもつものであろうと推定されている．MAOの働きは(45)式に示すようにアルキル化剤の役割を果たすとともに，メタロセン化合物からメチル基やCl基などを引き抜き，重合活性種とされる配位不飽和な $L_2Mt(CH_3)^+$ のようなカチオン錯体を生成させ，自身は対アニオンとしてカチオン種を安定化させる．

$$Cp_2ZrMe_2 + \left[\begin{array}{c}Me\\|\\Al-O\\\end{array}\right]_n \rightleftharpoons Cp_2Zr^{\oplus}\!\!-\!Me + \left[\begin{array}{c}Me\\|\\Al^{\ominus}-O\\|\\Me\end{array}\right]_n \quad (45)$$

(MAO)

このメタロセン重合触媒によりオレフィン，環状オレフィン以外に極性ビニルモノマーも含む非常に多くのモノマーが重合する．メタロセン触媒は可溶性触媒でシングルサ

イトで進行するため，分子量分布の狭い均質なポリマーが合成でき，共重合においては組成分布の揃った共重合体が生成可能である．さらにメタロセン化合物は配位子の設計が可能であり，そのことを利用してポリマーの立体規則性などの構造制御ができる．

3.9 リビング重合

通常の連鎖重合とは異なり開始と成長反応だけからなり，移動と停止反応が起こらない重合系をリビング重合と呼んでいる．そして，成長鎖末端が活性を保ちながら安定に存在するポリマーをリビングポリマーと呼んでいる．このようなリビング重合はスチレンのアニオン重合に始まりラジカル重合，カチオン重合，遷移金属触媒を用いた配位重合などの分野でもその例が見いだされている．

リビング重合には，通常の重合とは異なり，次のような条件が必要である．① モノマーがすべて消失したのちに新たなモノマーを添加すると重合がさらに進行する．② 生成ポリマーの分子数は重合を通じて一定である．③ 生成ポリマーの分子量は重合収率と直線関係にある．④ 迅速開始緩慢成長のときには単分散のポリマーが生成する．⑤ 生成ポリマーの分子量が開始剤の量で決定できる．⑥ ブロック共重合体が合成できる．⑦ 末端官能化ポリマーが合成できる．これらの条件を満たした重合から分子量が制御された高分子の合成が可能となる．また，リビング重合から得られるポリマーは構造が明確で分子量分布が非常に狭いことから，物性研究のモデル物質としても重要である．

3.9.1 リビングアニオン重合

1956年，シュバルク（Szwarc）によって連鎖移動反応や停止反応の起こらないアニオン重合がはじめて見いだされ，重合が100％進んでも成長アニオンが活性のまま生きていることからリビングポリマー（living polymer）と名付けられた．この反応は無水のテトラヒドロフラン中で，ナフタレンナトリウムをつくり，これを触媒としてスチレンを重合したときに観察された．ナフタレンナトリウムはナトリウム原子から1個の電子がナフタレンに移行したラジカルアニオンの構造をもつもので，溶液は強く緑色を帯びている．

$$\text{Na} + \text{C}_{10}\text{H}_8 \longrightarrow [\text{C}_{10}\text{H}_8\cdot]^{\ominus} \text{Na}^{\oplus} \quad (46)$$

これにスチレンを加えるとナトリウムからナフタレンが受け取った電子をさらにスチ

レンに与え，(43)式で示したようにスチレンのラジカルアニオン（深赤色）が生成する．この種は不安定で，直ちに2分子間でラジカルの再結合反応を起こしジアニオンを生成する．ここまでの反応が開始反応で，生成したジアニオン（これが連鎖てい伝体である）の両側にモノマーが割り込んで成長反応が進む．ここで，連鎖移動反応や停止反応が起こらないならば，すべてのモノマーが反応したあとでも成長アニオンは活性のままであり，溶液は深赤色に着色したままである．したがって，これに別のモノマーを加えると，引き続いてアニオン重合が進み，次のような構造の成長ジアニオンが生成する．

$$\overset{\oplus}{Na}\cdots CH\text{-}CH_2\text{-}(CH\text{-}CH_2)_{m-1}\text{-}(CH\text{-}CH_2)_{m-1}\text{-}CH_2\text{-}CH\text{-}CH_2\text{-}\overset{\ominus}{CH}\cdots Na + 2n\ CH_2=CH\text{-}X \longrightarrow$$

$$\overset{\oplus}{Na}\cdots \underset{X}{CH}\text{-}CH_2\text{-}(\underset{X}{CH}\text{-}CH_2)_{n-1}\text{-}(CH\text{-}CH_2)_{m}\text{-}(CH_2\text{-}CH)_{m}\text{-}(CH_2\text{-}\underset{X}{CH})_{n-1}\text{-}CH_2\text{-}\underset{X}{\overset{\ominus}{CH}}\cdots \overset{\oplus}{Na} \quad (47)$$

このようにして，2種のポリマー鎖が直鎖状に連なったブロック共重合体（block copolymer）が生成する．このような活性をもった成長ジアニオンは空気，水，アルコールなどを加えると直ちに重合活性を失い，無色の安定なポリマーとなる．

$$\sim\sim\sim CH_2\text{-}\overset{\ominus}{CH}\cdots\overset{\oplus}{Na} + H_2O \longrightarrow \sim\sim\sim CH_2\text{-}CH_2\text{-}(C_6H_5) + NaOH \quad (48)$$

このように，ジアニオンの生成（開始）が速やかに起こり，ついで成長するようなリビング重合機構で進む場合は，活性な成長ジアニオンは加えた触媒量の半分だけ生成することになり，1個のポリマー鎖が生成するのに2個の触媒 (C) が必要となる．したがって，生成ポリマーの数平均重合度 ($\overline{P_n}$) は $\overline{P_n} = 2[M]/[C]$ となる．一方，RLiのような付加型の開始剤を用いたときには，1個のポリマー鎖を生成するのに1個の触媒が必要であり，このときは $\overline{P_n} = [M]/[C]$ でよい．

このようなリビング重合反応はポリマーの末端官能化反応としても重要である．例えば，リビングポリマーをつくり，これに炭酸ガスあるいは酸化エチレンを吹き込み，ついで中和すると，それぞれ次式のごとく末端にカルボン酸あるいは水酸基をもつ化合物を合成することができる．

$$\sim\sim\sim\overset{\ominus}{\underset{X}{CH}}\cdots\overset{\oplus}{Na} \xrightarrow[\text{2) 中和}]{\text{1) } CO_2} \sim\sim\sim\underset{X}{CH}-\underset{O}{\overset{\|}{C}}-OH \quad (49)$$

$$\sim\sim\sim\overset{\ominus}{\underset{X}{CH}}\cdots\overset{\oplus}{Na} \xrightarrow[\text{2) 中和}]{\text{1) } \overset{CH_2-CH_2}{\underset{O}{\diagdown\diagup}}} \sim\sim\sim\underset{X}{CH}-OH \quad (50)$$

このようなリビングアニオン重合は1,3-ブタジエン,イソプレン,さらにメタクリル酸メチルでも可能となり,官能基を保護したスチレン誘導体にも適用されている.

3.9.2 リビングカチオン重合

ビニルモノマーのカチオン重合では活性種のカルボカチオンが非常に不安定であり,リビング重合は困難とされてきた.1980年代,カルボカチオンが対アニオンとの相互作用により安定化することで連鎖移動,停止反応を抑えリビング重合が可能であることが見いだされた.リビングカチオン重合の例として,イソブチルビニルエーテルに HI と I_2 を少量添加した系がある.このときの重合機構を次に示す.

$$CH_2=\underset{OR}{CH} \xrightarrow{HI} CH_3-\underset{OR}{CH}-I \xrightarrow{I_2} CH_3-\underset{OR}{CH}\cdots\overset{\delta^+}{I}\cdots\overset{\delta^-}{I_2}$$

$$\xrightarrow{CH_2=\underset{OR}{CH}} CH_3-\underset{OR}{CH}-CH_2-\underset{OR}{CH}\cdots\overset{\delta^+}{I}\cdots\overset{\delta^-}{I_2} \xrightarrow{\quad} \text{リビングポリマー} \quad (51)$$

このほか,$EtAlCl_2/CF_3COOH$/エーテル触媒によるイソブテンの重合,$C_6H_5CH(CH_3)Cl/SnCl_4/Bu_4NCl$ 触媒によるスチレンの重合もリビング重合機構で進む.

3.9.3 リビングラジカル重合

リビング重合をラジカル重合に適用するときには,他の連鎖重合の機構とは異なり,成長ラジカル同士の再結合および不均化反応を考慮しなければならない.そこで,不安定なラジカル種を一時的に共有結合種のドーマント種として安定化し,この種が速やかに可逆的に活性種へと変化することでラジカル重合においてもリビング重合が可能となった.その例として,テトラアルキルチウラムジスルフィドなどの iniferter を用いた均一系でのリビングラジカル重合がある.それにより,生成ポリマーの両鎖長末端構造および分子量および分子量分布の制御も可能となった.その均一系リビングラジカル重合のモデルを(52)式に示す.

3.9 リビング重合

$$\sim\sim CH_2-\underset{X}{CH}-B \rightleftarrows \sim\sim CH_2-\underset{X}{CH}\cdot + \cdot B \xrightarrow[\substack{(2)\ 一次ラジカル停止\\あるいは連鎖移動反応}]{(1)\ nCH_2=CHX} \sim\sim (CH_2-\underset{X}{CH})_n-CH_2-\underset{X}{CH}-B \quad (52)$$

ここで,ドマント種であるC-B結合の開裂と再生の繰返しがリビング重合進行に際して重要となる.このとき開裂で生成するBは安定なラジカルであり,モノマーに付加しないことが必要である.その後、安定なフリーラジカルであるニトロキシドを用いたスチレンのラジカル重合により狭い分散度をもつポリマーが合成された.この系では容易にしかも選択的にニトロキシラジカルによる成長ラジカルの捕捉とそれにより生成するC-O結合の開裂が可逆的に起こることが必要となる.

$$\sim\sim CH_2-\underset{C_6H_5}{CH}-O-N\underset{}{\overset{}{\bigcirc}} \underset{}{\overset{\Delta}{\rightleftarrows}} \sim\sim CH_2-\underset{C_6H_5}{CH}\cdot + \cdot O-N\underset{}{\overset{}{\bigcirc}} \quad (53)$$

(↑ $CH_2=CH$-C_6H_5, n)

ハロゲン化合物 (R-X) と遷移金属化合物 (M_t^n) を用いたリビングラジカル重合も可能になった.このときの機構を次に示すが,この重合においては金属の酸化・還元とハロゲン原子の金属とポリマー末端への移動が重要となる.

$$P-X \rightleftarrows M_t^n / M_t^{n+1}X \rightleftarrows P\cdot \xrightarrow{Y} P-\underset{Y}{CH\cdot} \rightleftarrows P-\underset{Y}{CHX}$$

さらに可逆的付加開裂連鎖移動剤 (RAFT, reversible addition-fragmentation chain transfer) によるラジカル重合もリビング機構で進行する.

$$P_m\cdot + \underset{\underset{P-X}{Z}}{S=C-S-P_n} \underset{k_{fr}}{\overset{k_{ad}}{\rightleftarrows}} \underset{\underset{P-(X\cdot)-P}{Z}}{P_m-S-\underset{}{\overset{\cdot}{C}}-S-P_n} \underset{k_{ad}}{\overset{k_{fr}}{\rightleftarrows}} P_m-S-\underset{Z}{C}=S + P_n\cdot$$

3.10 開環重合

　一般に，ヘテロ原子（酸素，硫黄，窒素原子）を有し，しかも環にひずみのある3, 4あるいは5員環化合物などが開環重合（ring-opening polymerization）し高分子量のポリマーを与える．炭素原子だけの環状化合物は重合を起こすが高分子量のポリマーを与えない．

3.10.1 環状エーテルの開環重合
　次に示すような3, 4, 5および7員環のエーテル化合物はイオン触媒により開環重合する．

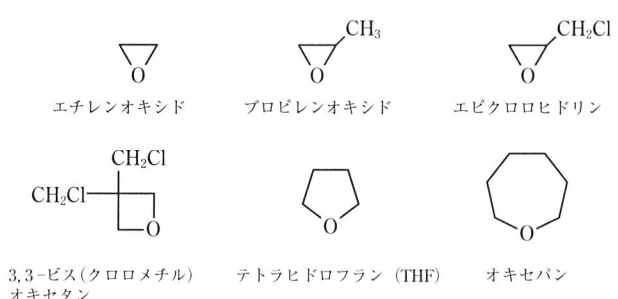

エチレンオキシド　　プロピレンオキシド　　エピクロロヒドリン

3,3-ビス(クロロメチル)オキセタン　　テトラヒドロフラン（THF）　　オキセパン

　このうち，3員環エーテルであるエチレンオキシドの重合は古くから行われている．重合はアルカリ金属の水酸化物，ルイス酸，有機金属化合物などの触媒によって起こり，粘稠な液状からワックス状固体，さらには結晶性固体状ポリマーまで得られる．プロピレンオキシドも同様な機構で重合する．ルイス酸による重合は，ビニルモノマーと同様にカチオン機構で進む（(54)式および(55)式）．しかし，停止反応や連鎖移動反応が起こりやすく，高分子量のポリマーは得られない．

$$BF_3 + H_2O \longrightarrow \overset{\oplus}{H}\cdots\overset{\ominus}{BF_3OH} \qquad (54)$$
触媒　　　共触媒

$$\overset{\oplus}{H}\cdots\overset{\ominus}{BF_3}\cdot OH + O{<}^{CH_2}_{CH_2} \longrightarrow H-\overset{\oplus}{O}{<}^{CH_2}_{CH_2} \longrightarrow HO-CH_2-\overset{\oplus}{CH_2}\cdots\overset{\ominus}{BF_3OH} \qquad (55)$$

$$\overset{\ominus}{BF_3}\cdot OH$$

　カセイカリやアルカリ金属酸化物を触媒とした場合には，アニオン重合で進むが，逐次反応の特徴を示し，長時間反応を続けると生成ポリマーの分子量は増大するが，高分子量のものは得られにくい．しかし，炭酸ストロンチウムや Al, Zn, Mg, Fe などのア

ルコキシドを触媒とした場合には配位アニオン重合が起こり，結晶性で高分子量のポリマーが得られる．

アルミニウムアルコキシドを用いた場合には，(56)式のようにエチレンオキシドの酸素原子が Al に配位したのち，挿入を繰り返しながら重合が進む．

$$\underset{RO}{\overset{RO}{\underset{|}{}}}\!\!Al\!\!-\!\!OR + O\!\!\underset{CH_2}{\overset{CH_2}{\big\langle}} \longrightarrow \underset{RO}{\overset{RO\ \ OR}{Al}}\cdots O\!\!\underset{CH_2}{\overset{CH_2}{\big\langle}} \quad (56)$$

4員環エーテルのうち3,3-ビス(クロロメチル)オキセタンは，三フッ化ホウ素・ジエチルエーテラート触媒によりカチオン重合し，ペントン樹脂として知られているポリマーが生成する．同様に5員環エーテルであるテトラヒドロフランもカチオン重合する．ただし，4員環以上の環状エーテルではアニオン触媒では重合を起こさない．

環内に酸素原子を2個以上有する環状ホルマール (1,3-ジオキソラン，トリオキサンなど) も容易にカチオン重合する．また，種々の環状ジスルフィドも容易に開環重合し，主鎖にジスルフィド結合を含むポリマーを与える．

3.10.2 ラクトンの開環重合

環状エステルであるラクトンのうち，4, 6, 7, 8員環ラクトンはカチオン，アニオン，配位アニオン触媒によって開環重合し，ポリエステルを与える．例えば，4員環の β-プロピオラクトンでは(57)式のように開環重合する．

$$\underset{O\!\!-\!\!CO}{\overset{CH_2\!\!-\!\!CH_2}{|\quad\quad|}} \longrightarrow -\!\!(CH_2\text{-}CH_2\text{-}COO)_n\!\!- \quad (57)$$

カチオン触媒では低分子量ポリマーしか得られないが，$Al(C_2H_5)_3$ や $Zn(C_2H_5)_2$ と少量の水を反応させた触媒により高分子量ポリマーが生成する．

3.10.3 ラクタムの開環重合

環状アミドであるラクタムでは，4, 5, 7員環ラクタムなどがカチオンあるいはアニオン触媒によって開環重合しポリアミドを与える．ただし，7員環あるいはそれ以上のラクタムでは少量の水を加えて高温に加熱することによってポリアミドが生成する (加水分解重合とも呼ばれる)．例えば，ナイロン-6の原料である ε-カプロラクタムは少量の水を加え，250℃付近に減圧下で加熱して重合する．この場合，ε-カプロラクタムが水と反応して ε-アミノカプロン酸となり，ついでこれが脱水縮合し，この両反応の繰返しで高分子量ポリマーとなる ((58)式および(59)式)．したがって，機構的には重縮合と同様に逐次反応で進む．

$$\underset{\begin{array}{c}CH_2-CO\\ | \quad\quad |\\ CH_2 \quad HN\\ | \quad\quad |\\ CH_2-CH_2\end{array}}{} + H_2O \longrightarrow H_2N\text{-}CH_2\text{-}CH_2\text{-}CH_2\text{-}CH_2\text{-}CH_2\text{-}COOH \quad (58)$$

$$2\,H_2N\text{-}CH_2\text{-}CH_2\text{-}CH_2\text{-}CH_2\text{-}CH_2\text{-}COOH \longrightarrow H_2N\text{-}(CH_2)_5\text{-}CONH\text{-}(CH_2)_5\text{-}COOH + H_2O \quad (59)$$

また,ε-カプロラクタムはアルカリ金属を触媒として室温付近,無水の状態で速やかにアニオン重合を起こす.

3.11 重 付 加

重付加反応で得られる代表的な高分子にウレタン系の高分子がある.この反応の基礎は,イソシアナート基が活性水素をもつ化合物と(60)式のように付加反応することである.

$$\overset{\delta^-\;\;\delta^+}{R\text{-}N=C=O} + \overset{\delta^+\;\;\delta^-}{H\text{-}R'} \longrightarrow \underset{\begin{array}{c}|\quad\;\;\;|\\H\quad R'\end{array}}{R\text{-}N\text{-}C=O} \quad (60)$$

活性水素化合物としてR-OHやR-NH_2を用いた場合には,それぞれウレタン結合(-NHCOO-)および尿素結合(-NHCONH-)が形成される.したがって,このような官能基をそれぞれ2個有する化合物の2,2官能基反応によって高分子化が起こり,重縮合の場合と同様に,重付加は逐次反応で進行する.合成繊維のパーロン-Uは(61)式に示すようにヘキサメチレンジイソシアナートとブタンジオールの重付加によって生成する.

$$NCO\text{-}(CH_2)_6\text{-}NCO + HO\text{-}(CH_2)_4\text{-}OH \longrightarrow \sim\!\!\sim\!\!\sim O\text{-}(CH_2)_4\text{-}O\text{-}OCHN\text{-}(CH_2)_6\text{-}NHCO\!\sim\!\!\sim\!\!\sim \quad (61)$$

ウレタン系高分子のなかで,ウレタンゴムおよびウレタン発泡体が重要である.この場合,グリコールとしては過剰のエチレングリコールとアジピン酸の重縮合で得られる両端が-OH基であるようなポリエステルグリコール,あるいは環状エーテル(例えば,プロピレンオキシドやテトラヒドロフランなど)の開環重合で得られるポリエーテルグリコールが用いられる.

二官能性ポリマーグリコールを過剰のトルイレンジイソシアナートとともに重付加を行うと,次のように両末端に-NCO基を有するポリウレタンが生成する.

ここで，Rはポリマーグリコール部分を表す．このものを加圧下に加熱すると橋かけ反応が起こり，ウレタンゴムが生成する．
　イソシアナート基は(62)式に示すように水と反応して炭酸ガスを発生するので，過剰のジイソシアナートとポリエーテルグリコールの重付加反応を少量の水を加えて行うと，ウレタン発泡体が生成する．

$$R-NCO + H_2O \longrightarrow [R-NHCOOH] \longrightarrow R-NH_2 + CO_2 \quad (62)$$

　ジイソシアナートに対する活性水素化合物として，ジアミンを用いた場合には，(63)式の反応でポリ尿素が生成する．

$$OCN-R-NCO + NH_2-R'-NH_2 \longrightarrow \cdots-HN-R-NHCONH-R'-NHCO-\cdots \quad (63)$$

3.12 重 縮 合

3.12.1 重縮合の例

低分子の縮合反応に，次のようなアミドおよびエステルの生成例がある．

$$R-COOH + R'-NH_2 \rightleftarrows R-CONH-R' + H_2O \quad (64)$$
$$R-COOH + R''-OH \rightleftarrows R-COO-R'' + H_2O \quad (65)$$

これら反応は副反応を伴わず，生成する水を除いていくと反応は定量的に進行する．したがって，互いに縮合しうる二官能性化合物を用いた場合には，重縮合（polycondensation）による高分子化が起こることになる．重縮合の反応例はきわめて多いが，2,2官能基反応による代表例を次に示す．

$$HOOC(CH_2)_4COOH + H_2N(CH_2)_6NH_2 \rightleftarrows \sim\sim HN(CH_2)_6NHCO(CH_2)CO\sim\sim + H_2O \quad (66)$$

$$HOOC-\bigcirc-COOH + HO-(CH_2)_2-OH \rightleftarrows \sim\sim O(CH_2)_2O-OC-\bigcirc-CO\sim\sim + H_2O \quad (67)$$

$$HO-\bigcirc-\underset{CH_3}{\overset{CH_3}{C}}-\bigcirc-OH + COCl_2 \rightleftarrows \sim\sim O-\bigcirc-\underset{CH_3}{\overset{CH_3}{C}}-\bigcirc-OCO\sim\sim + HCl \quad (68)$$

　(68)式のポリカーボネートの合成にはホスゲンを用いた界面重縮合法以外にも炭酸ジメチルなどによる溶融重縮合法でも行われている．これらのほかに無水フタル酸とグリセリンの重縮合によるアルキド樹脂の生成がある．これは2,3官能基反応で進むので最終的に橋かけ高分子が生成する．また，マレイン酸のような不飽和二塩基性酸とエチレングリコールの重縮合により不飽和ポリエステルが生成する．このものとスチレンを混合し，レドックス開始剤を加えて重合させると三次元高分子が生成する．ガラス繊維を補強剤に用いたものはFRP（fiberglass reinforced plastic）と呼ばれ，ヘルメット，ボ

3.12.2 重縮合の特徴

重縮合は逐次反応で進む．いま，二塩基性酸とグリコールの重縮合についてその反応の特徴をながめてみよう．一般に，エステル化反応は強酸が触媒となって進むが，酸を加えないときには二塩基性酸自身が触媒として働くので，反応の速度－COOH 基の減少速度は(69)式で表される．

$$-d[\text{COOH}]/dt = k[\text{COOH}]^2[\text{OH}] \quad (69)$$

いま，最初に COOH 基と OH 基の濃度を等しくとり，その濃度を c で表すと(69)式は(70)式のように書ける．

$$-dc/dt = kc^3 \quad (70)$$

これを積分すると，

$$2kt = 1/c^2 + 定数 \quad (71)$$

となる．ここで，濃度 c を単位体積当たり反応にあずかる官能基の濃度で表すこととし，反応した官能基の割合，すなわち反応度（extent of reaction）p を(72)式のように定義する．

$$p = (c_0 - c)/c_0 \quad (72)$$

ここで，c_0 は官能基の初濃度，c は時間 t における濃度である．p は反応前の 0 から反応が完結したときには 1 となる値である．(72)式の関係を(71)式に代入すると，

$$2c_0^2 kt = 1/(1-p)^2 + 定数 \quad (73)$$

が得られる．この関係式の成立することは，図 3.6 のプロットから明らかである．したがって，このことから官能基の反応性は重縮合が進んでも常に一定であるとみなされる．

次に，反応系のなかに最初 N_0 個の分子があり，重縮合が進行して反応度が p となったとき，分子数が N に減少した場合を考える．このときの数平均重合度（$\overline{P_n}$）は N_0/N で表されるので，生成ポリマーの $\overline{P_n}$ と p の関係は(74)式で与えられる．

$$\overline{P_n} = N_0/N = c_0/c = 1/(1-p) \quad (74)$$

この式から，p と $\overline{P_n}$ の関係を示すと表 3.12 のようになり，重縮合反応が進むとと

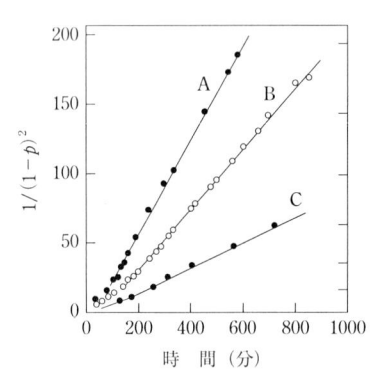

図 3.6 重縮合における式（73）の成立
A：ジエチレングリコールとアジピン酸(202℃)
B：ジエチレングリコールとアジピン酸(166℃)
C：ジエチレングリコールとカプロン酸(166℃)
（ただし，A は時間を 2 倍した値である）

3.12 重縮合

表 3.12 反応度と数平均重合度の関係

反応率 (%)	0	50	80	90	95	99	99.9
反応度 (p)	0	0.50	0.80	0.90	0.95	0.99	0.999
数平均重合度 ($\overline{P_n}$)	1	2	5	10	20	100	1000

もに $\overline{P_n}$ は増大するが,官能基の 99% が反応しても $\overline{P_n}$ は 100 であり,99.9% 反応してはじめて 1000 となる.このように加熱重縮合において高分子量のポリマーを得るためには,反応をできるだけ完結するまでもっていくことが必要となる.この点が連鎖反応で進むビニル重合と著しく異なる点である.

重縮合は平衡反応であるので,反応を進めるには生成する水などを除去しながら重合を進める必要がある.特に,重縮合反応の平衡定数 (K) が小さい場合(ポリアミド生成では 254℃ で $K = 300$ であるが,ポリエステル生成では 254℃ で $K = 0.47$ である)には,水の除去を厳密に行うことが必要である.

重縮合のように逐次反応で高分子が生成する場合の生成ポリマーの分子量調節法には 2 通りの方法がある.一つは,一方の化合物をいくらか過剰に用いて行う場合である.いま,一方が 5 モル% 過剰に用いた場合には 100% 反応が進んでも ($p = 1$ となったとしても),数平均重合度は 41 どまりとなる.他の方法は,一官能性化合物を加えて行うことである.一官能性化合物は縮合しうる官能基を 1 個しかもたないので,一種の停止剤となる.したがって,このような化合物の添加量を加減することによって生成ポリマーの分子量を調節することができる.例えば,ナイロン-66 をつくる場合,一官能性化合物として酢酸などを用いると,適当な分子量のポリマーが得られる.

3.12.3 重縮合の方法

重縮合の方法は二つに大別される.一つはこれまでに述べてきた加熱重縮合(thermal polycondensation)であり,両原料化合物を真空下に加熱して行われる.もう一つの方法は界面重縮合(interfacial polycondensation)と呼ばれるもので,互いに混ざらない溶媒中に別々に原料化合物を溶解し,ついで両者を混合してその境界面で重縮合を行わせる方法である.

a. 加熱重縮合

加熱重縮合で高分子量ポリマーを得るためには高純度の原料化合物を,しかも厳密に当モルずつ用いることが必要である.工業的生産においては,通常両者の 1:1 化合物を単離・精製して用いられる.例えば,ナイロン-66 の場合には次の化合物が出発原料として用いられる.

$$\overset{\oplus}{H_3N}(CH_2)_6\overset{\oplus}{NH_3}\overset{\ominus}{OCO}(CH_2)_4\overset{\ominus}{COO}$$

ナイロン塩(白色結晶,融点 190〜191℃)

重合はこのものを真空下，250℃以上に加熱して行われる．また，テトロン（ポリエチレングリコールテレフタレート）の場合には次の化合物が出発原料として用いられる．

$$HOCH_2CH_2OCO-\langle\bigcirc\rangle-COOCH_2CH_2OH$$
ビス(β-ヒドロキシエチル)テレフタレート

このものを真空下に触媒とともに加熱し，エチレングリコールを留去しながら重縮合を続けると目的のポリエステルが得られる．

b. 界面重合

この方法は互いの官能基がきわめて反応性の高い場合に用いられる．例えば，酸クロリドとアミンの縮合は混合するだけで速やかに反応する．しかし，この反応を二塩基性酸クロリドとジアミンに応用して重縮合を行い，ポリアミドを得ようとすると，室温でも反応が激しすぎて望むようなポリマーは得られない．

$$ClOC-R-COCl + H_2N-R'-NH_2 \xrightarrow{-HCl} \sim\sim OC-R-CONH-R'-NH\sim\sim \quad (75)$$

そこで，二塩基性酸ジクロリドを水と混ざらない有機溶媒（例えば，ヘキサン，四塩化炭素，クロロホルムなど）に溶解し，一方のジアミンを重縮合によって発生する塩化水素を中和するのに必要なカセイソーダとともに水に溶解する．この両者を静かに室温で混合すると，両液相の境界面で重縮合が起こり，ポリアミドが生成する．もちろん，両液を攪拌すれば速やかにポリアミドが得られる．

3.13 付加縮合

フェノール，尿素，メラミン，キシレンなどはホルムアルデヒドと反応し熱硬化性樹脂が生成するが，その機構は付加と縮合の繰返しで起こることから付加縮合（addition condensation）と名付けられた．

3.13.1 フェノール・ホルムアルデヒド樹脂の生成

1907年，ベークランド（L. H. Baekeland）によってフェノールとホルムアルデヒドの反応から工業的に優れた樹脂が製造された．これがベークライトと呼ばれる最初のプラスチックであり，歴史的に有名なものである．この反応を酸性で行うとノボラック樹脂（novolak(c) resin）が，またアルカリ性で行うとレゾール樹脂（resole resin）と呼ばれるものが生成する．これらは分子量1000以下の有機溶媒に可溶である．その構造は次のように示される．ただし，$-CH_2-$基および$-CH_2OH$基はフェノール性OH基に対してオルトあるいはパラの位置で結合している．

3.13 付加縮合

ノボラック樹脂構造:
- $n = 1\sim8$, $m = 0.1\sim0.3$

レゾール樹脂構造:
- $m = 1\sim2$
- $m = 1\sim3$

両者の構造上の大きな違いは$-CH_2OH$基の含量にあり，ノボラック樹脂では$-CH_2OH$基はほとんど存在しないが，レゾール樹脂では多く存在している．$-CH_2OH$基はフェニル核とさらに脱水縮合を行うことができるので，レゾール樹脂はそのまま加熱することによって硬化し，三次元橋かけ高分子に変化する．しかし，ノボラック樹脂ではヘキサメチレンテトラミンのような硬化剤と一緒に加熱することによってはじめて硬化する．

付加

$$\text{C}_6\text{H}_5\text{OH} + CH_2O \longrightarrow \text{C}_6\text{H}_{5-m}(\text{OH})(CH_2OH)_m \tag{76}$$

縮合

$$\text{HOC}_6\text{H}_4\text{-CH}_2\text{OH} + \text{C}_6\text{H}_5\text{OH} \longrightarrow \text{HOC}_6\text{H}_4\text{-CH}_2\text{-C}_6\text{H}_4\text{OH} + H_2O \tag{77}$$

酸性では縮合が付加よりも起こりやすく，アルカリ性では付加が縮合より起りやすいと考えると，それぞれ上述の構造を有するノボラック樹脂ならびにレゾール樹脂の生成が理解される．

3.13.2 尿素・ホルムアルデヒド樹脂の生成

尿素とホルムアルデヒドの反応は，フェノール・ホルムアルデヒド樹脂と同様，付加縮合で進む．

付加反応 $H_2NCONH_2 + HCHO \longrightarrow H_2NCONHCH_2OH$ (78)

縮合反応 $H_2NCONHCH_2OH + H_2NCONH_2 \longrightarrow H_2NCONHCH_2\text{-}NHCONH_2 + H_2O$ (79)

この場合，アルカリを触媒とした反応からは，尿素のモノ，ジ，トリあるいはテトラメチロール化物が生成する．通常の尿素・ホルムアルデヒド樹脂硬化物は，ポリメチロール化尿素を紙，パルプなどとともに加熱することによって成型される．同様に，メラミ

ンやキシレンとホルムアルデヒドの付加縮合によってメラミン樹脂やキシレン樹脂が得られる．

3.14 高分子の化学反応

　これまで述べてきた高分子生成反応は，低分子から直接高分子化する場合であるが，天然高分子あるいは通常の合成高分子から化学反応によって別の高分子に誘導する方法がある．なかでも，ポリビニルアルコールはビニルアルコールの重合によって生成するはずであるが，ビニルアルコールは非常に不安定である（アセトアルデヒド異性体として存在する）ので，酢酸ビニルを重合させてポリ酢酸ビニルとしたのち，加水分解することによって合成される．

　高分子の化学反応（高分子反応；polymer reaction）は，通常用いた高分子の平均重合度が低下するか，変化しないか，あるいは増大するかにより大別される．これらはそれぞれ高分子の分解反応（decomposition）（あるいは崩壊反応；degradation），等重合度反応（polymer analogous reaction），ブロック共重合（block copolymerization），グラフト共重合（graft copolymerization），橋かけ反応（crosslinking reation）と呼ばれる．このうち等重合度反応を高分子反応と呼ぶ場合が多い．

3.14.1 等重合度反応（高分子反応）

　高分子中の繰返しモノマー単位中の原子，あるいはある基への置換，付加反応やその脱離，分子内反応が含まれ，原則としてこの反応により用いた高分子の重合度は変化しない．この反応で種々の高分子誘導体が合成されるが，一般に反応を定量的に進めることは困難である．また，高分子の性質上の欠点を補うため，部分的に高分子反応を行うことも広く試みられている．

　高分子反応の例はきわめて多い．実用化されているものには次のような高分子置換反応の例がある．

$$\sim\sim CH_2-CH_2 \sim\sim \xrightarrow{Cl_2} \sim\sim CH_2-\underset{Cl}{CH} \sim\sim \quad （塩素化ポリエチレン）\quad (80)$$

$$\sim\sim CH_2-\underset{OCOCH_3}{CH} \sim\sim \xrightarrow{NaOH/CH_3OH} \sim\sim CH_2-\underset{OH}{CH} \sim\sim \quad （ポリビニルアルコール）\quad (81)$$

　イオン交換樹脂製造の際のポリスチレンのスルホン化，クロロメチル化などもこの反応例である．

3.14 高分子の化学反応

　高分子の付加反応には，天然ゴムへの塩酸の付加（塩酸ゴム）やジエンとスチレンとのブロック共重合体の水素化などの例がある．イソシアナート基やエポキシ基をもつビニルポリマーはアルコールやアミンと容易に付加反応を起こす．その例を(82)式に示す．

$$\sim\sim\text{CH}_2-\underset{\text{NCO}}{\text{CH}}\sim\sim \xrightarrow{\text{ROH}} \sim\sim\text{CH}_2-\underset{\text{NHCOOR}}{\text{CH}}\sim\sim \tag{82}$$

　高分子の脱離反応にはポリ塩化ビニルの脱塩化水素などがある．この反応は比較的低い温度（< 350 ℃）での熱分解反応では脱塩化水素反応がほぼ定量的に進行する．また，分子内環化反応は高分子反応で重要なものであり，次のような例がある．

$$\sim\text{CH}_2-\underset{\text{OH}}{\text{CH}}-\text{CH}_2-\underset{\text{OH}}{\text{CH}}-\text{CH}_2-\underset{\text{OH}}{\text{CH}}\sim \xrightarrow{\text{CH}_2\text{O}} \sim\sim\text{CH}_2-\underset{\text{OH}}{\text{CH}}-\text{CH}_2-\underset{\text{O}}{\text{CH}}-\text{CH}_2-\underset{\text{O}}{\text{CH}}\sim \quad \text{(ビニロン)} \tag{83}$$

$$\sim\sim\text{CH}_2-\underset{\text{CN}}{\text{CH}}-\text{CH}_2-\underset{\text{CN}}{\text{CH}}-\text{CH}_2-\underset{\text{CN}}{\text{CH}}-\text{CH}_2\sim\sim \xrightarrow{加熱} \text{（環化ポリマー）} \tag{84}$$

3.14.2 ブロックおよびグラフト共重合

　ブロックおよびグラフト共重合体は，2種類のモノマーをはじめから混合して共重合することによっては合成できない．一般的には，一方のモノマーを重合させて高分子をつくり，その存在下に他のモノマーを重合させるか，他の高分子を反応させて合成される．いずれの場合も高分子の末端に活性な基（例えば過酸化物結合など）を有するものやリビングポリマーを用いるとブロック共重合体（block copolymer）が得られる．

$$\sim\sim\text{CH}_2-\underset{X}{\text{CH}}-\text{O}-\text{OH} \xrightarrow[\text{(重合)}]{n\text{CH}_2=\text{CHY}} \sim\sim\text{CH}_2-\underset{X}{\text{CH}}-\text{O}\left(\text{CH}_2-\underset{Y}{\text{CH}}\right)_n \tag{85}$$

$$\sim\sim\text{CH}_2-\underset{X}{\overset{\ominus}{\text{CH}}}\cdots\overset{\oplus}{\text{Na}}+\text{Br}-\underset{Y}{\text{CH}}-\text{CH}_2\sim \xrightarrow{-\text{NaBr}} \sim\sim\text{CH}_2-\underset{X}{\text{CH}}-\underset{Y}{\text{CH}}-\text{CH}_2\sim\sim \tag{86}$$

　また，反応活性な基を側鎖に有する高分子を用いた場合には，グラフト共重合体（graft copolymer）が生成する．

$$\sim\!\!\sim\!\mathrm{CH_2-\underset{\underset{OH}{|}}{\overset{\overset{X}{|}}{C}}\!\sim\!\!\sim} \quad \xrightarrow{n\mathrm{CH_2=CHY}} \quad \sim\!\!\sim\!\mathrm{CH_2-\underset{\underset{O+CH_2-CH\,)_n}{|}}{\overset{\overset{X}{|}}{C}}\!\sim\!\!\sim} \qquad (87)$$

$$\sim\!\!\sim\!\mathrm{CH_2-\underset{X}{\overset{\cdot}{CH}}} + \sim\!\!\sim\!\mathrm{CH_2-\underset{Y}{CH}\!\sim\!\!\sim} \xrightarrow{\text{連鎖移動}} \sim\!\!\sim\!\mathrm{CH_2-\underset{X}{CH_2}} + \sim\!\!\sim\!\mathrm{CH_2-\underset{Y}{\overset{\cdot}{C}}\!\sim\!\!\sim} \quad (88)$$

$$\sim\!\!\sim\!\mathrm{CH_2-\underset{Y}{\overset{\cdot}{C}}\!\sim\!\!\sim} \quad \xrightarrow[\text{(重合)}]{n\mathrm{CH_2=CHX}} \quad \sim\!\!\sim\!\mathrm{CH_2-\underset{Y}{\overset{(CH_2-CH)_n}{C}}\!\sim\!\!\sim} \qquad (89)$$

3.14.3　橋かけ反応

　エポキシ基やイソシアナート基などを有する高分子は，適当な多官能性化合物（一般に硬化剤と呼ばれる）と反応して硬化（cure）し，三次元構造の橋かけ高分子が生成する．例えば，(90)式に示すようにエポキシ樹脂はジアミン類と容易に反応して硬化する．

　イソシアナート基を有するウレタン樹脂の硬化も同様に進行する．また，不飽和ポリエステル樹脂をスチレンと混合し，レドックス開始剤を添加すると，室温で重合し，硬化する．その他，ジエン系高分子（ゴム）の加硫や付加縮合系樹脂（フェノール，尿素樹脂など）の硬化反応など多くの例がある．

$$\text{(エポキシ樹脂)} + \mathrm{NH_2CH_2CH_2NH_2} \longrightarrow \text{(橋かけ高分子)} \qquad (90)$$

参 考 文 献

1) 大津隆行：改訂 高分子合成の化学，化学同人，1988．
2) 三枝武夫，東村敏延，大津隆行編：講座 重合反応論，化学同人（1977，全14巻完結）．
3) 高分子学会編：高分子科学の基礎，東京化学同人，1978．
4) F. A. Bovey, F. H. Winslow：Introduction to Polymer Chemistry, Academic Press, 1979.
5) 高分子学会編：付加重合，開環重合，高分子実験学 第4巻，共立出版，1983．
6) 高分子学会編：重縮合・重付加，高分子実験学 第5巻，共立出版，1983．
7) 高分子学会編：高分子科学演習，東京化学同人，1985．
8) 村橋俊介，藤田 博，小高忠男：高分子化学（第4版），共立出版，1993．
9) H. F. Mark, N. B. Bikales, C. G. Overberger, G. Menges eds.：Encyclopedia of Polymer Science and Engineering, Wiley（1990，全19巻完結）．
10) G. Ordian：Principle of Polymerization（3rd ed.），Wiley, 1991.
11) 井上祥平，宮田清蔵：高分子材料の化学（第2版），丸善，1993．
12) 安田 源ほか著：高分子化学，朝倉書店，1994．
13) 伊勢典夫ほか：新高分子化学序論，化学同人，1995．
14) 山下雄也監修：高分子合成化学，東京電機大学出版局，1995．
15) 野瀬卓平，中浜精一，宮田清蔵編：大学院 高分子科学，講談社サイエンティフィク，1997．

4

木材化学工業

4.1 木材の化学

　木材は樹木の支持および伝導組織であり，この目的のために木材組織の約90％は強く比較的壁の厚い長い細胞からなっている．

　化学的には木材の細胞壁組織は高分子物質の複雑な混合物である．この高分子物質は多糖類とリグニンである．この多糖類はセルロースとその他の多糖類（ヘミセルロースといわれる）からなっている．

4.1.1 セルロース (cellulose)

　セルロースは植物細胞膜の主成分をなす多糖類で，きわめて長い鎖状の分子で，化学的には β-グルコースがセロビオース状に結合している（1,4-の位置で β-グルコシド結合している．デンプンは 1,4-α-グルコシドである）．

β-グルコース

　天然の形で存在するセルロースの重合度は木綿で 2000～3000，木材のセルロースでは重合度を落とさずに測定することができないが，大体木綿や麻と同じといわれている．パルプは 1000 以下，レーヨンは 250～500 である．

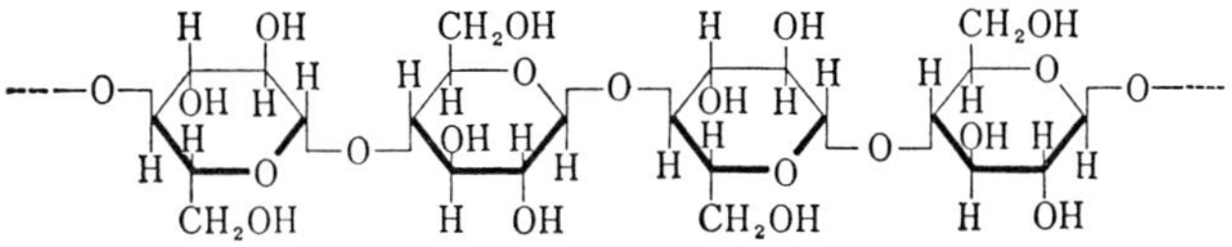

セルロース分子は強力な分子間力（水酸基間の水素結合など）によって相互に結合するが，規則正しく分子が配列した部分（結晶領域あるいはミセルといわれる）と比較的配列の乱れた部分（非結晶領域あるいはミセル間隙といわれる）とからなっており，一方向に並んだ多数の糸状分子が途中で切れることなく連なったまま部分的に結晶領域をつくり，また他の部分は無定型状態をつくるという房状ミセル説（1930年）が今日でも一般に受けいれられている．繊維中の結晶領域，非結晶領域は模式的に示すと図4.1のようである．

この房状ミセルが連続的に発展してフィブリルを形成し，これが細胞膜をつくりさらに繊維を形成している．すなわち原子から基本分子へ，基本分子から糸状分子へ，糸状分子から房状ミセル系へ，房状ミセルからフィブリルあるいは細胞膜へ，細胞膜から単繊維が形成されている．

X線的には最小結晶単位（単位胞）の定数は図4.2のようであり，その大きさは

$a = 8.35 \text{ Å}, \ b = 10.3 \text{ Å}, \ c = 7.9 \text{ Å}$

$\beta = 84°$

である．b が繊維周期である．

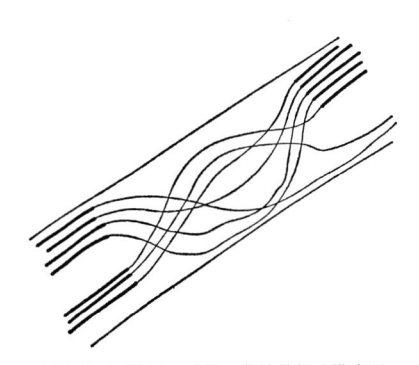

図4.1　繊維中の結晶，非結晶領域模式図 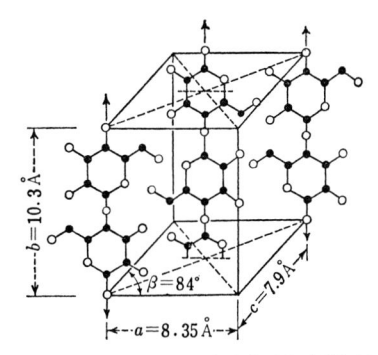　　図4.2　セルロースの最小結晶単位（単位胞）

4.1.2 リグニン

リグニンは細胞膜と細胞膜間の中間層を構成し，木材の接着剤として働いているもので，繊維と細胞を強く結合させ，木材の硬い木質構造を形づくっているものである．樹の種類，樹齢によって一定でない．リグニンは (1), (2), (3) のような置換フェノールの縮合した複雑な高分子である．針葉樹リグニンは (2)，広葉樹リグニンは (2), (3)，草木類のリグニンは (1), (2), (3) の骨格をもつとされている．

リグニンは，高温で強アルカリや，酸性の亜硫酸塩溶液酸化剤で分解，溶解する．

4.1.3 ヘミセルロース

セルロースとともに植物細胞膜を構成する．セルロースと同じく多糖類であるが，セルロースと異なり，酸，酵素で容易に加水分解される．加水分解で六炭糖（ヘキソース）を生ずるものをヘキソサン，五炭糖（ペントース）を生ずるものをペントサンという．例えば木材マンナン（ヘキソサン）はグルコマンナンでグルコースとマンノースの複雑なポリ縮合体である．

キシラン（ペントサン）はキシロースのポリ縮合物である．

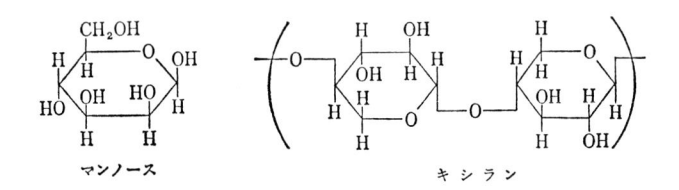

4.1.4 その他

以上の細胞壁物質のほか，木材は細胞孔中に抽出可能な物質を含んでおり，植物の種類によっては，工業的に採集の行われるほど大量に含まれているものがある．これらは水蒸気蒸留や溶剤抽出で分離される．

　水蒸気蒸留：テルペン類，エステル類，酸類，アルコール類
　エーテル抽出：油脂，脂肪酸，樹脂類，ロウ類
　水抽出：糖類，デンプン，粘質物質，タンニン

4.2 パルプ工業

パルプとは植物体より機械的あるいは化学的に取り出したセルロース繊維の集合体であって，主として製紙用，レーヨン・アセテート製造用に使われる．

パルプ原料としては木材が量的にみて最も重要で，ほとんど全部の紙，レーヨン，セロハンは木材パルプからつくられている．

木材は針葉樹と広葉樹に大別することができる．一般的にいって，針葉樹材はリグニン 30% 位で多く，ペントサンは 10% 位で少なく，マンナンは 5% 位存在している．これに対し広葉樹材はリグニンは 20% 前後で少なく，ペントサンは 20% で多く，マンナンは微量である．セルロース含量はすべて約 50% で大差はない．

針葉樹材は繊維が長く，製紙用パルプとして好適であって，高純度のパルプが得やすい．わが国では戦後，針葉樹資源の減少によって，広葉樹材のパルプ化の研究が進み工業化が行われている．

4.2.1 パルプ製造法
木材からパルプをつくる方法は 3 種ある．
a. 機械パルプ法
木材から機械的方法で繊維に解離するもので，砥石に押しつけてすりつぶす砕木法，木材チップを圧力釜のなかで加熱，急に圧力を下げ，爆発させて解離する爆発法がある．
b. 化学パルプ法
化学薬剤によって，リグニンその他の繊維結合物質を除去して解離するもので，亜硫酸法，アルカリ法がある．
c. 半化学パルプ法
薬剤によって，リグニンなどの一部を化学的に抽出し，さらに機械力によって繊維に解離するもの．

4.2.2 亜硫酸パルプ法
酸性亜硫酸塩で木材を蒸解して製造するもので，原木としてはエドマツ，トドマツなどの樹脂含有量の少ない針葉樹が適当である．

製造工程は図 4.3 の通りである．

硫黄を燃焼させてつくった二酸化硫黄と石灰と水より蒸解液（亜硫酸水素カルシウムと亜硫酸からなる）をつくるには塔式と石灰乳式とがある．前者は木製または耐酸れん

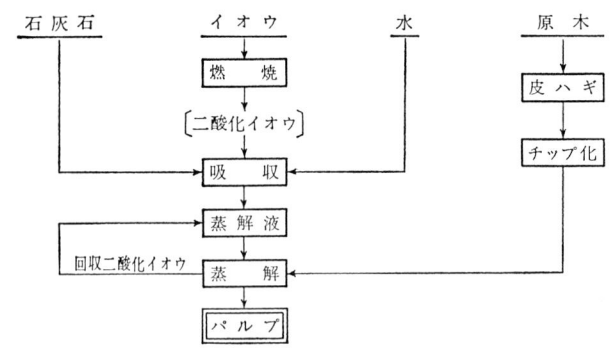

```
石灰石      イオウ        水           原木
  │          │           │            │
  │         燃焼                       皮ハギ
  │          │                         │
  │      [二酸化イオウ]                チップ化
  │          │                         │
  └────→    吸収 ←──────────────┐     │
              │                   │     │
            蒸解液                 │     │
              │                   │     │
   回収二酸化イオウ                │     │
              │                   │     │
             蒸解 ──────────────┘←────┘
              │
             パルプ
```

図 4.3 亜硫酸パルプ製造工程

がで覆ったコンクリート製の塔内に石灰を満たし，上から水を，下から二酸化硫黄ガスを上昇させるものであり，後者は石灰乳を入れた槽を数段おき，下段の槽から二酸化硫黄ガスを上昇させる．このようにして得られた酸液は遊離二酸化硫黄が不足しているので，蒸解を終わった蒸解がまから噴出する二酸化硫黄ガスを冷却して上の酸液に吸収させ蒸解液とする．蒸解液は全二酸化硫黄，遊離二酸化硫黄，結合二酸化硫黄（全と遊離の差）の数値が重要である．

蒸解は耐酸れんがを内張りした鋳鉄製加圧釜（蒸解釜）に木材チップを入れ，蒸解液を加え，よく薬液が浸透するのを待ち加熱して行う（110℃，3～4時間，140～145℃，5～6時間，全工程15～16時間）．蒸解が終われば残圧で噴出槽に内容を入れ蒸解物と廃液を分ける．次にノットスクリーンで節などの粗大片を分け，さらに精選機で精選する．

この精選機を出たパルプはまだリグニンが残存するため茶色であるので，上質紙やレーヨン用のものは脱リグニン，漂白工程にかける．すなわち，まず3%の泥状とし塩素を吹き込み，25℃，20～30分処理することによってリグニンを塩素化リグニンにする．水洗後，パルプを2～5%カセイソーダ液で5%濃度の泥状物にして，80℃，30分処理し，塩素化リグニンと残存ヘミセルロースを除く．水洗後，有効塩素1%のサラシ粉の水溶液で脱色する．キュプラ，アセテート用パルプは，さらに2%カセイソーダ液と120～130℃に加熱したり，10%以上のカセイソーダ液で室温で処理したりして，α セルロース95%以上のパルプを得る．

α-セルロースとは，17.5%カセイソーダ水溶液に不溶なもので，溶けるものがβ-とγ-セルロースであるが，酢酸酸性にすると析出するのがβ-，なお溶けているのがγ-セルロースである．α, β, γ の順に重合度は低下している．

本法で，リグニンが溶解するのはスルホン酸になるため，ヘミセルロースが溶解する

のは酸によって加水分解され水溶性の低重合度の糖になるためといわれている．

4.2.3 硫酸塩パルプ法

硫酸塩パルプは，木材をアルカリで蒸解するアルカリパルプに属するものである．

損失したアルカリを硫酸ナトリウムで補うため硫酸塩パルプ法といわれるが，これは硫酸ナトリウムは炭素（パルプの場合は蒸解廃液に存在する有機物）とともに強熱すると硫化ナトリウムを生成するからである．例えば

$$Na_2SO_4 + 4C = Na_2S + 4CO$$

硫化ナトリウムは水に溶解するとカセイソーダと水硫化ソーダを生成するので

$$Na_2S + H_2O \rightleftharpoons NaOH + NaSH$$

アルカリによってリグニンおよびヘミセルロースを加水分解し，セルロースから分離することができる．水硫化ソーダもリグニンの可溶化にあずかる．要するに硫酸塩パルプは木材をカセイソーダ，硫化ナトリウムおよび水硫化ナトリウムの存在で蒸解してつくるものといってよい．硫酸塩パルプの製造工程は図4.4のようである．

原木は広範囲に選ぶことができる．図4.4において，蒸解廃液を濃縮し，さらに灰化溶融するとき所要量の硫酸ナトリウムを加えると硫化ナトリウムが生成する．

こうして得られた溶融物は炭酸ナトリウムが主成分（65～70%）で，次に硫化ナトリウム（20%位）が多い．その他硫酸ナトリウム，チオ硫酸ナトリウム，カセイソーダなどが存在する．これを水に溶解して石灰を加え，カセイ化を行い，蒸解液調整に使用する．蒸解温度は170℃前後（圧力 $6～8\,kg/cm^2$），時間は3～8時間である．

得られるパルプの色は褐色で，純度もよくない．しかしアルカリ性で処理するので繊維の損傷が少なく，繊維が強じんであるため丈夫な紙をつくることができる．このためクラフトパルプ（強いパルプの意）ともいわれる．近年，漂白法の進歩のため強度を落とさず漂白することが可能となった．

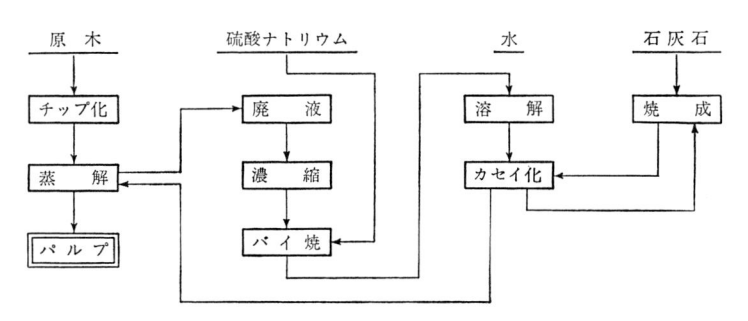

図4.4 硫酸塩パルプの製造工程

レーヨン用パルプ製造のときはまず水蒸気または熱水を加え（160〜180℃），1〜2時間前処理を行い，ヘミセルロースの加水分解を行い，溶出しやすくし，パルプの純度を向上させる．α-セルロース94〜96％以上のものが得られる．

漂白は亜硫酸パルプにおける塩素，アルカリ，サラシ粉の3段法よりも，段階の多い多段漂白法で処理するものである．

例えば

$Cl_2 \rightarrow NaOH \rightarrow Ca(ClO_2) \rightarrow NaOH \rightarrow Ca(ClO)_2$　　　　　5段

$Ca(ClO)_2 \rightarrow Cl_2 \rightarrow NaOH \rightarrow Ca(ClO)_2 \rightarrow NaOH \rightarrow Ca(ClO)_2$　　6段

サラシ粉はセルロースを損傷する欠点があるので二酸化塩素を使用するようになった（二酸化塩素は塩素酸ナトリウムの還元でつくられる）．漂白方式は次の例の通りであり，温度70℃位で数時間処理する．

$$Cl_2 \rightarrow NaOH \rightarrow ClO_2 \rightarrow NaOH \rightarrow ClO_2$$

蒸解廃液は回収工程に移すが，原木中の樹脂はセッケンとなって油状で得られる．これを硫酸などで処理して，油状樹脂が得られる．これをトール油という．脂肪酸（30〜60％），樹脂酸（35〜65％），不ケン化物（4〜10％）の混合物であり，工業用セッケン，乳化剤，紙サイズ用樹脂などの製造に使われる．

4.2.4　半化学パルプ法

蒸解法は，① 中性亜硫酸塩法，② クラフト・セミケミカル法，③ 酸性亜硫酸法の3種がある．

① は亜硫酸ナトリウムとアルカリで蒸解後，回転する2枚の円板の間でセルロースを解離しパルプとする．

② は硫酸塩パルプ法と同じであるが，解離時間を短くして機械力でセルロースを解離する．

③ は亜硫酸パルプ法に準ずるが，機械力によって解離する程度に蒸解をとどめるものである．

4.2.5　機械パルプ法

a.　砕木パルプ

木材を回転する砥石に押し付けてすりつぶし，繊維に解離したものである．木材としては樹脂の少ない針葉樹がよく，パルプの組成は原木材とほとんど同じである．歩留り90％以上である．不純物が多く，変色しやすく，繊維の状態もよくない．このパルプよりつくった紙は印刷インキの吸収性はよい．しかし紙力は低いので亜硫酸パルプなどを20％位混合する．新聞，雑誌用紙として広く使われる．

b. エキスプローデッドパルプ (exploded pulp)

木材をチップ状にし，これを圧力釜のなかで水蒸気で44気圧位まで加熱し，約30秒保つ．ついで高圧蒸気で80～95気圧に上げ，約5秒ののち急にふたをはずして，サイクロンへ飛び込ませる．

高圧水蒸気でヘミセルロースの一部が加水分解され，リグニンが軟らかくなり，爆発現象で繊維に解離する．硬質繊維板などの製造に使われる．

4.3 製 紙 工 業

紙はパルプを薄くすいてつくる．まず繊維の接着性を増加するため，こう解工程を行う．動物繊維ではこう解による繊維の接着性は現れないから紙にはならない．紙は洋紙と和紙に分けられる．洋紙とはパルプをすいたもの，和紙とはミツマタ，ガンピ，コウゾなどのジン皮繊維を原料としてすいたものである．

パルプから紙をつくるのは漂白，調製，抄（すき）紙の3工程のみである．

漂白はサラシ粉で行う．一般にパルプを水でほぐして濃度5%位の泥状にして，活性塩素約5%のサラシ粉液をパルプに対して10～20%程度用いる．

調製工程は，こう解（beating），疎水処理（サイジング），充填料添加，精砕などの工程からなっている．

こう解とは，パルプを水に溶かしただけでは繊維の解離が不十分であったり，太すぎたり，長すぎたりするために紙をつくることができないので，切断，引きさき，すりつぶし，水和などの作用で，すき紙の際うまくからみあって強度が出るようにする操作である．

紙の使用目的によってサイジング，着色，不透明化，合成樹脂加工などの処理を行うが，これは通常こう解機あるいはかきまぜ槽中で行う．こう解中行われるサイジングにはロジンサイズがある．ロジンセッケンを繊維表面に定着させ，インキのにじみを止める．石油系樹脂（石油ピッチ中のオレフィンを重合しマイン化したもの）によるサイジングも行われている．不透明化には炭酸カルシウム，酸化チタン，白土などを充填料として添加する．紙の強度（特に湿潤強度）の向上のため水溶性または水分散性合成樹脂（例えば，尿素樹脂，メラミン樹脂の初期縮合体，合成樹脂エマルション）などの添加が行われる．

すき紙の工程では，調合を終えたパルプ液を混合箱に移し，紙の厚さに応じて一定の濃度に薄める．ついでスクリーン上を通して不純物を除き，すき紙機に送る．すき紙機は長網式と丸網式とがある．図4.5は長網式すき紙機の例である．すき網上で水は網目から下へぬけ，網の上に繊維が残り，すきあげられて紙の形となり圧搾部で圧搾され水

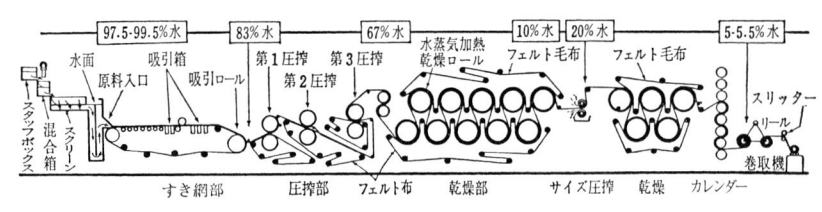

図 4.5　長網式すき紙機

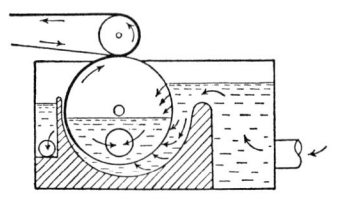

図 4.6　丸網式すき紙機

分は減少し,乾燥部へ入る．出てきた紙の水分は 5.5% である．ここからカレンダーロールの間を通してつや出しが行われリールに巻き取られる．

　図 4.6 は丸網式すき紙機で円筒形に張った金網でパルプ水をろ過するもので,少量の紙をつくるのに適している．圧搾部,乾燥部は長網式と同様である．

5

繊 維 工 業

5.1 繊　　　維

　繊維は形態的には直径に比べて十分な長さをもち，① 固体である，不揮発性，水その他の溶剤に対して不溶・難溶，熱に安定，熱の不良導体，化合物としての安定性，② ある程度以上の強さ，のびなどをもつこと，適当な弾性，可塑性，屈曲性をもつことが必要である．このような条件を満たすものは高分子化合物であって，その機能的性能などの諸物性がよく発現できるほどの分子量をもつ鎖状高分子である．

5.1.1　繊維の分類
a.　形態による繊維の分類
　形態でまず着目すべきは長さであり，無限に長ければ紡績せずに適当によっただけで糸になるが，短い繊維では紡績して糸にする必要がある．天然には無限長（エンドレス）繊維としては絹だけである．太さによる分類も可能であり，ことに太さ，長さを自由に変えられるステープルファイバー（スフ）では太さ何デニール，切断長さ何インチ（または cm）という分類が行われ，エンドレスなレーヨン糸では単繊維が比較的太い普通糸，さらに細い超マルチ糸などの区別が行われている．
　糸の太さの表示法を番手といい，よく使われるものにデニールがある．これは長さ9000 m の重さが 1 g の繊維の太さが 1 デニールである．最近はテックス（tex）が用いられており，1000 m 当たりのグラム数で表す．今後は国際的に繊維も糸も tex を使用することが決められている．
　形態的に重要な因子は長さ，太さのみでなく，そのほかに繊維の有するケン縮（クリンプ），よじれなどがある．繊維のもつ波状，ラセン状などのちぢれをいい，繊維製品に弾性，豊かな触感，すき間の多い保温性を与える．

表5.1 繊維の分類

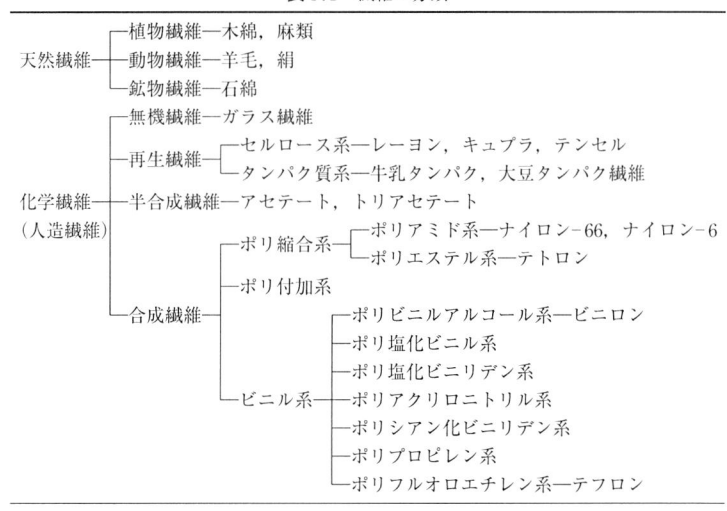

```
                 ┌─植物繊維─木綿，麻類
       天然繊維 ─┼─動物繊維─羊毛，絹
                 └─鉱物繊維─石綿

                 ┌─無機繊維─ガラス繊維
                 │              ┌─セルロース系─レーヨン，キュプラ，テンセル
                 ├─再生繊維 ────┤
                 │              └─タンパク質系─牛乳タンパク，大豆タンパク繊維
       化学繊維 ─┤
       (人造繊維) ├─半合成繊維─アセテート，トリアセテート
                 │              ┌─ポリ縮合系 ┬─ポリアミド系─ナイロン-66，ナイロン-6
                 │              │            └─ポリエステル系─テトロン
                 │              ├─ポリ付加系
                 └─合成繊維 ────┤              ┌─ポリビニルアルコール系─ビニロン
                                │              ├─ポリ塩化ビニル系
                                │              ├─ポリ塩化ビニリデン系
                                └─ビニル系 ────┼─ポリアクリロニトリル系
                                               ├─ポリシアン化ビニリデン系
                                               ├─ポリプロピレン系
                                               └─ポリフルオロエチレン系─テフロン
```

b. 繊維の形成原料による分類

天然物がそのままで繊維になっている天然繊維と，化学処理をほどこして繊維とした化学繊維（人造繊維）に分けられる．化学繊維はさらに，天然に存在する繊維を溶解して利用しやすい形につくり直した再生繊維，天然繊維の化学構造を一部変化させた化合物からつくる半合成繊維，原料の高分子化合物を低分子から合成してつくる合成繊維に分類される．その分類を表5.1に示した．

5.1.2 化学繊維の紡糸法

人工的な繊維の形成，すなわち線状高分子を繊維状に紡糸するためには，その原料化合物を一度液状にすることが必要である．そのためには溶解するか溶融し，流動状態の物質を細孔より押し出し，同時にこれを延伸して固化させる．工業的に行われている紡糸方法は湿式紡糸，乾式紡糸および溶融紡糸であり，高分子の特性によって最適の方法が使われている．湿式紡糸は高分子の濃厚溶液を細孔から凝固液中に押し出し，繊維状に固化させる．乾式紡糸は揮発性有機溶剤に溶解した高分子の溶液をノズルを通して押し出したのち，熱風中で蒸発して凝固させる．溶融紡糸は加熱溶融した紡糸原料を空気や水中に押し出し冷却固化させる．

5.2 天然繊維 (natural fiber)

5.2.1 セルロース系天然繊維

セルロース分子はグルコースのポリ縮合によって生成した鎖状分子であり，天然セルロース（木綿，麻など）の平均重合度は約 2000〜3000 といわれている．

a. 木綿 (cotton)

綿花より綿実を分離したものが原綿で，圧搾，包装して目的地に輸送され，そこで精練，漂白工程をへて精製綿となる．この綿を紡績にかけ，糸，布にする．

一方，綿実には紡績にかからない短い繊維が残っているが，これを回収したものが木綿リンターである．

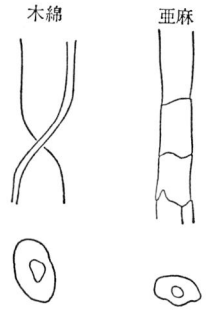

図5.1 木綿，亜麻の断面

木綿繊維の特徴は，吸湿，吸水，通気性に富み，保湿性が大で洗濯に強く，染色性が良好であることである．湿潤強度が乾燥強度よりも高い．シワがよりやすく，酸に弱く，樹脂加工で強度低下する場合が多いのが欠点である．よじれを有する（図5.1）．マーセル化*される．

b. 麻

刈り取った麻を干して工場に送る．工場ではこの麻を発酵法または薬品法でペクチンを可溶性にする．その後，破茎機で木質部を砕き，製線機中のドラム内で打ちたたいて長い繊維と短い繊維に分け，紡績にかけ，麻糸にする．亜麻，ラミー，大麻繊維などがその例である．

麻は摩擦に強く固い．軽く吸水性が大きく乾きやすい．シワがよりやすく酸に弱いのが欠点である．

5.2.2 タンパク質系天然繊維

繊維状タンパク質としては絹フィブロイン，羊毛ケラチン，コラーゲン，牛乳カゼインなどがある．これらのタンパク質は種々のアミノ酸の縮合物からなっており，その組成を表5.2に示す．

a. 絹

絹の主成分はフィブロインと呼ばれるタンパク質である．他のタンパク質に比べると

---

* マーセル化：木綿をある濃度以上のカセイソーダ水溶液につけると膨潤を起こし，1本の繊維では長さは短くなり，径は太くなる．しかもこれを水洗するとアルカリは除去されるが，再生した繊維の強度および光沢が増す．この現象をマーセル化という．

表5.2 タンパク質系繊維のアミノ酸組成

アミノ酸種別	アミノ酸名称	絹フィブロイン	羊毛ケラチン	コラーゲン	牛乳カゼイン
一塩基性モノアミノ酸	グリシン	43.8	0.6	26	1.5
	アラニン	26.4	4.4	9	7.2
	バリン		2.8		9.4
	ロイシン		11.5		
一塩基性モノオキシアミノ酸	セリン		2.9		0.5
二塩基性モノアミノ酸	アスパラギン酸		2.3		1.4
	グルタミン酸		12.9		
一塩基性ジアミノ酸	リシン	0.27	2.8	6	8.4
	アルギニン	0.95	10.2	8	3.8
含硫黄アミノ酸	シスチン		13.1		
環状アミノ酸	フェニルアラニン				3.2
	チロシン	13.2	4.8		4.5
ヘテロ環アミノ酸	トリプトファン		1.8		2.0
	プロリン		4.4	10	6.7
	オキシプロリン			14	0.2
	ヒスチジン	0.07	0.6		3.8

(a) 生糸断面　　(b) 絹フィブロイン断面

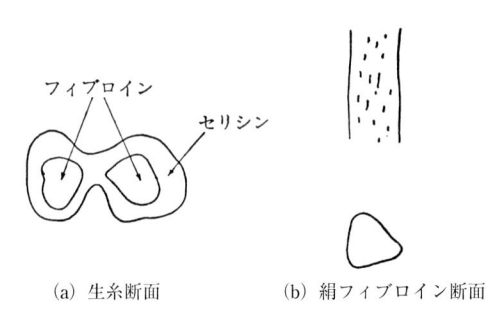

図5.2 生糸,絹フィブロイン断面

組成は比較的簡単で,グリシンが約半分,アラニンが約1/4,チロシンが1/8程度を占めており,立体的にのばされたポリペプチドの鎖を示すと次の通りである.

1個のアミノ酸残基は3.5Åの周期をもっている.絹糸はかいこの繭を乾燥後,煮沸または水蒸気処理によって糸口をみつけ,生糸を巻き取る.この生糸を精練,漂白すると練絹となる.生糸を構成している1本の繭繊維は2本のフィブロインとその表面を包んでいるセリシンからなっており(図5.2),精練操作はセリシンを溶かし去る工程である.

絹は気品のある光沢をもち，美しく染まる．感触もよい．保温性も大きい．しかし，チロシンを含むため，耐光性は十分でなく黄色に変色（黄かっ変という）する．アルカリに弱い．

b. 羊　毛

羊毛の主成分は獣毛や人間の毛髪と同様にケラチンである．ケラチンは絹フィブロインと同様の 3.5 Å の周期をもっているように思われるが，実際は 5.1 Å の周期が見いだされている．ところが引きのばすとフィブロインと類似してくる．天然のままのケラチンを α-ケラチン，引きのばされた形のものを β-ケラチンと呼んでいる．適当な水分と温度の存在で α と β は可逆的に変化し，外から力を加えて引きのばすと β になり，外力を取り去ると α に戻る．その機構として，Pauling, Corey (1951) によって提案されたらせん構造（α-ヘリックスといわれる）が一般に受けいれられている（図 5.3）．

$$\alpha\text{-ケラチン} \longrightarrow \beta\text{-ケラチン}$$
（α-ヘリックス）　　（ジグザグ）

羊毛は天然繊維のうちで最も大きい弾性をもっているが，それは分子自身がゼンマイのように力の作用によってのびたり縮んだりする能力と密接に関係している．

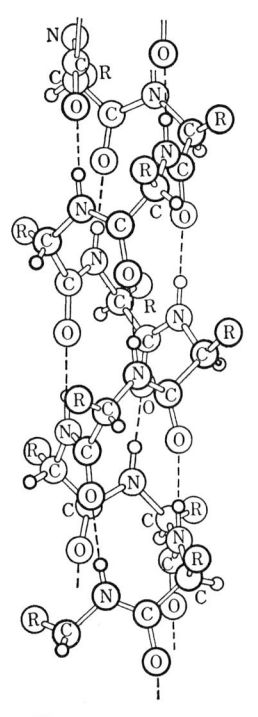

図5.3 α-ヘリックス

羊毛は高温の水蒸気または希アルカリ水溶液で処理するともとの長さよりさらに短くなる．これを過収縮という．

ペプチド分子鎖間には水素結合のほか，シスチン結合 (1)，イオン結合 (2)，ペプチド結合 (3) などの化学結合の存在が考えられる．したがって羊毛ケラチンの分子は鎖状（一次元）であるよりむしろ網状（二次元）である．

```
····—NH—CH—CO—····主鎖      ····—NH—CH—CO—····主鎖      ····—NH—CH—CO—····
         |                              |                              |
        CH₂                           (CH₂)₄                        (CH₂)₄
         |                              |                              |
         S              (1)           NH₃⁺            (2)             NH            (3)
         |                              |                              |
         S                            COO⁻                            CO
         |                              |                              |
        CH₂                           (CH₂)₂                        (CH₂)₂
         |                              |                              |
····—CO—CH—NH—····主鎖      ····—CO—CH—NH—····主鎖      ····—CO—CH—NH—····
```

ケラチンの側鎖の結合，特にシスチン結合は羊毛の力学的，コロイド化学的および化学的性質に大きな役割を演じている．側鎖の結合はケラチンの形を安定に保つのに有効

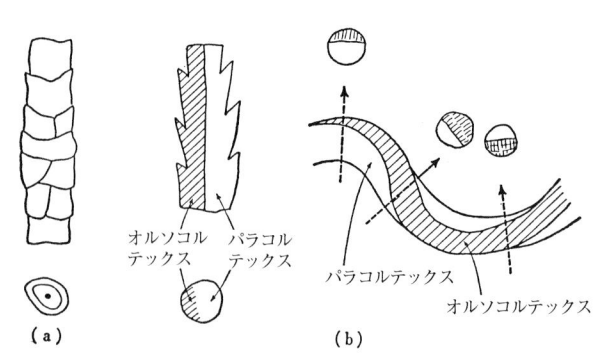

図5.4 (a) 羊毛の断面, (b) 羊毛の複合構造

に作用している．

　羊毛の断面は図5.4(a)の通りであるが，ある種の染料で染めると，(b)のように染まる部分（オルソコルテックスという）と染まらない部分（パラコルテックスという）とがあり，全体として両コルテックスが張り合わされたような二成分構造からなり，しかもその構造がよじれており，羊毛の弾性的性質，保温性の原因になっている．羊毛は吸温性も高く，染色性も良好である．しかし縮みやすく，アルカリに弱い欠点がある．

5.3　再生繊維（regenerated fiber）

　天然セルロースをセルロース誘導体に変化させたのち，いったん溶媒に溶解し，凝固，再生させて製造される再生セルロース繊維をレーヨン繊維という．溶解方法によって，ビスコースレーヨンとキュプラがある．

5.3.1　ビスコースレーヨン（viscose rayon）

　ビスコースレーヨン製造の原料としては，セルロース含量90〜92％のパルプが用いられる．これを18％カセイソーダ液で処理してアルカリセルロースとし，次に二硫化炭素と反応させてセルロースキサントゲン酸ナトリウムをつくり，これをアルカリ水溶液に溶かすと，ビスコースが得られる．これを細孔から硫酸中へ押し出しセルロースを繊維状に再生する．その製造工程は図5.5の通りである．

　ビスコース液は紡糸ポンプによって，ろ過管を通って紡糸口金から凝固浴中に押し出されて糸になる（図5.6）．得られる糸の太さ，強さを一定に保つには紡糸速度と巻取り速度を一定にしなければならない．このため1個の紡糸口金に対し1個の紡糸ポンプが使われる．

5.3 再生繊維

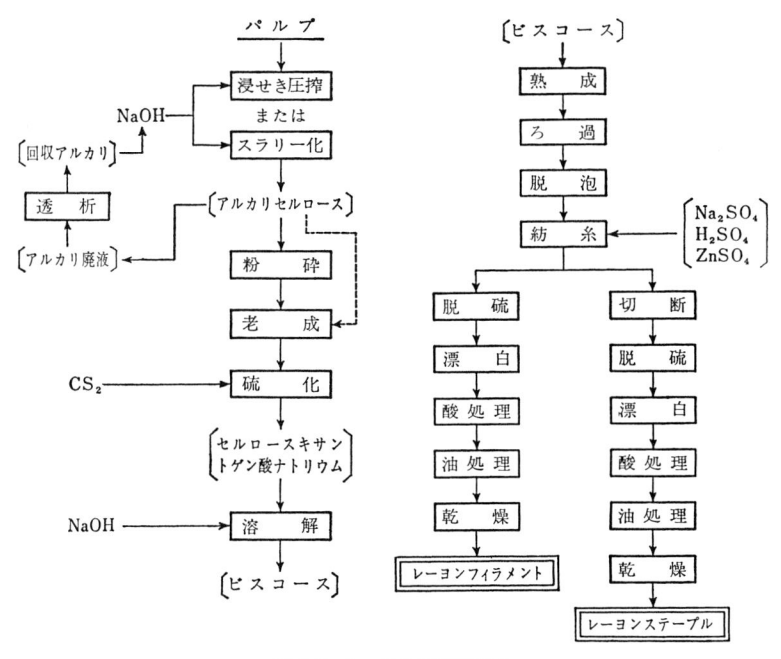

図5.5 レーヨン製造工程図

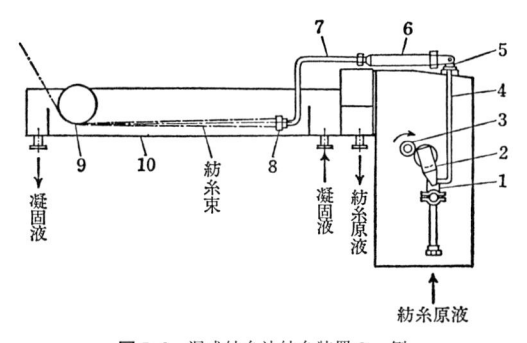

図5.6 湿式紡糸法紡糸装置の一例
1：ポンプ結合部，2：紡糸ポンプ，3：主導軸，4：紡糸管，
5：キャンドルフィルター結合部，6：キャンドルフィルター，
7：紡糸曲線，8：紡糸口金，9：ガイドロール，10：紡糸浴

紡糸口金（ノズル）は，内側がアルカリ性，外側が強酸性のため，金-白金合金，白金-ロジウム合金などが使われる．

凝固浴としては，硫酸，硫酸ナトリウム，硫酸亜鉛を含む浴が代表的である．この際

起こる反応は，硫酸によるキサントゲン酸塩からセルロースの再生反応のほか，硫酸ナトリウム，硫酸亜鉛によってセルロースキサントゲン酸ナトリウムがコロイド化学的に

$$2S=C\langle^{O-Cell}_{SNa} + H_2SO_4 \longrightarrow Cell-OH + Na_2SO_3 + CS_2$$
再生セルロース

ナトリウム塩のまま，また硫酸亜鉛の存在するときは亜鉛塩として沈殿，凝固する反応も起こる．

繊維表面の再生反応は最初の数秒間に終わるが，繊維内部の再生反応は数時間にわたって続くといわれる．したがってこの間の糸の方向に緊張を与え，セルロース分子を繊維軸方向に配列させて結晶度，配向度を助長させ，糸に強度を与える．完全に再生していない繊維を熱湯中につけて緊張をかければ強度はさらに増大する．紡糸された糸は巻取り機によって巻き取られる．

初期のタイヤコード用レーヨンは高い硫酸亜鉛濃度の浴を用いることによって，普通のレーヨンよりもスキンを厚くしたものであった．今日では低酸，高亜鉛の第1浴にアミンなどの抑制剤を加えて，キサントゲン酸亜鉛を凝固させ，セルロースの再生はできるだけ抑制させて膨潤性の少ない繊維を形成させ，第2浴でゆっくり延伸再生を行って得られるオールスキン糸が，高強力タイヤコードレーヨンとして市販されている．

各種レーヨンの性質

普通レーヨン糸は吸湿性で各種染料でよく染まるが，シワになりやすい．また，湿潤強度が弱く，繰り返し洗濯による縮みが大きく，織物の寸法安定性が悪いなど欠点が多い．

強力レーヨンは強度は高いが，伸度が高く，ヤング率が低く，柔軟性に富んでいる．しかしやはり寸法安定性はよくない．アルカリ性抵抗も低い．

これに対してポリノジック繊維は高強力であるが，伸度が低く，ヤング率が著しく高く，木綿に近い特徴をもっている．湿潤ヤング率もかなり良好である．マーセル化も可能である．屈曲，磨耗強度が比較的低いのが欠点である．

5.3.2 キュプラ (cuprammonium rayon, cupra)

キュプラはビスコース法より歴史は古い．1856年，すでにシュバイツァーによってセルロースが酸化銅アンモニア溶液（シュバイツァー試薬）中に溶解することが発見され，1890年には特許が得られ，やがて工業化されたが，今日の方法が確立したのはドイツのベンベルグ社が1918年に緊張紡糸法で細くて強い糸をつくり出したときである．キュプラがベンベルグと呼ばれるのはこの社名によるものである．

木綿リンターまたはα-セルロースを多く含むパルプの酸化銅アンモニア溶液を，細

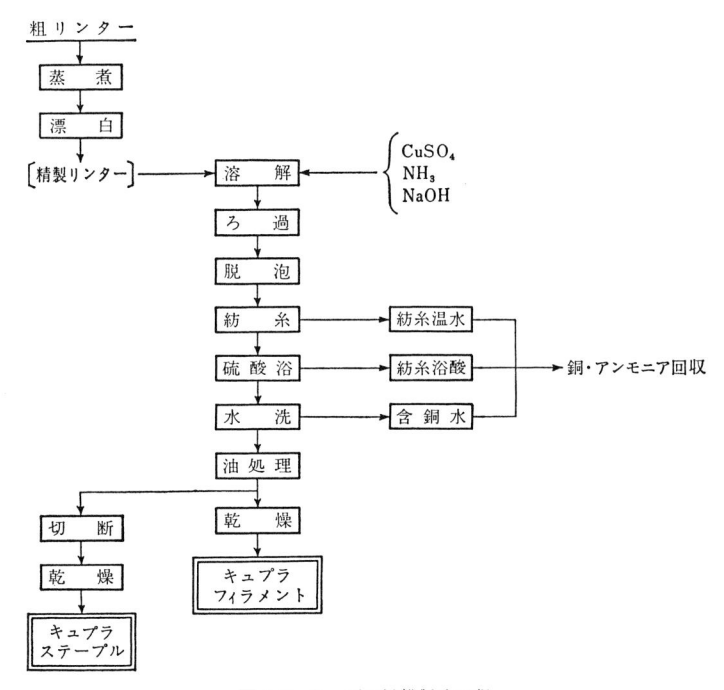

```
粗リンター
    ↓
  [蒸 煮]
    ↓
  [漂 白]
    ↓
[精製リンター] → [溶 解] ← CuSO₄, NH₃, NaOH
                  ↓
                [ろ 過]
                  ↓
                [脱 泡]
                  ↓
                [紡 糸] → [紡糸温水]
                  ↓
               [硫酸浴] → [紡糸浴酸] → 銅・アンモニア回収
                  ↓
                [水 洗] → [含銅水]
                  ↓
               [油処理]
                  ↓         ↓
              [切 断]    [乾 燥]
                ↓           ↓
              [乾 燥]   キュプラ
                ↓      フィラメント
            キュプラ
            ステープル
```

図 5.7 キュプラ繊維製造工程

孔から水流を利用して押し出すことによる緊張紡糸法によって繊細な再生セルロース繊維，キュプラが得られる．その製造工程を図 5.7 に示す．

パルプに 25% アンモニア水を加え，かきまぜたのち，塩基性硫酸銅，亜硫酸ナトリウム（酸化防止剤）を加え，よくかきまぜて溶解後，カセイソーダ液を加える．

このセルロースの酸化銅アンモニア溶液に水，希カセイソーダ，希アンモニア水を加えて，銅，アンモニア，セルロースの濃度を低下させる．紡糸液はセルロース 8〜10%，アンモニア 10%，銅 4% 位が適当である．

紡糸の際，第 1 紡糸浴でアンモニアの 90%，銅の 40% が溶出する．そして糸の心部はまだ凝固しているとはいえない．そこで第 2 浴として 5% 前後の硫酸浴中を走らせる．

キュプラの断面はほぼ円形でスキン層が存在しない．このため樹脂加工がしやすい．ビスコースレーヨンよりも細い糸が製造できる．優れた風合いと天然絹糸に近い光沢があり，染色も美しくできる．湿潤強度が大きく，摩擦に強い．繰り返し洗濯に耐える．酸に弱い．最近，人工腎臓用透析膜（中空繊維）としても広く利用される．

5.4 半合成繊維

5.4.1 アセテート (2½アセテート)

精製リンターまたはアセテート用の α-セルロースを多く含むパルプを，無水酢酸で酢酸化してトリアセチルセルロース（一次アセチルセルロース）にしたのち，加水熟成によってアセトン可溶性の二次アセチルセルロースにする．アセトン溶液から乾式紡糸によってアセテート繊維が得られる．製造工程を図5.8に示す．

この際の化学変化を化学式で示すと次の通りである．

[セルロース構造式]
セルロース
↓ $(CH_3CO)_2O$, H_2SO_4
一次アセチルセルロース（トリアセテート）
↓ 加水熟成
二次アセチルセルロース ($Ac=COCH_3$)

二次アセチルセルロースの酢酸含有率は 52～58% であり，トリ (62.5%) とジ (48.8%) の中間で約 2.5 アセテート（1個のピラノース環がもつ3個の水酸基のうち，置換されたものの数が 2.5 前後）に相当するので 2½アセテートといわれることがある．

部分ケン化は酢酸基の位置に無関係でほとんど非選択的に起こる．

a. 二次アセチルセルロースの製造

精製リンターは綿状のまま，アセテート用パルプ（α-セルロース含有量 96% 以上）の場合は粉砕機で粉砕して綿状にしたのち，乾燥し，水分 5% 程度にし，前処理にかける．前処理は酢酸を加えて均一に湿らせるものである．前処理によってアセチル化が均

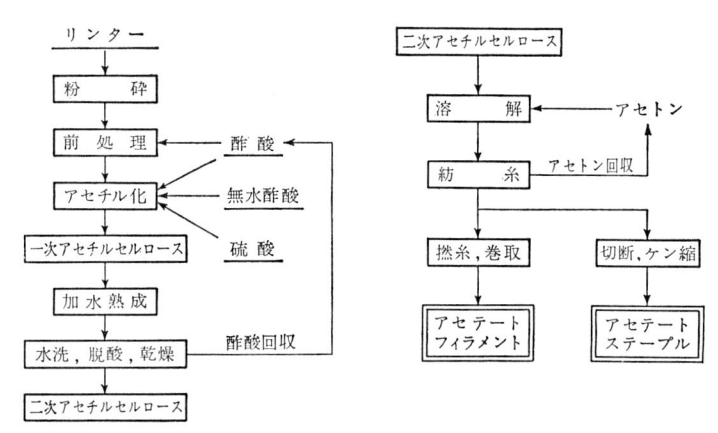

図 5.8 アセテート製造工程

一に起こりやすくなる.

次に希釈剤として，酢酸，触媒として硫酸を用い，無水酢酸でアセチル化を行う．酢酸，無水酢酸を酢化槽に入れ 5°C に冷却し，徐々にセルロースを加えたのち，硫酸を加えていく．このあと水を加え，未反応の無水酢酸を分解してから，熟成槽へ移す．

加水熟成とは過剰の水を加えることによって，セルロースに結合している酢酸基の一部を加水分解させて二次アセチルセルロースにする工程である．一次アセチルセルロース中には硫酸が結合した硫酸エステルが少し含まれているが，このエステルも熟成によって分解してしまう．

熟成が終わると熟成浴に水を加えるか，あるいは水中に熟成浴を入れて酢酸セルロースを沈殿させる．炭酸塩水中で沈殿させることもある．沈殿をろ過し水洗する．洗浄水中の酢酸含量が 1% 以下になれば，微量（例えば 0.02%）の硫酸を含む水中で 2 時間くらい煮沸する．これはなお熟成操作後も残っている結合硫酸を除去することによって安定化を図るものである．

熱風乾燥機を用いて 100°C 以下で乾燥し，水分を 1.5% としたのち，

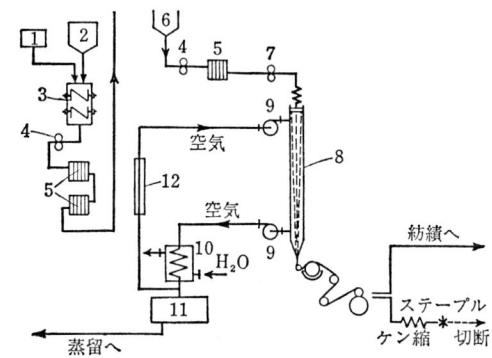

図 5.9 乾式紡糸装置
1：溶剤タンク，2：ポリマータンク，3：溶解槽，4：ろ過ポンプ，5：フィルタープレス，6：脱泡槽，7：紡糸ポンプ，8：紡糸筒，9：ベンチレーター，10：溶剤凝縮器，11：回収溶剤タンク，12：循環空気加熱器

製品を一定にするため混合する．二次アセチルセルロースはフレーク状である．

b. 紡　糸

一次アセチルセルロースフレークをアセトンに50℃で溶解し，20～25%濃度の溶液を得る．これをドープという．ここでドープをフィルタープレスで3～4回ろ過し，つや消しのときは二酸化チタンを加え紡糸装置に送る．工業的には乾式紡糸が行われる（図5.9）．ドープは紡糸筒内に噴出する．紡糸筒中は熱風を通しアセトンを蒸発させる．アセトンを蒸発し凝固した糸は油処理装置をへて撚糸されてから巻き取り，アセテートフィラメント（長繊維）になる．凝固した糸を切断しケン縮を与え，アセテートステープル（短繊維）にする場合もある．

アセテートは適度の吸湿性，保温性，弾力性を有し，シワになりにくい．強度がやや弱く，摩擦に弱いのが欠点，染色はやや困難．柔らかく絹のような風合いをもち，繊維は熱可塑性である．

衣料分野以外にタバコフィルター，逆浸透膜，限外ろ過膜としても利用される．

5.4.2　トリアセテート

一次アセチルセルロース，トリアセテートは工業的溶剤に不溶なため，これからの人造繊維の工業は最近まで行われなかったが，石油化学の発達によって塩化メチレンが工業的に生産され始めたため，はじめて実用化されるに至った．

製造の注意としては，一次アセチルセルロース中の硫酸エステルが熱に不安定であるので，紡糸前にこれを分解することが必要なことである．

このため非溶媒（例えば，酢酸エステルと氷酢酸の溶液）中で一次アセチルセルロースを加熱する．

紡糸は塩化メチレン-メタノールの90/10の混合溶剤を用いる．原液濃度は通常18～20%である．

トリアセテートはアセテートよりもいっそう疎水性で熱可塑性に富み，より合成繊維に近い半合成繊維である．加熱抵抗性は木綿より優れている．染色性はやや悪い．

5.5　合成繊維

5.5.1　合成繊維の種類

現在工業化されている主な合成繊維を分子構造によって分類すると表5.3のようになる．

これらの合成繊維を重合機構からみると，ポリアミド系の大部分とポリエステル系は重縮合で得られるが，ポリカプラミド（ナイロン-6）はε-カプロラクタムの重合によ

表 5.3　合成繊維の分類

分　類	分　子　構　造
ポリアミド系 （ナイロン）	ポリヘキサメチレンアジパミド ポリカプラミド ポリウンデカナミド
ポリエステル系	ポリエチレンテレフタレート
アクリル系	ポリアクリロニトリル｛単独重合物／共重合物
ポリビニルアルコール系 （ビニロン）	ポリビニルアルコール
含ハロゲン系	ポリ塩化ビニル｛単独重合物／共重合物／後塩素化物 ポリ塩化ビニリデン共重合物 ポリテトラフルオロエチレン
ポリオレフィン系	ポリエチレン ポリプロピレン
ポリウレタン系	ポリウレタン

表 5.4　わが国の合成繊維の生産量（2001年，単位千トン）

ポリエステル	628
アクリル	369
ナイロン	171
ポリプロピレン	117
ビニロン	42

日本化学繊維協会調べ．

って得られる．アクリル系，含ハロゲン系，ポリオレフィン系は，相当するビニル化合物の付加重合によって得られる．ビニロンは酢酸ビニルの付加重合物をケン化して得たポリビニルアルコールを紡糸したものである．ポリウレタン系繊維は，ジオールとジイソシアナートの重付加によって得られる．

各種の合成繊維のうち，ナイロン系，アクリル系，ポリエステル系の3種は三大合成繊維と呼ばれ，現在生産されている全合成繊維の大部分はこの三者によって占められている（約92%，表5.4）．

5.5.2　合成繊維の製造工程

製造工程を大別するとポリマーの製造，紡糸，延伸，後処理の4工程からなる．

a. ポリマーの製造（重合）

繊維形成能をもつポリマーは，高分子量の鎖状ポリマーで，分子間力が大きく，いわゆる結晶性ポリマーである．相当するモノマーの付加重合，重縮合，開環重合，重付加によってつくられる．

図 5.10　延伸によるポリマー分子の配向

b. 紡　　糸

基材ポリマーの溶融物または溶液を紡糸口金の細孔から押し出し，凝固させる．

c. 延　　伸

紡糸したままの繊維は，強度や弾性に乏しく実用的ではない．回転速度の異なる二つのローラーの間で数倍に引き伸ばすと，ポリマー分子が伸長方向に配向するため，結晶度が増大して実用的な物性が現れる（図 5.10）．冷延伸と熱延伸とがある．

d. 後　処　理

後処理はそれぞれの繊維によって，あるいは使用目的によって異なる．安定性や耐溶剤性を増大させるための熱処理，帯電防止のための油剤処理などが行われる．

5.5.3　合成繊維各論

a. ポリアミド系合成繊維

アミド結合（-CONH-）を有するポリマーを紡糸した合成繊維で，ナイロンと呼ばれる．ナイロンの名称は，当初デュポン社のポリアミドにつけられた商品名であったが，現在ではアミド基を有する合成鎖状高分子化合物の一般名となっている．

ポリアミドは，(a) 二塩基酸とジアミンとの重縮合，(b) ω-アミノ酸の重縮合あるいはラクタムの開環重合によって得られる．(a)の方法で生成したナイロンはジアミン，二塩基酸の炭素数を，(b)の方法でのナイロンはアミノ酸またはラクタムの炭素数をつけて呼ぶ．

(a)　$n\ \text{HOOCRCOOH}$（二塩基酸）$+\ n\ \text{H}_2\text{NR}'\text{NH}_2$（ジアミン）$\longrightarrow$ $\cdots\!-\!(\text{OCRCONHR}'\text{NH})_n\!-\!\cdots\ +\ (2n-1)\text{H}_2\text{O}$

(b)　$n\ \text{H}_2\text{NRCOOH}$（$\omega$-アミノ酸）$\longrightarrow$ $\cdots\!-\!(\text{HNRCO})_n\!-\!\cdots\ +\ (n-1)\text{H}_2\text{O}$

$n\ (\text{CH}_2)_x\!\!\begin{array}{c}\text{CO}\\|\\\text{NH}\end{array}$（ラクタム）$\longrightarrow$ $\cdots\!-\!(\text{NH}(\text{CH}_2)_x\text{CO})_n\!-\!\cdots$

例えば，ヘキサメチレンジアミンとアジピン酸からのポリアミド繊維はナイロン-66，ε-カプロラクタムからのものはナイロン-6である．

1) ナイロン-66　　アジピン酸とヘキサメチレンジアミンから得られる繊維で，

1938年デュポン社のカロザース（W. H. Carothers）によって発明された．現在生産されている全ポリアミド系繊維のうち約70%はナイロン-66である．

　ⅰ）原料の合成　　アジピン酸はシクロヘキサンの空気酸化によって得られるシクロヘキサノンとシクロヘキサノールの混合物を硝酸で酸化して合成される．ヘキサメチレンジアミンはアジポニトリルの接触還元によってつくられる．アジポニトリルの合成法にはアジピン酸法，ブタジエン法，アクリロニトリル法などがある（基礎有機工業化学9.1.3参照）．

　ⅱ）重合　　ジアミンと二塩基酸からポリアミドを合成するとき，一方の成分がわずかでも過剰に存在すると，縮合がある程度進行した段階では分子の末端はすべて同種の官能基からなり，反応はそれ以上進行しなくなる．したがって高分子量のポリマーを得るには，高純度の両成分を正確に等モル数だけ反応させなければならない．幸いヘキサメチレンジアミンとアジピン酸は 1：1 のナイロン塩をつくるので，塩の形にして重合させる．

$$H_2N(CH_2)_6NH_2 + HOOC(CH_2)_4COOH \rightleftharpoons [H_3\overset{+}{N}(CH_2)_6\overset{+}{N}H_3 \cdot \overset{-}{O}OC(CH_2)_4CO\overset{-}{O}]$$
ナイロン塩

重合法にはナイロン塩をそのまま加熱溶融する方法，有機溶媒中に溶かして加熱する方法もあるが，工業的には60～80%の水溶液として重合させる．

$$n\,[H_3\overset{+}{N}(CH_2)_6\overset{+}{N}H_3 \cdot \overset{-}{O}OC(CH_2)_4CO\overset{-}{O}] \rightleftharpoons$$
$$\cdots-(\!-NH(CH_2)_6NHCO(CH_2)_4CO-\!)_n-\cdots + (2n-1)H_2O$$

　縮合反応は可逆反応であるので，添加した水，生成する水を系外に放出しながら反応を進める．またジアミンやポリアミドは高温で酸化されやすいので反応系中の空気は窒素で置換する．

　重合は一般にバッチ式加圧法によって行われる．フローシートを図5.11に示す．ナイロン塩水溶液を反応釜に入れ，空気を窒素で置換したのち，220～230℃に加熱すると圧力が上昇するので，水を抜きながら 17 kg/cm² 程度の圧力に保つ．水の留出とともに圧力が下がるので温度を上昇させ270～280℃になったら徐々に圧力を下げて常圧に戻し，必要に応じて常圧または減圧下に加熱を続けて反応を完結させる．なお，重合度調節剤として両成分のうち一方を過剰に，あるいはラウリン酸のような一塩基酸を少量添加しておく．このようにすると，反応終了後のポリマーの全

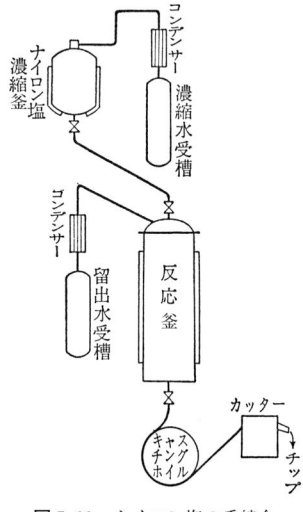

図5.11 ナイロン塩の重縮合

末端がすべて同種の官能基になり，以後の操作中に，さらに縮合が進行して品質が不均一になることが妨げられる．反応が終了したら窒素圧でリボン状に押し出し，キャスチングホイルに巻き付け，注水して冷却し，チップ状に切断する．

　iii) **紡糸**　紡糸はもっぱら溶融紡糸法によって行われる．紡糸装置の略図を図5.12に示す．十分乾燥したチップをポッパーに入れ，密閉して窒素ガスで置換する．コックをへて落下したチップは溶融格子上で加熱溶融されて液体となりギヤーポンプに送られる．ポンプから一定量ずつ送られる溶融体は，ろ過器を通って紡糸口金（ノズル）から糸状に押し出され，冷却されて固化し，給湿塔で一定水分を吸収し，油剤処理されたのち，ボビンに巻き取られる．巻き取られた糸は室温で延伸され，ついで熱処理にかけられる．

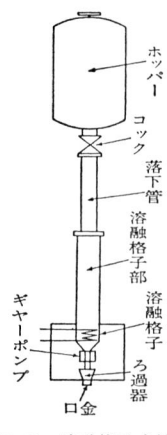

図5.12　溶融格子式紡糸装置

　2) **ナイロン-6**　ε-カプロラクタムの開環重合によって得られる．

　i) **原料の合成**　ε-カプロラクタムは一般にシクロヘキサノンオキシムのベックマン転位によってつくられる．

　その他，光ニトロソ化法，スニヤ法（Snia Viscosa 社）などの合成法がある．

　ii) **重合**　無水のε-カプロラクタムは200℃以上で長時間加熱しても全く重合しないが，少量の水，アミノ酸，ナイロン塩などが共存するとよく重合する．工業的には水による重合が採用される．水の量が少ないときには末端付加によって重合するが，水の量が多いときには分子間縮合による重合も同時に起こるものと考えられる．

　いずれにしても可逆反応のために，反応が完結したあとでもいくらかのモノマーおよび環状オリゴマーが残っている．上記の溶融重合では重合度は段階的に増大し，反応の完結（目的の重合度に達するまで）にはかなりの時間を要する．これに対して無水のε-カプロラクタムに少量のアルカリ金属（ナトリウム，カリウムなど）とアセチルラクタム（助触媒として働く）を加え，150℃前後に加熱すると数分～数十分で高重合体が得られる．重合速度や重合度の調節が困難であるが注型成型に利用できる．

　溶融重合にはナイロン-66と同じくバッチ式加圧法も適用できるが，連続式常圧重合法による場合が多い．重合装置の略図を図5.13に示す．

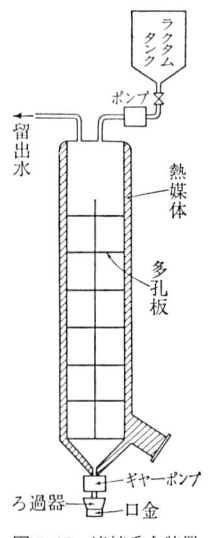

図5.13　連続重合装置

外部から加熱して240～270℃に保った重合筒の頭部から，80

5.5 合成繊維

石油留分

光ニトロソ化法

$$\text{cyclohexane} + NOCl \xrightarrow{\text{紫外線}} (\text{NO-cyclohexane} + HCl) \longrightarrow \text{NOH·HCl} \xrightarrow{(H_2SO_4)}$$

スニヤ法

(ニトロシル硫酸(NOHSO_4))
(H_2SO_4)

$$\overline{HN-(CH_2)_5-CO} + H_2O \rightleftharpoons H_2N(CH_2)_5COOH \atop [I]$$

末端付加

$$\overline{HN-(CH_2)_5-C=O} \; H_2N(CH_2)_5COOH \rightleftharpoons H_2N(CH_2)_5CONH(CH_2)_5COOH \atop \qquad\qquad\qquad [I] \qquad\qquad\qquad\qquad [II]$$

$$\overline{HN-(CH_2)_5-C=O} + [II] \rightleftharpoons H_2N(CH_2)_5CONH(CH_2)_5CONH(CH_2)_5COOH$$

分子間縮合

$$2[I] \rightleftharpoons H_2N(CH_2)_5CONH(CH_2)_5COOH + H_2O \atop\qquad\qquad\qquad [II]$$

$$[II]+[I] \rightleftharpoons H_2N(CH_2)_5CONH(CH_2)_5CONH(CH_2)_5COOH + H_2O$$

～90%のラクタム水溶液を落とす．このなかに，少量の酢酸（重合度調節剤）を加えておくこともある．多数の多孔板を備えた筒中を落下する間に重合平衡に達し，ポリマーは塔底にたまる．筒中は常圧水蒸気で満たされているため，ラクタムおよびポリマーの酸化分解は防がれる．塔底のポリマーはギヤーポンプによって口金から水中にリボン状に押し出され，冷却されたのちペレットにされる．ペレットは抽出塔に送られ，熱水で残存モノマーおよびオリゴマーが除かれたのち乾燥される．

ⅲ）紡　糸　　ナイロン-66と同じく溶融格子法によって紡糸されるが，重合装置に紡糸口金を直結して連続して紡糸することもできる．後処理はナイロン-66と同じようにして行う．

3）性質，用途　　ポリアミドは水素結合による分子間力が大きく，繊維として優れた性質をもっている．強度が大きく耐磨耗性，弾性が優れている．耐薬品性，染色性がよく，他の繊維との混用も容易である．

ナイロン-66 (mp～270℃)　　　ナイロン-6 (mp 223～228℃)

耐光性にやや劣り，着色，ぜい化を起こしやすい．ナイロン-66と-6との性質はよく似ているが，融点の違いのほか前者の方が伸び，弾性回復率，耐薬品性にやや優れている．

　衣料生地，靴下，レインコート，傘のほか，耐磨耗性，耐疲労性などの優れた特性を生かし，ろ布，タイヤコード，テント，漁網，カーペット，ロープなど広い用途がある．エンジニアリングプラスチックとしても有用である．

4）芳香族ポリアミド　　ナイロン-6，-66の特性である低ヤング率を改良した新しいポリアミドとして，ジアミン成分，ジカルボン酸成分がともに芳香族からなるポリアミドは，アラミド（Aramide）と呼ばれる．融点が高く，加熱重縮合は適用できないので界面重縮合や溶液重縮合によってつくられる場合が多い．

$$H_2N-\text{（m-C}_6H_4\text{）}-NH_2 + ClOC-\text{（m-C}_6H_4\text{）}-COCl \longrightarrow \cdots[-HN-\text{（m-C}_6H_4\text{）}-NHOC-\text{（m-C}_6H_4\text{）}-CO-]\cdots$$

Nomex（デュポン社）mp～400℃

$$H_2N-\text{（p-C}_6H_4\text{）}-NH_2 + ClOC-\text{（p-C}_6H_4\text{）}-COCl \longrightarrow$$

$$\cdots[-HN-\text{（p-C}_6H_4\text{）}-NHOC-\text{（p-C}_6H_4\text{）}-CO-]\cdots$$

Kevlar（デュポン社）mp～500℃

ポリ-m-フェニレンイソフタルアミドおよびポリ-p-フェニレンフタルアミドで，いずれも耐熱性，難燃性に優れた高強度・高弾性繊維である．Nomex の短繊維を抄紙したものは電気絶縁紙として特有の用途がある．Kevlar は硫酸中で液晶をつくる．液晶溶液から紡糸された繊維はのびきり状態にあり分子の配向性がよいためきわめて大きな強度，ヤング率を示す．ゴム，プラスチック用の耐熱性補強材として，またロープ，ケーブル，タイヤコードなどの産業用資材，耐熱資材として用いられる．

b．ポリエステル系合成繊維

グリコールと二塩基酸の重縮合あるいはヒドロキシカルボン酸の重縮合によって得られるポリエステルを紡糸した繊維である．エステル結合による繰返し単位をもつ．

$$n\text{HOROH} + n\text{HOOCR'COOH} \longrightarrow \cdots\text{-(OROC R'C)}_n\text{-}\cdots + (2n-1)\text{H}_2\text{O}$$

$$n\text{HORCOOH} \longrightarrow \cdots\text{-(ORC)}_n\text{-}\cdots + (n-1)\text{H}_2\text{O}$$

ポリエステル系繊維のなかで，代表的なものはポリエチレンテレフタレート繊維（テレリン，ダクロン，テトロン）である．

1）ポリエチレンテレフタレート繊維　1953年，イギリスの I. C. I 社によって工業化され，急速の発展をみた．主成分はテレフタル酸とエチレングリコールである．

ⅰ）**原料の合成**　テレフタル酸はp-キシレンの酸化，ヘンケル法，ベルクベルクスフェルバント法によって合成される．

ヘンケル法

$$\text{CH}_3\text{-C}_6\text{H}_5 \xrightarrow{\text{酸化}} \text{C}_6\text{H}_5\text{COOH} \longrightarrow \text{C}_6\text{H}_5\text{COOK} \quad 2\,\text{C}_6\text{H}_5\text{COOK} \xrightarrow[\text{加熱}]{\text{CO}_2\text{中}} p\text{-}\text{C}_6\text{H}_4(\text{COOK})_2 + \text{C}_6\text{H}_6$$

$$\text{ナフタレン} \xrightarrow{\text{酸化}} o\text{-}\text{C}_6\text{H}_4(\text{COOH})_2 \longrightarrow o\text{-}\text{C}_6\text{H}_4(\text{COOK})_2 \xrightarrow[\text{加熱}]{\text{CO}_2\text{中}} p\text{-}\text{C}_6\text{H}_4(\text{COOK})_2$$

ベルクベルクスフェルバント法

$$\text{CH}_3\text{-C}_6\text{H}_5 \xrightarrow{\text{CH}_2\text{O}+\text{HCl}} p\text{-}\text{CH}_3\text{-C}_6\text{H}_4\text{-CH}_2\text{Cl} \xrightarrow{\text{硝酸酸化}} p\text{-}\text{C}_6\text{H}_4(\text{COOH})_2$$

ⅱ) 重 合

　ジメチルテレフタレート法：　繊維形成能のある高純度のポリマーを得るためには，原料を十分に精製することが必要である．しかしテレフタル酸は精製が困難であり，これまではいったんジメチルテレフタレートに変えて精製し，エステル交換反応によってエチレングリコールと反応させ，ついで重合させる方法が行われてきた．ポリエステルの工業化当初から行われている方法である．古典的ではあるが最も基本的なポリエステルの製造法である．

$$n\,\text{CH}_3\text{OOC-C}_6\text{H}_4\text{-COOCH}_3 + (n+1)\,\text{HOCH}_2\text{CH}_2\text{OH} \rightleftarrows$$

$$\text{HO-(CH}_2\text{CH}_2\text{OOC-C}_6\text{H}_4\text{-COO)}_n\text{-CH}_2\text{CH}_2\text{OH} + 2n\,\text{CH}_3\text{OH}$$

$$n=1\sim 4\,(\text{BHT})$$

$$m\,\text{HO-(CH}_2\text{CH}_2\text{OOC-C}_6\text{H}_4\text{-COO)}_n\text{CH}_2\text{CH}_2\text{OH} \rightleftarrows$$

$$\text{HO-(CH}_2\text{CH}_2\text{OOC-C}_6\text{H}_4\text{-COO)}_{mn}\text{-CH}_2\text{CH}_2\text{OH} + (m-1)\,\text{HOCH}_2\text{CH}_2\text{OH}$$

$$mn=100\sim 200\quad(\text{mp }265\sim 270\text{℃})$$

脱メタノール反応と脱グリコール反応の2段階に分けて行われることが多い．バッチ

式重合装置を図5.14に示す．

第1エステル交換釜で，ジメチルテレフタレートとエチレングリコールの混合物を，触媒（酢酸コバルト，酢酸カルシウムなど）存在下に230℃近くまで加熱してBHT［ビス(β-ヒドロキシエチル)テレフタレートおよびその低縮合物］を得る．ついでこのBHTを第2エステル交換釜に移し，三酸化アンチモン，酢酸アンチモンなどを触媒として高真空下で300℃近くまで加熱を続けポリエステルにする．

直接重合法：　テレフタル酸の合成技術，精製技術の改良によって高純度のテレフタル酸の工業的製造が可能になり，コスト的にも有利なので，テレフタル酸とエチレングリコールとの直接反応によってBHTをつくる方法が多く採用されている．

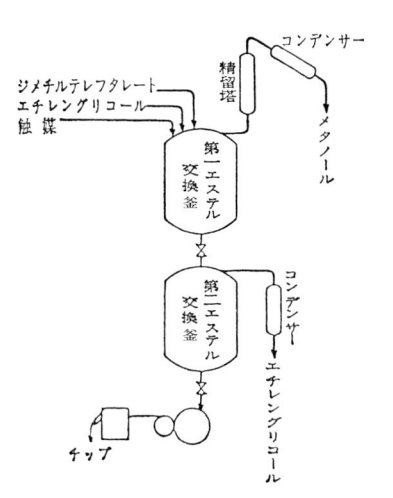

図5.14　バッチ式重合装置略図

$$n\ HOOC-\!\!\!\!\bigcirc\!\!\!\!-COOH + (n+1)HOCH_2CH_2OH \rightleftarrows$$

$$HO+\!CH_2CH_2OOC-\!\!\!\!\bigcirc\!\!\!\!-COO+_n\!CH_2CH_2OH + 2n\ H_2O$$

得られたBETはジメチルテレフタレート法に準じてポリエステルにされる．

連続重合法：　従来のバッチ式に代わって，テレフタル酸とエチレングリコールから連続してポリエステルを製造する方法も一部では実施されている．

ⅲ）紡　糸　　紡糸はもっぱら溶融紡糸によって行われる．方法はナイロンの場合とほぼ同じである．

2）性質，用途　　ナイロン，アクリルを抜いて合成繊維の主力の座を占めている．強度が大きく，耐屈曲性，耐磨耗性に優れている．シワになりにくく，熱処理によってつけた折れ目はとれにくい．

また，吸水性が小さいので乾燥しやすく，ウオッシュアンドウェア（wash and wear）の性質を有する．染色性，耐ピリング性（ピリングとは布の表面にけば立った繊維がもつれて固まって玉状になること）に劣るが，これを改良するため三成分共縮合が行われている．

衣料生地，カーテン，フトン綿，洋傘地のほか，ベルト，ロープ，ろ布，タイヤコード，漁網，カーシートなどの工業用品としても使用される．

3) 改良ポリエステル繊維，新規ポリエステル繊維　　ポリエステル繊維の染色性，耐ピリング性の改良のため，改質ポリエステル繊維，新規ポリエステル繊維の開発研究が行われている．

染色性を改善するために三成分共縮合が行われ，第3成分としてイソフタル酸スルホン酸を含む繊維はカチオン染料可染型になり，ポリエチレングリコール，イソフタル酸，アジピン酸などを共重合して繊維構造をゆるめたものは100℃で染色可能になる（常圧可染型ポリエステル）．

イソフタル酸スルホン酸

三角断面などの異形断面のポリエステルフィラメントを製織したのち，アルカリ処理によって繊維表面層を溶解除去したものは絹に似た光沢，風合いを示す（シルクライク繊維）．

衣料用に生産されているフィラメント糸は30～150デニールの太さであるが，1デニール以下の繊維も工業的に製造できるようになった．1.0デニール以下の繊維を極細繊維といい，0.05～1.0デニールの極細繊維を使うとシルクライクの編織物，またスエード調の人工皮革もできる．

c. アクリル系繊維

ポリアクリロニトリルを主成分とする繊維である．1948年にはじめて工業化された．

$$CH_2=CH \longrightarrow \cdots CH_2-CH-CH_2-CH-CH_2-CH-CH_2-CH-\cdots$$
$$|||||$$
$$CNCNCNCNCN$$

モノマーの合成，重合については6.3.2で述べる．

ポリアクリロニトリルは分子間相互作用が大きく，繊維形成能は優れているが，ピリングが起こりやすい．また熱可塑性に乏しく，染色されにくいため，他の成分（アクリル酸メチル，酢酸ビニル，酸性または塩基性モノマー）との共重合体として繊維に用いる．

ポリアクリロニトリルおよびアクリロニトリル共重合体（アクリロニトリル成分85％以上）ではCN基の分子間結合が存在するために非極性溶媒には溶解しないが，極性有機溶媒（ジメチルホルムアミド，ジメチルアセトアミド，γ-ブチロラクトンなど），無機塩水溶液（塩化亜鉛水溶液），有機塩水溶液（ロダン塩濃厚溶液），無機酸（硝酸，硫酸）などに溶解する．紡糸は湿式紡糸か乾式紡糸によって行われる．

アクリル繊維は染色性による分類も行われている．すなわち，① カチオン染料で染色されるものと，② 酸性染料で染色されるものである．① に属するものは強酸性染着座席であるスルホン酸基（$-SO_3Na$），スルホン酸エステル（$-OSO_3Na$）を分子中に含有している．染色物は鮮明で堅ろうである．② に属するものは，ビニルピリジンのよ

うな塩基性窒素を含むモノマーの共重合体である．最近の傾向として塩基性染着座席を有するものは次第に黄変してくる欠点があるためほとんど使用されていない．

アクリル繊維はステープルとして生産されている．しかも，かさ高（ハイバルキー）加工がきわめて有効に行われるので，メリヤス製品として適している．

アクリロニトリルを主成分とする重合体と，アクリロニトリルとスチレンスルホン酸の共重合体を，別々の孔から紡糸し口金を出た直後にくっつけると，羊毛と類似の複合構造をもち，乾燥の際の二成分間の熱収縮の違いによる永久可逆ケン縮性の繊維〔コンジュゲート（conjugate）繊維〕ができる．

アクリル繊維は比重が小さく（約 1.2），保温性や感触に優れている．軟化点が高く，耐光性，耐薬品性も大きい．用途としては服地，セーター，下着類などの衣料用のほか，カーペット，カーテン，毛布，フトン綿などに使用される．

d. ビニロン

ポリビニルアルコールを成分とする合成繊維で，わが国で開発された繊維である．
ポリビニルアルコールはポリ酢酸ビニルのケン化によって得られる．

$$CH_2=CH\text{—OOCCH}_3 \longrightarrow \cdots\text{—CH}_2\text{—CH(OOCCH}_3)\text{—CH}_2\text{—CH(OOCCH}_3)\text{—CH}_2\text{—CH(OOCCH}_3)\text{—CH}_2\text{—CH(OOCCH}_3)\cdots$$

$$\xrightarrow{\text{ケン化}} \cdots\text{—CH}_2\text{—CH(OH)—CH}_2\text{—CH(OH)—CH}_2\text{—CH(OH)—CH}_2\text{—CH(OH)}\cdots \text{（ポリビニルアルコール）}$$

$$\longrightarrow \boxed{\text{紡 糸}} \longrightarrow \boxed{\text{熱 延 伸}} \longrightarrow \boxed{\text{熱 処 理}}$$

$$\xrightarrow[\text{CH}_2\text{O} (\text{H}_2\text{SO}_4)]{\text{ホルマール化}} \cdots\text{—CH}_2\text{—CH(OH)—CH}_2\text{—CH(O)—CH}_2\text{—CH(O)—CH}_2\text{—CH(OH)}\cdots$$
（O—CH$_2$—O が架橋）

ケン化はメタノール溶液中，水酸化ナトリウムを触媒として行う．この場合のケン化は水溶液中の場合と異なり，主としてエステル交換反応によって進行し速度が大きい．

$$\cdots\text{—CH}_2\text{—CH(OOCCH}_3)\text{—}\cdots + CH_3OH \xrightarrow{(\text{NaOH})} \cdots\text{—CH}_2\text{—CH(OH)—}\cdots + CH_3COOCH_3$$

紡糸はポリビニルアルコールの水溶液を口金から押し出し，硫酸ナトリウムの飽和水溶液中で凝固させる湿式法，空気中で乾燥させる乾式法によって行う．湿式法は凝固速度が遅いので浴の長さをかなり長くする．

熱延伸（220℃），熱処理（220～230℃）によって強度ならびに耐水性が増大するが，さらに耐熱水性を向上させるためにアセタール化を行う．アセタール化剤には，硫酸を

触媒としてホルムアルデヒドが使用される（ホルマール化）．
　反応は繊維中の非結晶領域のみに起こるので，強度を低下させることなく耐水性を増大させることができる．
　湿式法はステープル，乾式法はフィラメント製造に採用される．
　ポリマー分子間には水酸基の強い水素結合が働いているので，繊維は強度，耐摩耗性が大きく，耐久力に優れている．耐光性，耐熱性が大きく，酸，アルカリ，有機溶剤にもよく耐える．作業衣，漁網，ロープなどとして使用される．

e. ポリオレフィン系繊維

ポリエチレン繊維，ポリプロピレン繊維がある．

$$CH_2=CH_2 \longrightarrow \cdots-CH_2-CH_2-CH_2-CH_2-CH_2-CH_2-\cdots$$

$$CH_2=CH \longrightarrow \cdots-CH_2-CH-CH_2-CH-CH_2-CH-\cdots$$
$$\quad\quad |\quad\quad\quad\quad\quad\quad\quad\quad |\quad\quad\quad\quad |\quad\quad\quad\quad |$$
$$\quad\quad CH_3\quad\quad\quad\quad\quad\quad\quad CH_3\quad\quad\quad CH_3\quad\quad CH_3$$

　モノマーおよび重合については 6.3.2 で述べる．ポリエチレン繊維用としては低，中圧法で重合させた枝分かれの少ない，結晶性の高いポリマーが使用される．溶融紡糸法（押出紡糸）によって紡糸される．耐熱性，染色性が悪いので衣料用としては不適当であり，単繊維としてロープ，漁網，防虫網などとして使用される．

　ポリプロピレン繊維は，$TiCl_3$–$AlEt_3$ 錯体で重合させたアイソタクチックポリマーを溶融紡糸して得られる．比重が小さく（0.91），強度，ヤング率が大きく耐溶剤性に富む．耐光性，染色性に乏しいことがこの繊維の大きな欠点で，いろいろの改良法が行われているが，現在のところ衣料用としては大きく発展していない．ポリエチレン繊維と同じような方面に使用されている．

f. 含ハロゲン繊維

塩化ビニル繊維，塩化ビニリデン繊維，四フッ化エチレン繊維などがある．

1）塩化ビニル繊維

$$CH_2=CH \longrightarrow \cdots-CH_2-CH-CH_2-CH-CH_2-CH-CH_2-CH-\cdots$$
$$\quad\quad |\quad\quad\quad\quad\quad\quad\quad\quad |\quad\quad\quad\quad |\quad\quad\quad\quad |\quad\quad\quad\quad |$$
$$\quad\quad Cl\quad\quad\quad\quad\quad\quad\quad\quad Cl\quad\quad\quad Cl\quad\quad\quad Cl\quad\quad\quad Cl$$

　ポリ塩化ビニルは熱分解しやすいので溶融紡糸は困難であるが，安定剤を加えて押出紡糸にかけ，単繊維を製造する方法が行われている．通常，乾式あるいは湿式法によって紡糸される．単独重合物のほか，共重合物や後塩素化物が使用される．

　塩化ビニル繊維は不燃性で耐薬品性，耐光性がよく，シワになりにくく，保温性も大きいが，耐熱性，染色性に乏しい．服地，肌着，カーテン地，セーターなどの衣料用のほか，漁網，ろ布，防虫網，テント地などに使用される．

2) 塩化ビニリデン繊維

$$CH_2=C\begin{smallmatrix}Cl\\|\\Cl\end{smallmatrix} \longrightarrow \cdots CH_2-\underset{Cl}{\overset{Cl}{C}}-CH_2-\underset{Cl}{\overset{Cl}{C}}-CH_2-\underset{Cl}{\overset{Cl}{C}}-\cdots$$

ポリ塩化ビニリデンは結晶性が大きいためほとんどすべての溶剤に溶けず，また融点（212℃）と分解温度（～220℃）が接近しているため紡糸がきわめて困難である．このため通常，塩化ビニルとの共重合体（塩化ビニリデン約85％）が紡糸される．不燃性（自己消火性）で耐薬品性も大きく，漁網，防虫網，ろ布，テント，カーテン，ブラシなどに有用である．

3) 四フッ化エチレン（テフロン）繊維

$$CF_2=CF_2 \longrightarrow \cdots \underset{F}{\overset{F}{C}}-\underset{F}{\overset{F}{C}}-\underset{F}{\overset{F}{C}}-\underset{F}{\overset{F}{C}}-\underset{F}{\overset{F}{C}}-\underset{F}{\overset{F}{C}}-\cdots$$

ポリテトラフルオロエチレン（テフロン）は結晶性が高く，溶解も溶融もしない．したがって通常の方法では紡糸できないのでエマルション紡糸が行われる．テフロンのエマルションに粒子連結剤としてビスコースを加えたものを硫酸浴中に押出して紡糸し，水洗，乾燥したのち，約390℃で短時間加熱してセルロースを分解，除去するとともに，テフロン粒子を融着させて連続繊維にする．合成繊維中で耐熱性，耐薬品性が最も高い繊維であるが高価なため用途が制限される（特殊ろ布など）．

g. ポリウレタン繊維

かつては，ヘキサメチレンジイソシアナートとブタンジオールからポリウレタン単繊維がつくられたこともあるが発展をみなかった．その後スパンデックス（Spandex）と呼ばれるゴムのような弾性を示す高弾性ウレタン繊維があらわれた．製法は複雑であるが，両末端水酸基型のポリエーテル，脂肪酸ポリエステルと芳香族ジイソシアナートとの反応で得られる両末端イソシアナート型のプレポリマーを，ヒドラジンやジアミンによって鎖長を延長させる方式によってつくられる繊維である．

鎖長延長時に起こる化学橋かけ（6.3.6参照）と，ハードセグメントの分子間凝集による二次橋かけによって高い弾性を示す．ウレタン繊維は伸びが大きく，摩擦強度，耐光性が従来の糸ゴムに比べて優れており，染色も容易である．

h. 炭素繊維

アクリル，ビニロン，レーヨンなどの熱分解繊維やピッチ繊維（石油ピッチやポリ塩化ビニルの熱分解によって生成するピッチを溶融紡糸したもの）の熱処理によってつくられる．原料繊維を空気中で予備加熱して不融化させたのち，不活性ガス中で高温で焼成すると炭化，ついで黒鉛化が起こる．黒鉛化の程度によって炭素繊維，黒鉛繊維に分けて呼ばれることもある．予備加熱および最終焼成段階で延伸すると黒鉛面が繊維軸方向に配向する．

ポリアクリロニトリルを加熱していくと，黄色から赤褐色をへて黒化する．このとき分子内で縮合反応が起こり，さらに加熱すると脱シアン化水素，脱窒素反応によって黒鉛化する．

$$\text{原料繊維} \xrightarrow[\text{(300〜500℃)}]{\text{空気中で予熱}} \xrightarrow[\text{(800〜1200℃)}]{\text{不活性ガス中で加熱}} \text{炭素繊維}$$

$$\xrightarrow[\text{(2500〜3000℃)}]{\text{不活性ガス中で加熱}} \text{黒鉛繊維}$$

耐熱性，耐薬品性が大きく，パッキング，フィルターとして使用される．電気伝導性があるので発熱体としても利用できる．アクリル繊維を原料とした繊維は黒鉛構造の配向性がよく，高強度，高ヤング率を示し，軽くて強い複合材料の素材として重要であり，最近では航空機，自動車，スポーツ用具などの複合材料補強用繊維として需要が増大している．

5.5.4 無機繊維

上で述べた炭素繊維以外に，代表的な無機繊維としてガラス繊維，炭化ケイ素繊維，アルミナ繊維，ボロン繊維があり，これらは硬く，高強度，高弾性，耐熱性があるため，複合材料の一つの成分として使用されている．

5.5.5 各種繊維の性質

天然繊維の特徴，欠点などについては各節で述べたが，表 5.5 には比重，乾燥強度 (g/デニール)，湿潤強度 (g/デニール)，乾燥伸び (%)，ヤング率 (kg/mm^2)，吸湿性 (相対湿度 60%，20℃の空気中に放置したときに吸う水分の量)，染色性を示した．繊維のヤング率とは繊維をもとの長さの 2 倍に伸ばすのにどれだけの荷重が必要であるかという数値であり，繊維の変形に対する抵抗，すなわち繊維の硬さの指標である．数値が高いほど硬い．

表 5.5 諸繊維の性質

	比重	乾燥強度	湿潤強度	ヤング率	吸湿性	伸び	染色性
木　　綿	1.54	3.0～4.9	3.3～6.4	950～1300	7	3～7	直接，バット，ナフトール，硫化，反応染料
羊　　毛	1.32	1.0～1.7	0.76～1.63	130～300	16	25～35	酸性，媒染，錯塩染料
絹	1.33～1.45	3.0～4.0	2.1～2.8	650～1200	9	15～25	酸性，塩基性，媒染
普通レーヨン F	1.50	1.7～2.3	0.8～1.2	850～1150	12.0～14.0	18～24	直接，バット，ナフトール
強力レーヨン F		3.4～4.6	2.5～3.3	1500～2200	12.0～14.0	7～15	硫化染料，反応染料
キュプラ F	1.50	1.8～2.5	1.0～1.5	1000	12～13	10～16	レーヨンと同じ
アセテート F トリアセテート F	1.32	1.2～1.4	0.7～0.9	350～550	6～7	25～35	分散，特殊染法でバット，ナフトール染料
ビニロン S	1.3	4.2～6.0	3.2～4.8	300～800	4.5～5.0	17～26	直接，硫化，バット，ナフトール，錯塩，分散染料
ビニロン F		3.5～4.5	2.6～3.7	700～950	3.5～4.0	14～19	
ナイロン普通 F	1.14	5.0～6.4	4.2～5.9	250～400	4.5～5.0	28～38	分散，酸性染料
ナイロン強力 F		6.4～8.4	5.9～6.9	320～510	4.5～5.0	16～22	
塩化ビニリデン F	1.70	1.5～2.6	1.5～2.6	100～200	0	18～33	顔料の原液染め
塩化ビニル繊維S	1.39	2.2～4.5	2.2～4.5	200～800	0	15～90	分散，ナフトール染料
テトロン S	1.38	4.4～5.7	4.4～5.7	400～800	0.4～0.5	37～53	分散，ナフトール染料，バット染料でキャリヤー染色か高温染色
アクリル繊維 S (オーロン 42 型)	1.17	2.5～4.6	2.6～4.5	350～650	1.2～2.0	27～48	カチオン，分散染料
ポリプロピレン繊維 F	0.90～0.91	4.8～7.0	4.8～7.6		0		油溶性染料

F＝フィラメント，S＝ステープル

5.6 繊維加工工業

各種繊維を使用目的にあうようにするための仕上げ加工（染色，樹脂加工，防水加工，防炎加工など）のほか，この準備のための精練，漂白などを含めて繊維加工という．

5.6.1 精練，漂白 (scouring and bleaching)

各種天然繊維は天然のままでは純粋なものがなく，多少の不純物を含有している．また紡績，製織などの工程でその操作を円滑にするため油脂類，糊料類が付与され，さらに操作中にじんあい，機械油などが付着する．これらの不純物および付着物は最終製品として市場に送り出すまでに除去して製品の品質を改善しなければならない．またこれらの存在は染色，なせん（捺染）その他の繊維加工処理を行う際にめんどうな問題を起こす原因になる．

不純物は染液などの浸透を妨げ，また繊維の本質を隠すから完全に除去する必要があり，このような処理を精練という．しかしながら，精練工程だけでは繊維中の色素不純物は除去されない．したがって白地または鮮明色に染色して製品にする繊維は，残存する色素を分解して繊維の実質を損じないように漂白する必要がある．

各種の化学繊維は製造工程中に精製を行っているから，ほとんど不純物を含まない．したがって精練，漂白では紡績，製織などの際の二次的付加物および操作，貯蔵中に付着したよごれなどを除去すればよいから比較的容易である．しかし，再生セルロースおよびアセテートは薬品に対する抵抗性が比較的乏しいから，天然セルロース系よりも，むしろ天然タンパク質系繊維と同様に取り扱うべきで，また機械的操作による伸びなどにも十分注意する必要がある．これに対して合成繊維は薬品に対する抵抗性が強く，また，のり落ちもきわめて良好である．しかし熱可塑性的性質をもつため熱に対しては細心の注意を要する．

a. のり抜き剤，精練剤，漂白剤

1) のり抜き剤　製織の際，経糸に付けられるのり剤としてはデンプンおよびゼラチンなどが主体であるが，アルギン酸ナトリウム，カルボキシメチルセルロース（CMC），ポリビニルアルコール（PVA），アクリル系の合成のり剤が応用されるようになった．デンプンののり抜きには酸またはアルカリを用いる方法，酵素を用いる方法，他の酸化剤を利用する方法があるが，酵素法が種々の点で最も優れている．これにはデンプン分解酵素アミラーゼを応用する方法がもっぱら採用されている．デンプンはグルコースの直鎖構造からなるアミロースと分枝構造からなるアミロペクチンからなる．アミラーゼはデンプンを分解して低分子化し水溶性分解生成物に変えるが，この原理を用

いて繊維上ののり剤を除去する方法である．アミラーゼには α-, β-, γ-などの型がある．β-アミラーゼは糖化型であって分子の末端よりグルコース2個ずつを切断しながらデンプンを分解するが，分枝構造をもつアミロペクチンの枝部を切断することができない．これに反して，α-アミラーゼは直鎖構造をもつアミロースはもちろんアミロペクチンをも分解できる．のり抜きはデンプン分子の集合膜を分解して可溶性とし溶出させればよいから，デンプンをグルコース，マルトースにまで分解する必要はなく，デキストリンに変えるだけで十分である．従来は麦芽アミラーゼがのり抜き剤として多量に用いられていたが，その作用温度が60℃までなので，熱安定性が高い細菌性アミラーゼ（作用温度75℃，pH 6～6.5）が用いられるようになった．しかもこのアミラーゼはカルシウムイオンによってさらに安定性を向上させることができ，またデンプンは保護コロイドになって酵素の安定化を助ける性質がある．そして，これらの条件下では細菌性アミラーゼは95℃で約5分の作用効力をもち，十分にのり抜き効果を上げることができる．分解によって生成したデキストリン膜は圧縮，流水などの機械的作用を加えると落ちやすく，さらに温水，特に弱アルカリ性では低粘度になって容易に溶解する．一方，タンパク質のり剤にはタンパク分解酵素プロテアーゼがあり，ゼラチンなどののり抜きに使用されている．

2）精練剤　精練剤の主なものを分類すると表5.6のようである．

アルカリ洗剤は繊維の油脂質不純物をケン化して除去する目的に使用され，また球状タンパク質，例えば，絹のセリシンなどの溶解に役立つ．界面活性剤は繊維への薬剤の浸透を助け，精練時間の短縮や，また精練むらの防止に役立ち，ロウ質を乳化して除去する働きをする．また，ロウ質は高温で溶融（綿ロウ mp 66～86℃，羊毛ロウ mp 50～85℃）する．熱およびアルカリに比較的安定である木綿は，一般に95℃以上の高温で精練するから，このような温度ではロウ質は溶融によって除去される．したがってアルカリが主精練剤であり，界面活性剤はその作用を助ける補助精練剤になる．一方，羊毛はアルカリに弱くアルカリ性では高温処理ができない．またロウ質の含有量も多いから

表5.6　精練剤

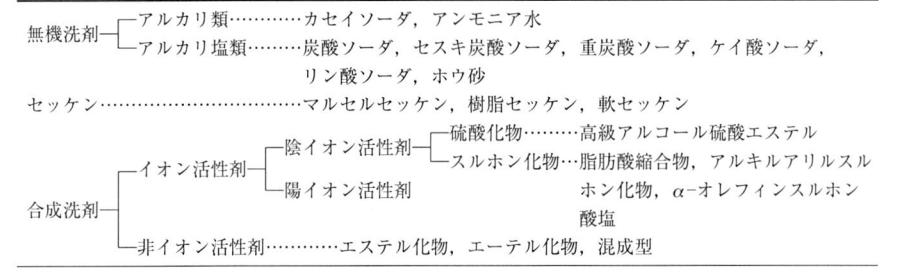

無機洗剤	アルカリ類	カセイソーダ，アンモニア水	
	アルカリ塩類	炭酸ソーダ，セスキ炭酸ソーダ，重炭酸ソーダ，ケイ酸ソーダ，リン酸ソーダ，ホウ砂	
セッケン		マルセルセッケン，樹脂セッケン，軟セッケン	
合成洗剤	イオン活性剤	陰イオン活性剤	硫酸化物………高級アルコール硫酸エステル スルホン化物…脂肪酸縮合物，アルキルアリルスルホン化物，α-オレフィンスルホン酸塩
		陽イオン活性剤	
	非イオン活性剤	エステル化物，エーテル化物，混成型	

表5.7 漂 白 剤

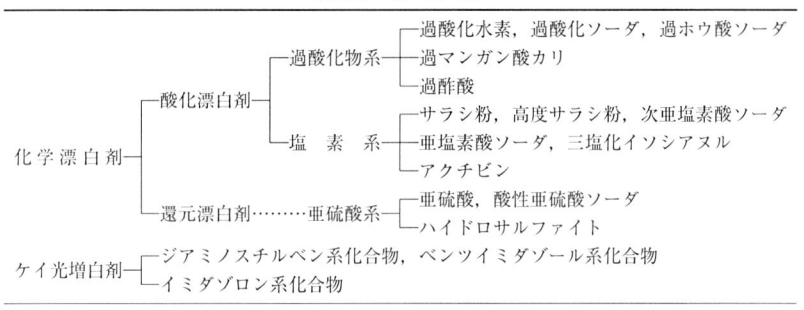

化学漂白剤	酸化漂白剤	過酸化物系	過酸化水素，過酸化ソーダ，過ホウ酸ソーダ
			過マンガン酸カリ
			過酢酸
		塩素系	サラシ粉，高度サラシ粉，次亜塩素酸ソーダ
			亜塩素酸ソーダ，三塩化イソシアヌル
			アクチビン
	還元漂白剤……亜硫酸系		亜硫酸，酸性亜硫酸ソーダ
			ハイドロサルファイト
ケイ光増白剤			ジアミノスチルベン系化合物，ベンツイミダゾール系化合物
			イミダゾロン系化合物

界面活性剤が主精練剤になる．絹の精練はセリシンの除去が目的であるのでアルカリ剤を使用しなければならないが，絹はアルカリ抵抗性が弱く，したがって弱アルカリ剤が主体となり，これには主としてセッケンなどが使用されている．

3）漂白法 漂白剤には酸化または還元作用によって繊維に含まれた色素物質を分解して純白にする化学漂白剤と，紫外線を吸収して可視部の短波長光線を放出するけい光物質を繊維に吸収させて白度を増進させるけい光増白剤がある．これらを分類すると表5.7の通りである．

還元剤による漂白は繊維をぜい化するおそれが少ない．しかし高度の白さが得がたく，また還元されて無色になった色素が復色しやすい．けい光増白剤はその処理法が容易でありきわめて良好な白さが得られ，また繊維のぜい化が起こらないから非常に便利である．しかし日光堅ろう度が弱く，また光源によって著しく白さが変化して見える欠点がある．したがってやや永久的な白さを得るためには酸化剤による漂白法を行う．

b. 連続漂白法

連続漂白装置は機械メーカー，加工生地および水洗機の種類などによって種々の様式があり，またロープ式と拡布式の二つの型がある．

図5.15はデュポン型ロープ式連続漂白装置の概要を示したものである．

図5.16はベンテラー社亜塩素酸ソーダ拡布式連続漂白機である．過酸化水素漂白も大体本装置と同様な装置で行われる．図5.16において，1は薬液浸せき機，2は巻取蒸熱機，5，6は密閉水洗機，7は解放冷水水洗機である．

5.6.2 染色 (dyeing)

染色工程は繊維の種類，集合状態（バラ毛，糸，織物，編物），染色方法などによって種々の場合がある．編織物の染色は，全体を均一に染色する浸染と局部的にある模様を染色するなせん（捺染，プリント）とがある．

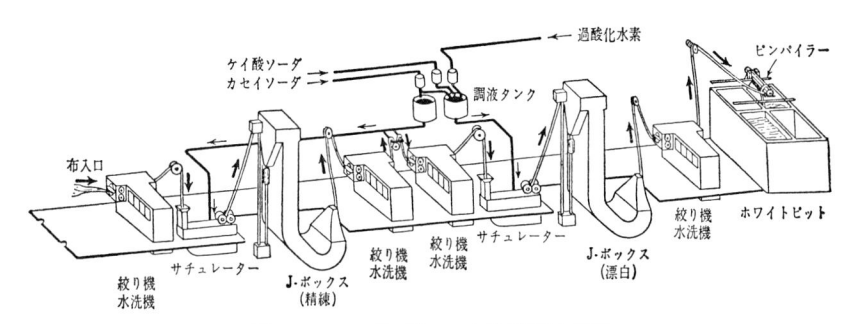

図 5.15 デュポン型ロープ式連続漂白装置

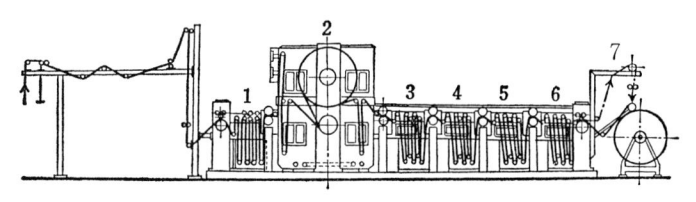

図 5.16 ベンテラー社亜塩素酸ソーダ拡布式連続漂白機

浸　染

浸染とは染浴中に繊維を浸して染色を行う方法である．バラ毛および糸の染色と編織物の染色に分けられる．

バラ毛，糸用染色機は繊維の形態によって各種バラ毛，トウ，トップ，ケーク，かせ，チーズ染色機がある．図 5.17 はオーバーマイヤーバラ毛染色機である．

編織物の浸染にはバッチ式とパッド式（連続および半連続式）とがある．バッチ式としてはロープ状で染色するウインス染色機（図 5.18）と，拡布状で染色するジッガー

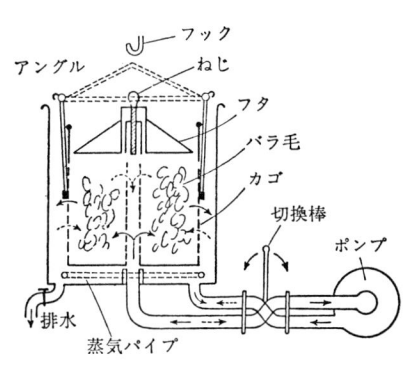

図 5.17 オーバーマイヤーバラ毛染色機　　図 5.18 ウインス染色機

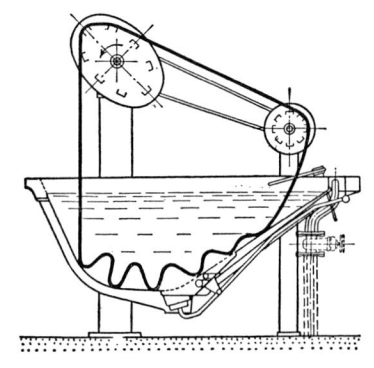

(図5.19), ビーム染色機などがある.

連続あるいは半連続式の染色は必ずパッド工程が含まれる. 染料その他の加工処理剤の溶液または分散液の織物への浸せきとそのしぼりとを行うことをパジング (padding; パッド工程) といい, これを行う機械をパジング機という. 浸せき (飽充) 用処理槽と 2 本以上のロールからなる.

1) パッドジッグ法　パジング機とジッガーの併用による半連続染色法.

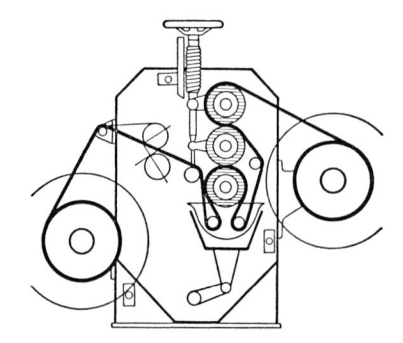

図5.19　3本ロールジッガー染色機

2) パッドロール法　パッド後, 赤外線加熱で染色温度にし, 大口径シリンダーにゆっくり巻き取る. 一定時間後, 後処理を行う (半連続法).

3) パッドスチーム法　パジング機とスチーマーの併用による連続染色機. 図 5.20 は直接染料の木綿に対するパッドスチーム法を示す.

染料濃度も高く, 溶解度, 吸着速度が大きく 1～3 分の蒸熱で容易に染着することができる染料が使用される. パッダーで浸透剤を加えた 50～90℃の染料液をパッドし, 直ちに適当な速度で, 100～102℃の蒸熱機で 1～3 分間蒸熱 (スチーミング) を行い, 水洗機で洗浄, 後処理などをへて乾燥する.

4) サーモゾール法　天然繊維の染色は通常 60～100℃で行われるが, 染色温度を 100℃以上にすると, 染料の拡散速度は増大する. 高温染色はポリエステル繊維およびその混用品の染色に用いられ, ジッガー, ウインスなどの密閉式の加圧染色機を用いて 120～130℃, 30～90 分間染色する方法と, 170～200℃で 2 分間ほど連続加熱処理を行うサーモゾール法がある. サーモゾール法とは, 分散染料の分散液を布にパッドし, 脱水, 乾燥後, 高温で乾熱処理をすると, 布の表面にのっていた染料が高温による繊維分子の弛緩と染料の運動性の増大によって, 繊維内に拡散し染色が行われることを利用した連続染色法である. 200℃に加熱した乾熱機内をわずか 2 分ほど通過する間に染色が完了する. 図 5.21 はその工程図である.

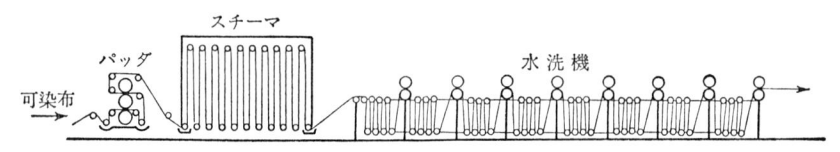

図5.20　パッドスチーム法

5.6 繊維加工工業

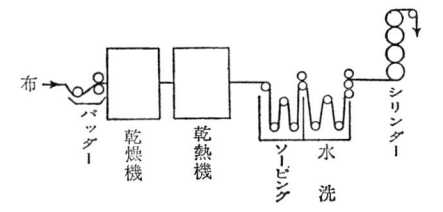

図 5.21 サーモゾール法の工程図

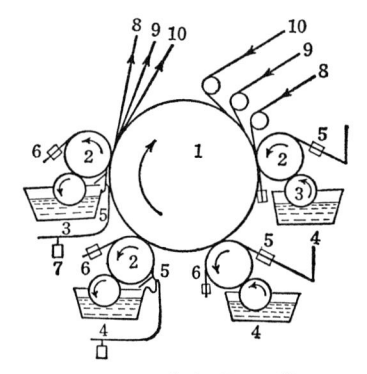

図 5.22 4色片面なせん機
1：太鼓，2：彫刻ロール，3：ファーニッシャー，4：カラーボックス，5：カラードクター，6：リントドクター，7：ウェイト，8：布，9：アンダークロス，10：ブランケット

5.6.3 なせん（捺染）（printing）

なせん（プリント）とはのり剤のなかに染料を加えておいて適当な型紙を用いたり，あるいは銅のローラ（ローラなせん）とかスクリーン（スクリーンなせん）上につくられた模様にのりをつけ印なつして布に模様をつけ，ついでこれを蒸気で加熱して染料を繊維に染着させる染色法である．

ローラなせん機の一例を図 5.22 に示す．

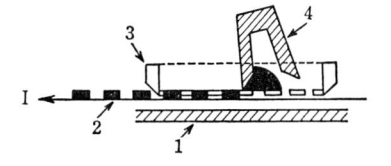

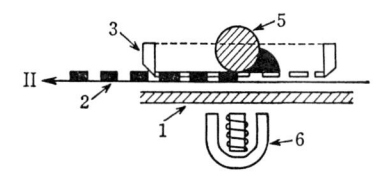

図 5.23 フラットスクリーンなせん
1：エンドレスベルト，2：なせん布，3：フラットスクリーン型，4：平板スキーム，5：金属ローラスキージ，6：マグネット

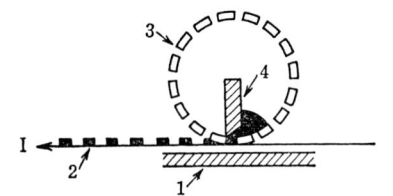

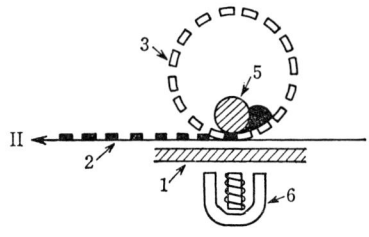

図 5.24 ロータリースクリーンなせん
1：エンドレスベルト，2：なせん布，3：ロータリースクリーン型，4：平板スキーム，5：金属ローラスキージ，6：マグネット

スクリーンなせんには，フラットスクリーン型とロータリースクリーン型がある．前者では枠に張られた紗の織目を模様にして残して，残りの目はつぶされている．後者では微細孔をあけた円筒状ニッケル薄膜で微細孔を模様に残して他を目つぶししている．図 5.23，5.24 にそれぞれフラットスクリーンなせん，ロータリースクリーンなせんの原

理を示した．

　防染はなせんの一種で，引き続いて行う浸染の際に染料を吸着しないように，模様やシマ柄を防染のりでなせんして乾かし，ついで地染めを行う方法である．

　抜染もなせんの応用法で，ハイドロサルファイトなどの還元性脱色剤を添加した抜染のりで，地染めを行った生地になせんを行うと模様だけが白抜きになる．またこの抜染のりのなかに塩基性染料やアントラキノン染料を加えておくと，地染めの染料が白色に抜染されたあとにこの染料が染着し，空気中の酸素で復色し着色する．これを着色抜染という．

　顔料樹脂なせんでは，水に不溶性で各種堅ろう度の優れた有機または無機の顔料を，熱で硬化する性質をもつ合成樹脂の初期縮合物と水とのエマルション中に分散させた，いわゆる顔料樹脂染料を布につけてなせんし，ついで130～140℃で数分間加熱すると，印なつされた樹脂が熱硬化して布に固着される．水－樹脂の初期縮合物－顔料の分散系によって，油中水滴型（W/O型）エマルション，水中油滴型（O/W型）エマルションの2種がある．

　転写なせんでは，紙に染料を用いて模様を印刷し，その紙を布に圧着して加熱すると，紙上の染料は昇華し，布に模様が染色される．その染着機構はサーモゾールの原理と同じである．

5.6.4　樹脂加工 (resin finishing)

　各種合成樹脂を織物に応用することによって防シワ性（ウオッシュアンドウェア加工，パーマネントプレス加工），防縮性その他の効果を与えるものである．加工目的によって繊維内部に固定される場合と繊維表面に固定される場合に分けられる．

　a.　繊維内部に樹脂を固定する場合

　樹脂を生成する単量体，あるいは初期縮合物を繊維内部に飽充し，ついで乾燥，ベーキングによって繊維内部において樹脂化をうながす．この場合には樹脂によって，繊維同士の接着を伴わず，織物の外観にも変化を認めない．一般に各種の熱硬化性樹脂，熱可塑性樹脂の初期縮合物ならびに単量体が用いられる．各種繊維に適用できるが，最も効果的で広く適用されるのは親水性の木綿，レーヨンなどのセルロース系繊維である．

　b.　繊維表面に樹脂を固定する場合

　樹脂を繊維表面に形成させ，接着，コーティングするものである．一般に縮合の進んだアミノ樹脂，ケトン樹脂，フェノール樹脂などの熱硬化性樹脂，またビニル系，アクリル系などの熱可塑性樹脂が使われる．この種の加工は繊維そのものの性質を変えることは特に要求されず，樹脂の特性を利用発揮させるのが普通である．

　熱硬化性樹脂として最もよく利用されるのは尿素ホルムアルデヒド樹脂，メラミンホ

ルムアルデヒド樹脂である．

　加工工程は樹脂液の飽充，予備乾燥，ベーキング，ソーピング，乾燥の5工程からなる．

　上記の樹脂加工によってセルロース，レーヨンの防シワ，防縮性が改善される（ウォッシュアンドウェア加工）．

5.7　セロハンおよび不織布

5.7.1　セロハン（cellophane）

　セロハンはビスコースより再生セルロースをつくるとき細孔を用いてレーヨンをつくる代わりに，スリット（細隙）を用いてフィルムにしたものである．

　製法の根本はビスコース法レーヨンと同じである．凝固浴は硫酸，硫酸ナトリウムからなり30〜50℃に保つ．原料パルプはビスコースレーヨン用のものより品質の劣るものを用いる．

　凝固，再生以後は，レーヨンの場合とほとんど同様であるが，油処理の代わりに吸湿剤を含浸させる．吸湿剤としてはグリセリンのほか，尿素，エチレングリコール，ジエチレングリコール，プロピレングリコールなどが混用されている．

　防湿加工としてセルロース誘導体（ニトロセルロースなど），ゴム誘導体（塩化ゴム，環化ゴム，合成ゴムなど），共重合体（塩化ビニル-酢酸ビニル-無水マレイン酸，塩化ビニル-塩化ビニリデン-無水マレイン酸，塩化ビニリデン-アクリロニトリルなど）を溶剤に溶かし，両面あるいは片面に塗布する．

5.7.2　不織布（nonwoven fabric（米），bonded fabric（英））

　まず繊維（一般にビスコースステープルまたは合成繊維ステープル）を薄いシート状に積層（ウェブという）し，これを適当な方法で接合することによって不織布が得られる．

　ウェブ形成法としては乾式法と水を利用する湿式法がある．乾式法は紡績用カードその他の方法でウェブを形成するもので，湿式法は製紙の場合と同様に原料繊維を水に分散させてスラリーとし，これを製紙機によってシートにする．乾式法製品は織物に似て柔軟，湿式法製品は紙に似て硬い．図5.25は乾式法不織布製造装置の例である．

　ウェブの接合方式としては接着剤による方法と機械的接合法がある（図5.26）．

　接着剤（バインダー）として合成樹脂を溶液あるいは多くの場合エマルションとして用いる方法は現在最も広く行われている．

　浸せき法（飽充法）ではウェブをバインダー液中に通して液を含浸させ，圧搾ロール

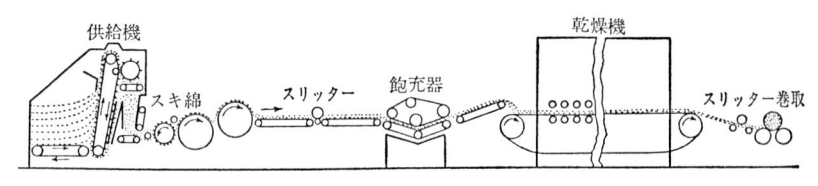

図 5.25　不織布製造装置の例

接着剤による方法 ─┬─ 合成樹脂液あるいはエマルションを用いる方法 ─┬─ 浸せき法（飽充法）
　　　　　　　　　│　　　　　　　　　　　　　　　　　　　　　　　　├─ プリント法
　　　　　　　　　│　　　　　　　　　　　　　　　　　　　　　　　　└─ 噴霧法
　　　　　　　　　├─ 合成樹脂粉末を用いる方法
　　　　　　　　　└─ 熱可塑性繊維を用いる方法

機械的接合法 ─┬─ ニードルパンチ法
　　　　　　　└─ スティッチ法

図 5.26　ウェブの接合方式

で過剰液を圧搾するか，スリット上を通し，スリットから減圧で吸引除去する．

バインダー液を噴霧する噴霧法はかさ高い，弾力性のある不織布を与える方法である．通常ウェブの両側から噴霧され，バインダー付着量は減圧吸引によって調節される．

粉末法は合成樹脂粉末をウェブに散布して熱圧するものである．

熱可塑性繊維法は熱可塑性繊維を他種繊維に混合してウェブをつくり，これを熱ロールを通して熱可塑性繊維を溶融，軟化してウェブを接合するものである．

機械的接合法は接着剤を使わず，からみあいだけで不織布にするものである．ニードルパンチ法は板にトゲのある針を多数に植え付け，この針群でウェブを垂直につきさし，このトゲによって繊維をからませフェルト状にするもので，つきさし回数が多いほど密な不織布になる．ウェブの下に基材として布，ウレタンフォームなどを置けば接着剤なしで完全に裏うちすることができる．この方法はいかなる繊維も使えることが特徴である．

参 考 文 献

1) 日本学術振興会，染色加工第 120 委員会編：染色事典，朝倉書店，1982.
2) 日本学術振興会，繊維・高分子機能加工第 120 委員会編：染色加工の事典，朝倉書店，1999.
3) 新機能繊維活用ハンドブック編集委員会編：新機能繊維活用ハンドブック，工業調査会，1988.
4) 井上祥平，宮田清蔵：高分子材料の化学，丸善，1989.

参　考　文　献

5) 高分子学会編：入門高分子材料，共立出版，1987.
6) 井上賢三，岡本健一，小国信樹，落合　洋，佐藤恒之，安田　源，山下祐彦：高分子化学，朝倉書店，1994.
7) 中島章夫，筏　義人：ハイテク高分子材料，アグネ，1989.
8) 本宮達也，鞠谷雄士，高寺政行，高橋　洋，成瀬信子，濱田洲博，原　一正，峯村勲弘編：繊維の百科事典，丸善，2002.

6

プラスチック工業

6.1 プラスチックとは

プラスチック (plastics) とは熱や圧力を加えることにより塑性流動性をもたせて目的とする形にできる高分子可塑性物質である．プラスチックは素材の熱的性質によって熱可塑性と熱硬化性の2種に分けることができる．繊維，ゴムと違って素材は一部の天然物を除き，ほとんどすべてが合成高分子である．

熱可塑性樹脂 (thermoplastic resin) は，素材を直接加熱流動させることによって成型するもので，多くの熱可塑性高分子が素材になりうる．加熱温度は無定形高分子と結晶性高分子で異なり，前者ではガラス転移温度（点）(T_g) が，後者では融点 (T_m) が目安となる．

熱硬化性樹脂 (thermosetting resin) は，可溶可融性プレポリマーの段階で成型したのちに，加熱硬化（三次元網状化）させるもので，最終製品は不溶不融である．代表的熱可塑性プラスチックとしては，ポリエチレン，ポリプロピレン，ポリ塩化ビニル，ポリスチレンが，また，熱硬化性プラスチックとしては，尿素樹脂，メラミン樹脂，フェノール樹脂，不飽和ポリエステルがある．

最近では，プラスチックの熱的性質による分類以外に，エンジニアリングプラスチック，ポリマーアロイ，複合材料などプラスチックの性状に由来する総称も用いられる．

6.2 プラスチックの成型加工

成型原料は通常粉末かペレット状で供給される．これを加熱すると軟化し流動性となるので，この流れを利用して目的の形に成型する．熱可塑性樹脂は，流動性が加熱時間とは無関係であり，また加熱・冷却による軟化，固化が可逆的であるのに対し，熱硬化性樹脂は時間とともに三次元に網状化し，ついには硬化して不溶不融となる．

6.2 プラスチックの成型加工

表 6.1 主な加工法と適用性

	加　　工　　法	熱可塑性樹脂	熱硬化性樹脂
一次加工	圧縮成型, トランスファー成型	○	◎
	注　型　加　工	○	◎
	RIM	×	◎
	積　層　成　型	○	◎
	射　出　成　型	◎	×
	押出加工, インフレーション加工	◎	×
	カレンダー加工	◎	×
	スラッシュモールド, 浸せき加工	◎	×
	流動コーティング, ライニング	◎	○
	発　泡　加　工	◎	○
	塗　　　　装	◎	◎
二次加工	真　空　成　型	◎	×
	吹　込　成　型	◎	×
	高周波, 熱接着	◎	×
	機　械　加　工	◎	◎
	印　　　刷	◎	◎

◎主として利用, ○まれに利用, ×不能

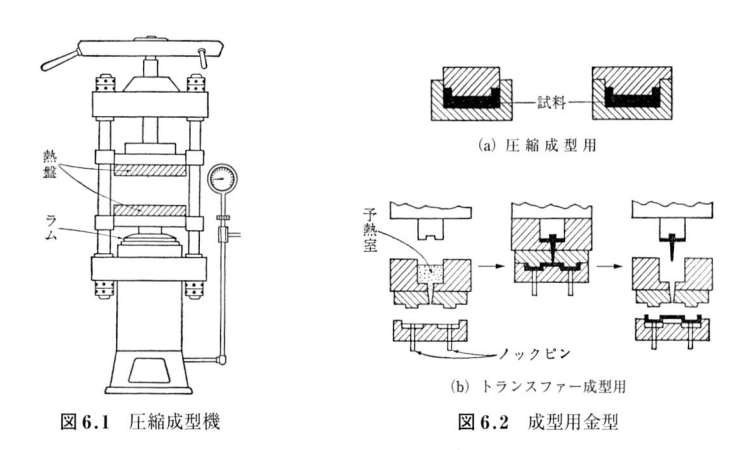

図 6.1　圧縮成型機

図 6.2　成型用金型

このように，両者は熱的挙動が異なるので成型加工法にもおのずから相違がある．主な加工法と適用性を表 6.1 に示す．

a. 圧縮成型（compression molding）

主として熱硬化性樹脂の成型に使用される．材料を金型の雌型に入れ，適当な温度で加熱し，圧力を加えて，軟化流動させ，型の細部まで充満させて硬化させる（図 6.1, 6.2（a））．熱可塑性樹脂の場合には冷却した後取り出す．

圧縮成型の応用として，軟化温度が高くて後述の射出成型が困難な熱可塑性樹脂の成型には次のような方法がとられる．例えば，ポリテトラフルオロエチレンでは材料粉末を金型に入れ，常温で 500 〜 600 kg/cm^2 の圧力で予備成型し，これを 360℃の炉のなかで焼成融着させる．このような成型を粉末成型または焼結成型という．

b. トランスファー成型（transfer molding）

予熱室で材料を加熱軟化させたのちノズルから金型（図 6.2 (b)）へ圧入して硬化させる．熱硬化性樹脂に採用される方法であるが，材料が均一に圧入されるため成型品にくるいがなく，寸法が正確である．また，成型時間も短縮できる．

c. 積層成型（laminating molding）

高圧法と低圧法がある．高圧法は樹脂液を紙，布，ガラス布などにしみ込ませ，これを幾枚も重ね合わせ，金属板にはさむか金型に入れるなどしたものをプレス機で加圧・加熱して硬化させる．熱硬化性樹脂に適用され，メラミン化粧板もこの方法でつくられる（図 6.3）．低圧法は別名をバッグ法と呼ぶ（図 6.4）．樹脂液をしみ込ませた布，ガラス繊維などを幾枚も重ね合わせ，木型や石膏型に張り付け，減圧または加圧してゴム膜を材料の上に圧着させ，室温かまたはわずかに加熱して成型する．主として室温硬化性の不飽和ポリエステルの成型に利用される．

d. 注型加工（cast molding）

液体材料を型に流し込んで室温で硬化させるか，または熱硬化させる方法で，液体材料としては熱硬化性樹脂の初期縮合物や，熱可塑性のものではモノマーを一部重合させた粘稠な液が使用される．この加工法はフェノール樹脂，不飽和ポリエステル，エポキシ樹脂，メタクリル樹脂（ポリメタクリル酸メチル）などに適用される．有機ガラス（メタクリル樹脂）や昆虫，草花を封入した標本などもこの方法でつくられる．

e. スラッシュモールド（slush molding）

樹脂液（プラスチゾル）を中空の金型に流し込み，適当な時間加熱して型の壁に接した部分のみを凝固させ，余分の樹脂液を流し出し，さらに加熱して完全にゲル化させたのち冷却し取り出す．人形，玩具，靴などが製造されている．

f. 浸せき加工（dipping molding）

上の方法の逆で，雄型の外面に樹脂液を数回付着させ，乾燥，加熱を繰り返して製品を得る方法で，ゴムラテックスか

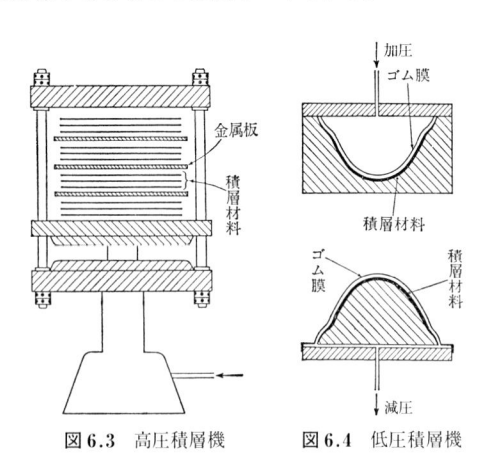

図 6.3　高圧積層機　　図 6.4　低圧積層機

ら手袋をつくるときなどに利用される．

g. 押出加工（extrusion molding）

熱可塑性樹脂を加熱炉で軟化させ，これをスクリューで押し出して連続的に成型品を得る方法で，ダイを変えることによって管，棒，フィルム，シートなどに成型できる．電線の被覆もこの方法で行われる．また，ポリ塩化ビニルやポリエチレンの混練り，添加物の混和にも使用される（図6.5）．

h. インフレーション加工（inflation molding）

押出機のダイから出た軟らかい肉厚チューブに圧縮空気を吹き込んで膨張させ，冷却したのちロールの間で押しつぶして2枚合わせのフィルムとして巻き取る．ポリエチレンなどの薄い円筒状フィルムはこの方法でつくられる（図6.6）．

i. 射出成型（injection molding）

熱可塑性樹脂をホッパーからシリンダーのなかに送り出し，このなかで加熱可塑化してピストンによって金型へ射出し冷却固化させたのち取り出す．立体的成型品の製造に広く採用されている（図6.7）．

j. RIM（reactive injection molding）

反応性の混合原料を射出し，金型内で重合させる．例えば，ポリウレタンの成型などに利用される．

k. カレンダー加工（calendering）

加熱されたロールの間に熱可塑性樹脂を通して平らなフィルムやシートをつくる方法で，通常4本ロールが使用される．特にポリ塩化ビニルのような流れの悪い材料から製

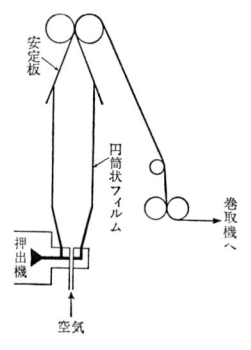

図6.5 押出加工

図6.6 インフレーション加工

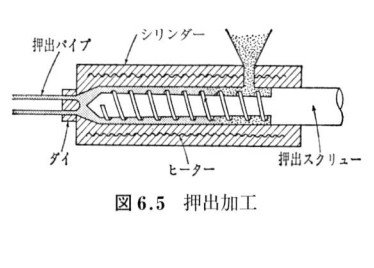

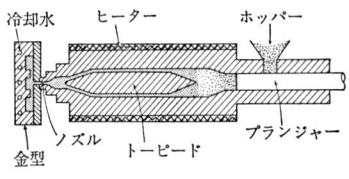

図6.7 射出成型

品をつくるのに適する．紙や布を同時にロールに通してビニルレザーも得られる（図6.8, 6.9）．

l. 発泡成型（foaming）
発泡剤を含む成型材料を圧力下で加熱溶融し，圧力を解放して発泡させる．

m. 流動コーティング（fluidized coating）
微粉末状の樹脂に容器の底から空気や窒素ガスを送り込むと噴流が起こる．このなかに予熱した金属製成型品を入れると軟化した樹脂が成型品表面に付着してコーティングができる．ポリエチレン，ポリ塩化ビニル，ナイロンなど熱可塑性樹脂が使用される．複雑な面にも容易にコーティングができ，ピンホールがないという特徴がある．

n. ブロー（吹込）成型（blow molding）
押出し機から出た軟らかいパイプを金型にはさみ，空気を吹き込んで膨らませて，中空品をつくる．あるいは2枚の樹脂板を割型にはさみ加熱軟化させ，空気を吹き込んで中空品をつくる（図6.10）．

o. 真空成型（vacuum molding）
樹脂膜を加熱軟化させ，型と板の間を減圧にして樹脂膜を密着させて成型する（図6.11）．

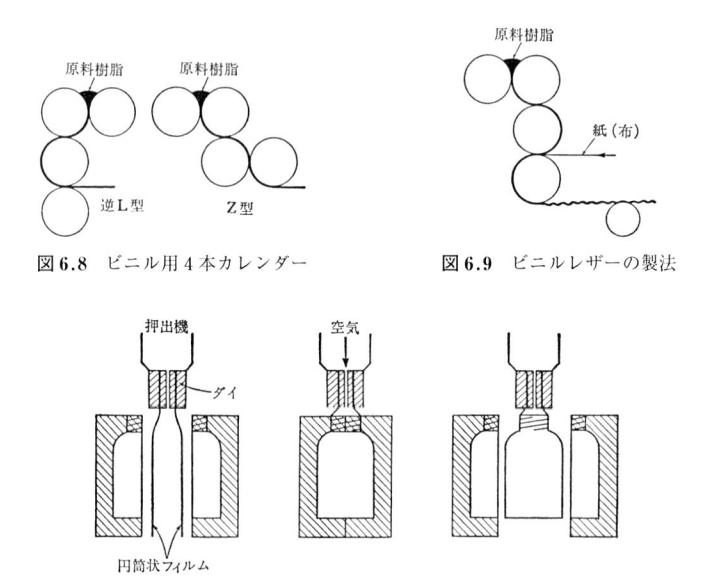

図6.8 ビニル用4本カレンダー

図6.9 ビニルレザーの製法

図6.10 ブロー成型法

図 6.11 真空成型

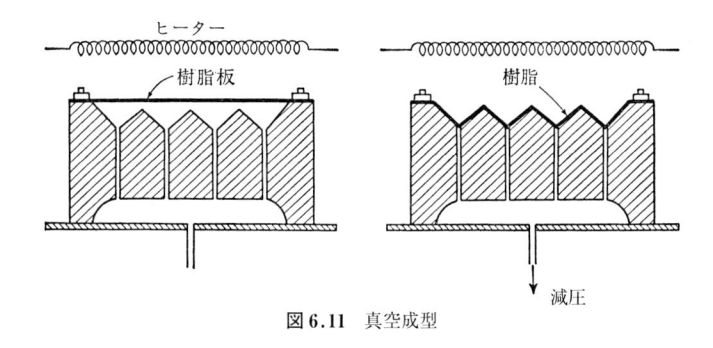

6.3 プラスチック各論

6.3.1 セルロース系プラスチック

天然高分子を素材とするプラスチックとして，硝酸セルロース（古くから用いられているニトロセルロースは誤り）およびアセチルセルロースが少量ながら生産されている．

セルロイドは硝酸セルロース（窒素量 10 〜 12%）（65 〜 75%）と樟脳（25 〜 35%）からなるプラスチックである．セルロイドは美しく，汚れず，安価で加工しやすいが，燃えやすいため次第に用途が減少している．眼鏡の縁，ピンポン玉のようなものは弾性の点で，セルロイドが特に優れている．

アセチルセルロースはアセテート（繊維）用には酢化度 53 〜 55% のものを用いるが，可塑物用には酢化度 51 〜 53%，写真や映画フィルム用はそれぞれ 51 〜 52%，60 〜 62% である．溶媒には酢化度が 51 〜 52% のものはアセトン，60 〜 62% のものは塩化メチレンが用いられる．

アセチルセルロース用の可塑剤としてはフタル酸エステル，リン酸エステルのほかグリセリンエステル（ジアセチン，トリアセチン），トルエンスルホンアミドなどが用いられる．

アセチルセルロース可塑物の製法は次の通りである．アセチルセルロース 100 部，可塑剤 25 〜 35 部，溶剤 80 〜 120 部を顔料や充塡剤と混和する．溶剤はアセトンにアルコール，ベンゼンを適当に混ぜたものである．それを 120℃に加熱したスクリュー型押出機からソーセージのような形に押し出す．これを粉砕したものがコンパウンドである．

セルロースを酢酸と酪酸の混合物でエステル化した混合エステルセルロースはアセチルセルロースより可塑剤相容性が高く，屈曲性が大となる．

6.3.2 付加重合系プラスチック

ビニル化合物やビニリデン化合物からのポリマーがこの部類に属する．単独重合体としてのみならず共重合体や誘導体としての利用価値も高い．ポリマーはラジカル重合によって得られる場合が多い．重合法には塊状重合，溶液重合，乳化重合，懸濁重合があるが，それぞれ長所，短所があるのでポリマーの使用目的に応じて選択する．

a. ポリオレフィン

1) ポリエチレン 原料のエチレン（bp -103.7℃）は石油精製の廃ガス中からも回収されるが，多くはナフサの分解によって得られている．重合法には高圧法，中圧法，低圧法の3種がある（表6.2）．

高圧法は最も歴史が古く，現在でもこの方法によるポリエチレンの生産量が最も多い．$122\sim303$ MPa（$1200\sim3000$気圧）の高圧下で，$130\sim350$℃で重合させる．重合開始剤としては酸素または過酸化物である．生成ポリマーは，中・低圧法で得られるポリマーに比べて枝分かれが多く，そのため結晶化度が低く，比重が小さい．低密度ポリエチレン（low density polyethylene；LDPE）とも呼ばれる．このポリマーは加工性がよく，柔軟で低温でも硬化しにくく，耐薬品性，電気絶縁性も優れている．フィルムを中心として成型品（バケツ，ゴミ容器，自動車部品，冷蔵庫用品，各種容器，玩具など），紙加工剤，電線被覆などとして用途が広い．

中圧法にはフィリップス法とスタンダード法とがある．表記のような開始剤を使用して数十 MPa で重合させる．

低圧法は，チーグラー–ナッタ触媒を開始剤として $0.1\sim0.5$ MPa で重合させる重合法である．触媒としては $TiCl_3/AlR_2Cl$（第1世代），これらの触媒を $MgCl_2$ に担持させたもの（第2世代）があり，活性は第1世代のものに比べ100倍以上高くなり，ポリマーから触媒残渣を取り除く必要がなくなった．その後，$Cp_2ZrCl_2/(AlMeO)_n$ 系で（Gp：C_5H_5）代表されるカミンスキー型第3世代の均一系触媒が開発されている．

表 6.2 ポリエチレン製造法の比較

種類	開始剤	溶媒	圧力 (MPa)	温度 (℃)	ポリエチレンの比重・融点	
					比重	融点 (℃)
高圧法	ペルオキシド, アゾ化合物	使用しない	$120\sim300$	$150\sim250$	0.92	108
中圧法 フィリップス スタンダード	$CrO_3/SiO_2\text{-}Al_2O_3$ MoO_3/Al_2O_3	炭化水素 炭化水素	$3\sim4$ $4\sim100$	$100\sim150$ $230\sim270$	$0.95\sim0.96$	133
低圧法	チーグラー–ナッタ触媒	炭化水素	$0.1\sim0.5$	$20\sim100$	0.95	130

中，低圧法ポリエチレンにはほとんど枝分かれがないので結晶化度が向上し，比重が大きくなり，高密度ポリエチレン（HDPE）と呼ばれる．融点も高くなる．耐熱性，剛性，機械的強度が大きいので各種の成型品，繊維，ショッピングバッグ，フィルムなどに使用される．

超高分子量ポリエチレンはチーグラー−ナッタ触媒を用いてつくられ，3×10^6 以上の分子量をもつ．耐摩耗性，耐衝撃強度，耐応力クラック性が著しく優れている．

チーグラー−ナッタ触媒を用いて，低密度ポリエチレンをつくることができる．例えば，エチレンと1−ブテンや1−ヘキセンなどの α−オレフィンとの共重合を行うと，直鎖状低密度ポリエチレン（LLDPE）が得られる．この方法を用いると比較的穏和な条件下で，しかもコモノマー濃度を変えることにより，広範囲の密度をもつポリエチレンが合成できる．

2) ポリプロピレン　　プロピレン（bp −47.7℃）は，エチレンの製造時に副生するのでこれから分離する．重合には低圧法ポリエチレンと同じくチーグラー−ナッタ触媒あるいはカミンスキー触媒が用いられ，$0.1 \sim 4.0$ MPa，$20 \sim 100$℃で行われる．ポリエチレンの場合と同じく，チーグラー−ナッタ触媒を $MgCl_2$ に担持させると重合活性は高められるが，生成ポリプロピレンの立体規則性が低いことが問題であった．その後，安息香酸エチルを加えると生成ポリマーの立体規則性が向上するようになり，生成ポリマーから触媒残渣やアタクチックポリマーの分離除去工程の必要がなくなった．さらに安息香酸エチルの代わりに有機ケイ素化合物を加えると生成ポリマーの立体規則性は98%にも達し，活性が持続する系が開発されている．得られたアイソタクチックポリプロピレンは結晶化度が高く，融点が高い（T_m：176℃）．高・低密度ポリエチレンに比べ，機械的強度，耐熱性，耐摩耗性，透明性が優れているが，耐衝撃性，低温における性質が劣る．また，耐光性，耐酸化性に乏しく，安定剤の添加を必要とする．各種成型品，繊維，フィルムなどとして利用される．融点が高密度ポリエチレンに比べて高いことや機械強度が優れることなどから，ポリプロピレンがポリエチレンよりもよく用いられる．

アタックチックポリマーは従来アイソタクチックポリプロピレンの副生成物としてその生成を極度に抑制してきたが，比較的低分子量のものは粘着剤，シール材として注目されている．

3) ポリオレフィン誘導体，共重合体　　ポリエチレンに塩素を反応させると塩素化ポリエチレンが得られる．塩素量が少ないとき（30%以下）はゴム状であるが，量が多くなると硬くなりポリ塩化ビニル状のプラスチックになる．ポリエチレンに亜硫酸ガスと塩素を反応させたクロルスルホン化ポリエチレンはゴム状弾性体で合成ゴム（ハイパロン）として利用される．

エチレン-プロピレン共重合体は合成ゴムとして有用である．エチレン-酢酸ビニル共重合体はホットメルト接着剤として利用される．エチレンやプロピレンとアクリル酸，メタクリル酸などとの共重合体を金属イオン（Na^+，K^+，Ca^{2+}，Ba^{2+}）で橋かけしたものはイオノマー（ionomer）と呼ばれ，熱可塑性で，そのフィルムは透明で強じんである．

b. ポリスチレン

スチレンの合成法はいろいろあるが，工業的にはもっぱらエチルベンゼンの脱水素によってつくられている．エチルベンゼンはベンゼンをエチレンでアルキル化して得られる．

ポリスチレンは，塊状重合，懸濁重合，乳化重合，溶液重合のすべての重合法によって製造される．前二者は成型用ポリマーのために広く採用され，乳化重合は主に合成ゴム（スチレン-ブタジエン共重合体）製造のときに，また溶液重合は塗料用ポリマーを得るために行われる．ポリスチレンは，ポリ塩化ビニル，ポリエチレンとともに応用範囲の広いプラスチックで，特に加工性がよく，透明性，着色性，電気的性質も優れている．テレビのブラウン管保護用ガラス，ラジオのキャビネット，その他の電気器具，台所用品，玩具，雑貨などに用途が広い．

ポリスチレンは衝撃に弱いという欠点がある．この点を改良するために，共重合あるいは柔軟性の大きいゴムとの混用が行われている．AS 樹脂は 20〜30％のアクリロニトリルを含む共重合体である．ABS 樹脂と呼ばれるものはアクリロニトリル，ブタジエン，スチレンの三成分からなる樹脂で，ブレンド法，グラフト法によってつくられる．前者には AS 樹脂とニトリルゴム（NBR）を混練りする方法とラテックス状で混合し共凝固させる方法がある．後者はポリブタジエンラテックス中で，スチレンとアクリロニトリルを共重合（このとき，スチレン-アクリロニトリル共重合体の一部はポリブタジエン分子にグラフトされる）させたのち凝固させる方法である．AS 樹脂，ABS 樹脂はともに耐衝撃性プラスチックとして優れた性能をもっており，特に，ABS 樹脂は硬い AS 樹脂と軟らかい NBR あるいはポリブタジエンとのポリマーアロイであり，加工性，強じん性に富む．バッテリーケース，電気機器部品（エアコン部品，テレビ，パーソナルコンピュータなどのハウジングなど），自動車部品（インストルメントパネル，ランプカバーなど），各種ケース，安全帽などとして利用される．ABS 樹脂は樹脂表面にメッキをすることができるので，自動車，電気通信器具，玩具などの部門で金属代用品として用いられる．発泡ポリスチレンは発泡剤（ブタン，ペンタン，ヘキサンなどの低沸点液体）を含むポリスチレン粒子を加熱し，溶融と同時に発泡させてつくられる．きわめて軽く，断熱性に富み，包装用や，断熱，防音を目的とする建材用として用途が広い．スチレンペーパーは発泡ポリスチレンを押出成型にかけてつくられるもので，食品の包

装用に広く使用されている．
　カミンスキー触媒を使って，シンジオタクチックポリスチレンの製造が工業化されており，結晶性のポリスチレン（T_m：270℃）が市販されている．これまでのポリスチレンの特徴をもちながら，耐熱性の優れた新しい材料として期待されている．

c. 含ハロゲン系ポリマー

　実用上重要なものとしてポリ塩化ビニル，ポリ塩化ビニリデン，フッ素系ポリマーがある．

　1）ポリ塩化ビニル　　塩化ビニルはエチレンから EDC（ethylene dichloride）法およびオキシ塩素化（oxychlorination）法により合成された 1, 2-ジクロロエタンの熱分解によってつくられる．

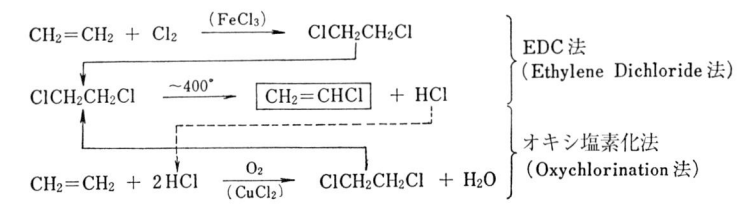

$$CH_2=CH_2 + Cl_2 \xrightarrow{(FeCl_3)} ClCH_2CH_2Cl$$

$$ClCH_2CH_2Cl \xrightarrow{\sim 400°} \boxed{CH_2=CHCl} + HCl$$

$$CH_2=CH_2 + 2HCl \xrightarrow[(CuCl_2)]{O_2} ClCH_2CH_2Cl + H_2O$$

EDC 法（Ethylene Dichloride 法）
オキシ塩素化法（Oxychlorination 法）

　重合は塊状重合，乳化重合，懸濁重合，溶液重合のすべてが可能である．塊状重合物は不純物の混入が少なく，透明性，熱安定性は優れているが，粉砕工程が必要であり，可塑剤の混入にも時間を要する．乳化重合物は重合度は大きいが，乳化剤を含有しているため，透明度，電気的性質が悪い．溶液重合物は分子量が小さくこれも塗料，接着剤としてわずかの用途があるにすぎない．懸濁重合物は粒状として得られ，ポリマーの分離が容易なうえ純度が高く，重合度も大きい．電気的性質，熱安定性に優れているので，成型用ポリマーの大部分はこの方法で合成されたものである．

　可塑剤は一種の溶剤の役目をするもので，樹脂の軟化温度を下げ，成型時の流れをよくし，製品に柔軟性，弾性を与える．可塑剤としては樹脂との相容性がよく，蒸気圧が小さく，耐熱性，耐寒性であることが要求される．一般的にはフタル酸ジ（2-エチルヘキシル），フタル酸ジブチルなどフタル酸系やアジピン酸ジ（2-エチルヘキシル），アジピン酸ジブチルなどのアジピン酸系の化合物が使用される．

　ポリ塩化ビニル 100 部に対して 40〜80 部の可塑剤を加えてつくった製品は軟質製品，可塑剤を全く加えず，あるいは少量加えてつくった製品は硬質製品と呼ばれる．なお，可塑剤を加える代わりに塩化ビニルと他のモノマー（酢酸ビニル，アクリル酸エステルなど）と共重合することにより可塑化することができる．これを内部可塑化という．

　熱安定剤としては，高級脂肪酸の金属塩（Zn, Ca, Ba），アルキルアリルホスファイ

ト，有機スズ化合物，低分子量のエポキシ樹脂などが用いられる．

ポリ塩化ビニルは硬質製品，軟質製品として広い用途がある．農園芸用フィルム，雨具，風呂敷，履物，建材（タイル，波板），絶縁板，ベルト，水道パイプ，電線被覆，各種容器などのほか，発泡品はクッション材，断熱・防音材として，またポリ塩化ビニルのペースト（のり状接着剤）を織布に塗布してつくられるビニルレザーは，カバン，袋物，椅子張りなどとして使用される．

2) ポリ塩化ビニリデン　　エチレンの塩素付加，または塩化ビニルの塩素化により得られる 1, 1, 2-トリクロロエタンの脱塩化水素によってつくられる．

$$CH_2=CH_2+Cl_2 \longrightarrow CH_2Cl-CH_2Cl \xrightarrow{+Cl_2} CH_2Cl-CHCl_2+HCl$$

$$CH_2=CHCl+Cl_2 \longrightarrow CH_2Cl-CHCl_2 \longrightarrow \boxed{CH_2=CCl_2}_{(bp\,31.7°)} +HCl$$

塩化ビニリデンは光や過酸化物によってきわめて重合しやすい．一般には懸濁重合か乳化重合が行われる．単独重合物は結晶性が高く，難溶，難融のため成型加工が困難であるので共重合物が利用される．塩化ビニリデン 85～95% を含む塩化ビニルとの共重合物は，硬質パイプやフィルムとして使用される．このフィルムは水分，ガスの透過性が小さいので食品や薬品などの包装用として優れている．その他，塩化ビニルやアクリロニトリルなどとの共重合ラテックスは，防湿を目的とする皮革，紙の加工に適している．

3) フッ素系ポリマー　　四フッ化ポリマー，三フッ化ポリマーと呼ばれるものがある．C-F 結合が非常に安定なため，耐熱性，耐薬品性の大きい樹脂である．四フッ化ポリマーはテトラフルオロエチレンの重合（ラジカル重合）によって得られる（テフロン，デュポン社）．モノマーの合成を次に示す．

$$CHCl_3+2HF \longrightarrow \underset{(HCFC-22)}{CHClF_2+2HCl}$$

$$2CHClF_2 \xrightarrow[\text{(Agまたはカーボン)}]{650\sim800°} \boxed{CF_2=CF_2}_{(bp\,-76.3°)} +2HCl$$

HCFC：水素原子を含むクロロフルオロカーボンの略称

ポリマーは溶解も溶融もしないので焼結法によって加工する．テープはシリンダー状の成型物から機械的に削り取り，327℃付近に再加熱し，結晶化を防ぐために急冷してつくられる．

三フッ化ポリマーは，トリフルオロクロロエチレンの重合によって得られる．

$$CF_2Cl-CFCl_2 \xrightarrow{Zn 粉} CF_2=CFCl + ZnCl_2$$
$$(CFC-113)$$

CFC：クロロフルオロカーボンの略称

　三フッ化ポリマーは，ポリ塩化ビニリデンや四フッ化ポリマーほどの結晶性はないので射出，押出しなどで成型することができる．

　フッ素系ポリマーは高価であるが耐熱性や耐薬品性の点で他のポリマーにみられない特性があるので，工業用品として特殊な使途がある．ガスケット，パッキング，パイプ，チューブなどに使用され，また摩擦係数が小さいことを利用してロール，乾性軸受材として使用される．非粘着性を生かしたものにフライパン，アイロンのコーティングがある．

d. アクリル系ポリマー

　ポリアクリロニトリル，ポリアクリルアミド，ポリアクリル酸およびエステル，ポリメタクリル酸およびエステル類がこれに属する．

　1）ポリアクリロニトリル　アクリロニトリルの工業的合成法はプロピレンのアンモ酸化法によっており，そのなかでも最も汎用的な方法はソハイオ（SOHIO）法である．

$$CH_2=CHCH_3 + NH_3 + 3/2\,O_2 \xrightarrow[430\sim500℃]{Mo/Bi} CH_2=CHCN + 3H_2O$$

　アクリロニトリルは非常に重合しやすく，塊状重合ではポリマーがモノマーに溶けないので，典型的な不均一重合になる（塩化ビニル，塩化ビニリデンも同じ）．工業的には水溶液重合（モノマーは水に少し溶ける），乳化重合が行われる．

　ポリアクリロニトリルはカーボン繊維製造以外は単独重合物として用いられることはほとんどなく，共重合物は合成繊維，合成樹脂として重要である．前述の AS 樹脂，ABS 樹脂はアクリロニトリルを含む共重合物で，強化プラスチックとして用途が広い．

　2）ポリアクリルアミド　アクリルアミドはアクリロニトリルの銅触媒法による加水分解によってつくられているが，最近バイオテクノロジーによる方法でも製造されている．

$$CH_2=CHCN \xrightarrow[Cu 触媒]{H_2O} CH_2=CHCONH_2 \quad (mp85℃)$$

　アクリルアミドは固体で水，アルコールに溶ける．ポリマーも水溶性で，接着剤，分散剤，紙や繊維の仕上剤として用いられる．

　3）ポリアクリル酸およびエステル　アクリル酸モノマーはプロピレンの気相酸化

法によって合成する．

$$CH_2 = CHCH_3 \xrightarrow[\text{Mo系触媒}]{\text{空気酸化}} CH_2 = CHCHO + H_2O \xrightarrow{\text{空気酸化}} CH_2 = CHCOOH$$

　アクリル酸の塊状重合ではゲル化が起こりやすく，重合物は硬くてもろいガラス状物である．通常アルカリ性水溶液として重合させる．ポリアクリル酸はポリアクリロニトリルの加水分解によっても得られる．ポリマーは水溶液として紙，繊維，皮革などの樹脂加工のり剤，接着剤として用いられるほか，土壌改良剤としての用途がある．

　デンプンにアクリル酸ナトリウムをグラフトさせると，ゆるやかな網目構造をもった電解質ポリマーが得られる．このポリマーを粉末化したものは水中で膨潤して，網目のなかに多量の水を取り込むので高吸水性樹脂として，おむつ，医用材料あるいは生理用品などに利用される．

　アクリル酸エステルとしては，メチルエステルから長鎖のエステルまで種々のモノマーを合成することができる．ポリマーの性質もエステル基によって異なり，ポリアクリル酸メチルは硬いガラス状であるが，長鎖エステルからのポリマーは柔軟性がある．いずれも透明性，耐光性，接着性が優れているので，その特徴を生かして他のモノマー（アクリル酸，メタクリル酸メチル，酢酸ビニルなど）と共重合させて塗料，接着剤，繊維・皮革などの加工剤として利用される．

4) ポリメタクリル酸およびメチルエステル　メタクリル酸およびメチルエステルは，工業的には，(1) イソブチレン気相酸化法および (2) メタクリロニトリルの加メタノール分解法により合成されている．

(1) $CH_2 = C(CH_3)_2$ (あるいは $(CH_3)_3COH$) $\xrightarrow[\text{Mo系触媒}]{O_2}$

$CH_2 = C(CH_3)CHO \xrightarrow{1/2\ O_2} CH_2 = C(CH_3)COOH \xrightarrow[-H_2O]{CH_3OH}$

$CH_2 = C(CH_3)COOCH_3$

(2) $CH_2 = C(CH_3)_2 \xrightarrow{3/2\ O_2,\ NH_3} CH_2 = C(CH_3)CN + 3H_2O$

$\xrightarrow{H_2O,\ H_2SO_4} CH_2 = C(CH_3)CONH_2 \cdot H_2SO_4 \xrightarrow{CH_3OH}$

$CH_2 = C(CH_3)COOCH_3 + NH_4HSO_4$

　メタクリル酸の重合物は透明な無色の固体であるが，工業的な用途はほとんどない．

アクリル酸，メタクリル酸と α-オレフィンとの共重合体はイオノマーとして利用される．

メタクリル酸メチルの重合は，塊状，溶液，懸濁，乳化のすべての方法で行われている．塊状重合であらかじめ一部重合させたい粘い液状物を型に入れ，加熱して重合を完結させる注型重合により有機ガラスが製造される．懸濁および乳化重合物は成型材料として使用される．溶液重合物はそのまま塗料として使用される．

ポリマーは透明性に優れ，耐光性が大きく，強じんである．有機ガラスは透明で安全度が高く，板ガラス，工学レンズ，眼鏡，コンタクトレンズ（ハード），有機系光ファイバーなどとして使用される．義歯床としても用いられる．その他照明器具，万年筆，傘の柄，ボタンなどの用途がある．

メタクリル酸エステルには有用なものが多い．

メタクリル酸グリシジル：$CH_2 = C(CH_3)COOCH_2CH-CH_2$
$\qquad\qquad\qquad\qquad\qquad\qquad\qquad\quad \diagdown\;\diagup$
$\qquad\qquad\qquad\qquad\qquad\qquad\qquad\quad\;\; O$

ポリマーは側鎖にエポキシ基をもち，反応性ポリマーとして有用である．

メタクリル酸2-ヒドロキシエチル：$CH_2 = C(CH_3)COOCH_2CH_2OH$

ポリマーは適度な親水性をもつ．ソフトコンタクトレンズに利用される．

ジメタクリラート：
$$CH_2 = \underset{\underset{CH_3}{|}}{C}COO-X-OO\underset{\underset{CH_3}{|}}{C}C = CH_2$$

Xとして種々の基を導入できる（$-CH_2CH_2-$，$-CH_2CH_2OCH_2CH_2-$など）．重合すると三次元網目構造になる．

2-シアノアクリル酸エステル：$CH_2 = C(CN)COOR$
$\qquad\qquad\qquad\qquad\qquad\;$（R＝メチル，エチル，ブチルなど）

空気中の水分により速やかに重合する．瞬間接着剤として用いられる．

e.　ポリ酢酸ビニルおよび誘導体

酢酸ビニルは酢酸とエチレンからパラジウムを主触媒とする一段酸化で合成される．

$$CH_2 = CH_2 + CH_3COOH \xrightarrow[\text{気相法}]{Pd(OCOCH_3)_2/O_2} CH_2 = CHOCOCH_3$$

重合は種々の方法で行われる．繊維用ポリビニルアルコールの製造を目的とするときにはメタノールを溶媒とする溶液重合が採用される．ポリ酢酸ビニルは T_g が約30℃で成型品として使用されることはほとんどない．溶液重合物，乳化重合物はそのまま接着剤，塗料，織物・紙などの樹脂加工剤として使用される．溶液重合で得られる低重合体はチューインガムのベースとして用いられる．ポリビニルアルコールはポリ酢酸ビニルのケン化によって得られる．完全ケン化物のほかに種々の部分ケン化物を得ることがで

表6.3 部分ケン化ポリビニルアルコールの溶解性

アセテート残基（％）	溶 解 性
＞70	有機溶剤に可溶，水に不溶
60	含水アルコール，アセトン可溶，水に不溶
40	含水アルコール可溶，冷水に不溶，熱水に不溶
30～35	冷水に可溶
20	熱水に可溶
5～7	熱水に可溶，冷水に離溶

きる．部分ケン化物はケン化度によって溶解性が異なる．完全ケン化物は冷水には溶けにくいが，アセテート残基30～40％程度のものは冷水に溶ける．おもしろいことにこの水溶液を加温するとポリマーが析出してくる．部分ケン化物の溶解性を表6.3に示す．

ポリビニルアルコール，あるいは部分ケン化物の水溶液は，繊維ののり剤・仕上剤，接着剤，写真の乳剤などの用途がある．ポリビニルアルコールは，グリセリンのような多価アルコールによって可塑化し成型することができる．耐水性は悪いが，その反面，有機溶剤や油類に対する抵抗が大きいので，油や有機溶剤を取り扱うパイプ，ガスケット，シールなどに使用される．

ポリビニルアルコールを酸存在下にアルデヒドと反応させるとポリビニルアセタール樹脂が得られる．

$$\cdots\text{CH}_2-\text{CH}-\text{CH}_2-\text{CH}-\text{CH}_2-\text{CH}-\text{CH}_2-\text{CH}-\text{CH}_2-\text{CH}-\cdots$$
$$\quad\quad\quad\quad\text{OH}\quad\quad\text{OH}\quad\quad\text{OH}\quad\quad\text{OH}\quad\quad\text{OH}$$

$$\cdots\text{CH}_2-\text{CH}-\text{CH}_2-\text{CH}-\text{CH}_2-\text{CH}-\text{CH}_2-\text{CH}-\text{CH}_2-\text{CH}-\cdots$$

+RCHO →（酸）

（アセタール化構造式）

アセタール化が進行するにつれて水溶性が減少し，逆に有機溶剤に可溶となり，可塑性が出てくる．

アルデヒドとしては，ホルムアルデヒド，アセトアルデヒド，ブチルアルデヒドなどが用いられる．ポリビニルアセタール樹脂は一般に塗料，接着剤として使用される以外に，ポリビニルホルマールは電線の絶縁材料として，またポリビニルブチラールは，透明度，耐光性に優れ，接着性，耐水性，耐衝撃性も大きいので自動車用安全ガラスの中間膜として用いられる．

f. ポリビニルエーテル

ビニルエーテルはアセチレンとアルコール，あるいは塩化ビニルとアルコラートから

つくられる．

$$CH\equiv CH + ROH \xrightarrow{(KOH)} CH_2=CHOR \quad \begin{array}{l}R:CH_3\ bp\ 6°\\C_2H_5\ bp\ 35.5°\end{array}$$

$$CH_2=CHCl + RONa \longrightarrow CH_2=CHOR + NaCl$$

単独ではラジカル重合は起こらず，カチオン重合のみが可能である．Rの種類によってポリマーの性状が異なり，ポリメチルビニルエーテルは粘い液状物であるが，Rが大きくなるに従いゴム状固体から非粘着性のロウ状物になる．ラジカル共重合は容易に進行する．無水マレイン酸との共重合は興味深く，無水マレイン酸も単独では重合しないがビニルエーテルとは容易に共重合が起こり，しかもポリマーの組成は，モノマーの仕込割合のいかんにかかわらず常に１：１である．この共重合物は接着剤として用いられる．

g. 含窒素系ポリマー

1）ポリビニルピリジン　　ポリマーは高分子電解質であり，界面活性剤として使用される．また共重合により繊維の染色性の改良（アクリル繊維）やジエン系モノマーと共重合して合成ゴムの性能の向上に供される．

2-メチル-5-ビニルピリジン(bp73℃/15mm)

2）ポリビニルピロリドン　　α-ピロリドンとアセチレンの反応でつくられるビニルピロリドンのポリマーは水溶性で，接着剤，乳化剤，染色助剤，薬品や化粧品の添加剤などとして利用される．

6.3.3 重縮合系プラスチック

ポリアミド，ポリエステルが重縮合物の代表的なものであり，これらは合成繊維を目的として製造されることが多いが，ポリカーボナートなどとともにエンジニアリングプラスチック（エンプラ）としても重要になっている．さらに，スーパーエンプラと呼ばれるものの多くは重縮合で製造される．アルキド樹脂，不飽和ポリエステルはポリエステル系の重縮合物に属するが，三次元構造のため，応用面が異なる．

エンジニアリングプラスチック（エンプラ）

力学的特性，熱的特性，寸法安定性などが優れている高性能樹脂で，金属代替材料として用いられる．

５大エンプラ：ナイロン-66，ナイロン-6，アセタール樹脂（ポリオキシメチレン），ポリフェニレンオキシド，ポリブチレンテレフタレート

---

a. ポリアミド

合成繊維として重要であるが，プラスチックとしても重要である．一般にポリアミドは強度が大きく，融点が高く，耐摩耗性も大きいので，ギアー，ベアリング，ベルト，パッキングなどの工業用品から，クシ，ボタンなどの日用品としての用途も大きい．

b. ポリエステル

1) ポリエチレンテレフタレート，ポリブチレンテレフタレート，ポリアリレート
ポリエチレンテレフタレートは透明性，ガスバリヤー性がよいので炭酸飲料用ボトルに適している．フィルムは耐熱性，引裂き強度が大きく，電気絶縁テープ，写真フィルム，包装用，真空蒸着用テープとして利用される．

ポリブチレンテレフタレートはエンプラとして開発されたもので，自動車部品，電気・電子部品として利用される．

ポリアリレートはビスフェノールAとテレフタル酸とから合成される非結晶性ポリマーでT_gが200℃と高く，強じんで傷がつきにくい．エンプラよりも力学物性が一段と優れるのでスーパーエンプラと呼ばれる．

2) アルキド樹脂　　二塩基酸と多価アルコールの重縮合によって得られるポリエステルで，最終段階では三次元網状構造になる．グリセリンと無水フタル酸からのアルキド樹脂はグリプタル樹脂と呼ばれる．

二塩基酸，多価アルコールとしては次のようなものも使用される．

無水マレイン酸　　　　　アジピン酸　　　　　セバチン酸

エチレングリコール　ジエチレングリコール　ペンタエリトリトール　　マンニトール

　二塩基酸と多価アルコールの縮合反応を適度の段階で止めると可溶性のブレンドポリマーが得られる．これを塗布し，加熱すると三次元化が起こり塗膜が形成されるが，この塗膜は硬くてもろく，実用的でない．

　第3成分として一価の脂肪酸を加えてつくったプレポリマーからは柔軟性，屈曲性のある良質の塗膜が形成される．通常アミノ樹脂と混合して使用される．不飽和脂肪酸で変性したものは空気中の酸素によって橋かけ反応が起こり，常温乾燥性の塗料となる．

　アルキド樹脂は一般に耐久性が優れており，柔軟なうえ強じんで，光沢がよく染料や顔料による着色も容易である．建築用一般，船舶，航空機，車両，機械や電気部品，玩具などの塗料として広く使用される．

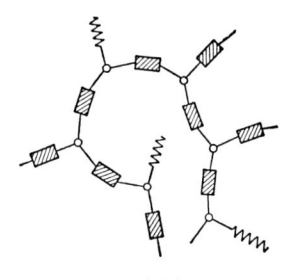

〜〜〜〜〜 脂肪酸残基

3) 不飽和ポリエステル　　普通，ポリエステル樹脂と呼ぶ場合は，不飽和ポリエステル樹脂を指すことが多い．

　不飽和二塩基酸と二価アルコールとの重縮合で生成するポリエステルは二重結合を含んでいる．このポリエステル（プレポリマー）にビニルモノマー（例えばスチレン）を混合して重合させると，プレポリマー中の二重結合との間に一種の共重合が起こり，三次元に網状化する．不飽和二塩基酸としてはマレイン酸，無水マレイン酸，イタコン酸，フマル酸などが，また二価アルコールとしてはエチレングリコール，プロピレングリコール，ジエチレングリコールなどが使用される．

なお，実際にはプレポリマーとしては飽和二塩基酸（無水フタル酸，イソフタル酸，アジピン酸など）を加えた三成分縮合物が用いられる．ビニルモノマーとしては，スチレン，ビニルトルエン，ジアリルフタラート，メタクリル酸メチルなどが使用される．

プレポリマーとビニルモノマーの共重合（橋かけ反応）は単に加熱するか，また過酸化物を加えて加熱すれば起こるが，過酸化ベンゾイルとジメチルアニリンあるいはエチルメチルケトンペルオキシドとナフテン酸コバルトのようなレドックス開始剤を使用すれば室温で硬化させることができる．この常温硬化を利用して注型法，低圧積層法などにより各種の成型品を得ることできる．

ガラス繊維，炭素繊維，芳香族ポリアミド繊維などの耐熱性，高強度繊維で補強されたプラスチックはFRP（fiber reinforced plastics）と呼ばれ，代表的複合材料*である．構造材料として，波板，化粧板，浴槽，浄化槽，自動車，ボートのボデーなどに使用されるほか，ヘルメット，スキー，盆，皿などに広い用途を有する．FRP用のプラスチックとしては不飽和ポリエステルが最も広く使用されるが，用途に応じてフェノール樹脂，エポキシ樹脂なども用いられる

複合材料

繊維または粒状の強化材を母材で固めて複合化し，力学的・物理的特性を向上させたものの総称で，強化材には無機・有機粒状物，ウイスカー，ガラス繊維，アラミド繊維，炭素繊維などが用いられ，母材として熱可塑性樹脂，不飽和ポリエステル，エポキシ樹脂などがよく用いられる．

---

c. ポリカーボナート

グリコールまたは二価フェノールと，炭酸エステルあるいはホスゲンとの重縮合によって得られる．

$$n\text{HO}-\text{R}-\text{OH} + n\text{R}'-\text{O}-\underset{\text{炭酸エステル}}{\overset{\overset{\text{O}}{\|}}{\text{C}}}-\text{O}-\text{R}' \longrightarrow \cdots\underset{\text{ポリカーボナート}}{(\text{O}-\text{R}-\text{O}-\overset{\overset{\text{O}}{\|}}{\text{C}})_{n}}\cdots + (2n-1)\text{R}'\text{OH}$$

$$n\text{HO}-\text{R}-\text{OH} + n\text{Cl}-\underset{\text{ホスゲン}}{\overset{\overset{\text{O}}{\|}}{\text{C}}}-\text{Cl} \longrightarrow \cdots(\text{O}-\text{R}-\text{O}-\overset{\overset{\text{O}}{\|}}{\text{C}})_{n}\cdots + (2n-1)\text{HCl}$$

Rが脂肪族の場合には，一般にポリマーの融点が低く実用的な意味がない．通常ポリカーボナートと呼ばれているのは2,2-ビス(4-ヒドロキシフェニル)プロパン（慣用名：ビスフェノールA）とホスゲンから得られるポリ炭酸エステルである．

重合は界面重縮合または溶融重縮合によって行われる．

ポリカーボナートは，機械的強度が大きく，吸湿性が少なく，耐熱性，耐光性，透明度が大きい．エンジニアリングプラスチックとして機械部品，電気部品，フィルム，婦人靴ヒールなどとして使用される．

主要なスーパーエンプラ

エンプラよりもさらに耐熱性，機械強度の優れたものをスーパーエンプラと称している．代表例の構造と物性を示す．

	構造	T_g (℃)	T_m (℃)	HDT (℃)
ポリスルホン (PSF)		190	—	150
ポリエーテルスルホン (PES)		225	—	203
ポリアミドイミド (PAI)		280	—	240
ポリエーテルイミド (PEI)		217	—	170
ポリフェニレンスルフィド (PPS)		88	277	260
ポリエーテルエーテルケトン (PEEK)		143	334	240

* HDT：熱変形温度

d. シリコン樹脂

ケイ素を含む重合体には，シリコン油，シリコン樹脂，シリコンゴムがあり，いずれも構造的にはオルガノポリシロキサンである．

$$\cdots-O-\underset{R}{\underset{|}{\overset{R}{\overset{|}{Si}}}}-O-\underset{R}{\underset{|}{\overset{R}{\overset{|}{Si}}}}-O-\underset{R}{\underset{|}{\overset{R}{\overset{|}{Si}}}}-\cdots \quad \left(\begin{array}{l}\text{R はアルキル基または}\\\text{フェニル基}\end{array}\right)$$

ケイ素と有機ハロゲン化物を銅触媒共存下に反応させるとオルガノハロゲンシランの混合物が得られるので，

$$Si + 2CH_3Cl \longrightarrow (CH_3)_2SiCl_2$$
$$(bp\ 70.0℃)$$
$$Si + 3CH_3Cl \longrightarrow CH_3SiCl_3 + C_2H_6$$
$$(bp\ 65.5℃)$$
$$Si + 3CH_3Cl \longrightarrow (CH_3)_3SiCl + Cl_2$$
$$(bp\ 57.4℃)$$

精密分留にかけて分離する．いずれも容易に加水分解を受けてシラノールを生成するが，シラノールは副生した塩酸によって縮合反応が促進され，直ちにポリシロキサンになる．

$$(CH_3)_2SiCl_2 + 2H_2O \longrightarrow HO-\underset{CH_3}{\underset{|}{\overset{CH_3}{\overset{|}{Si}}}}-OH + 2HCl$$
ジメチルシラノール

$$n\ HO-\underset{CH_3}{\underset{|}{\overset{CH_3}{\overset{|}{Si}}}}-OH \xrightarrow{(HCl)} \cdots\left(-O-\underset{CH_3}{\underset{|}{\overset{CH_3}{\overset{|}{Si}}}}-\right)_n\cdots + (n-1)H_2O$$
(鎖状)

シリコン油は，ジメチルジクロルシラン，あるいはメチルフェニルジクロルシランに少量のトリクロルシランを添加した混合物を加水分解して得られる鎖状ポリマーである．トリメチルクロルシランは，分子量調節剤および末端基の保護剤としての役目をもつ．

シリコン油は，耐熱性，耐寒性に富み，電気絶縁性が大きく，表面張力が小さい．潤滑油，電気絶縁油，真空ポンプ油，グリース，離型剤，消泡剤などとして使用される．

シリコン樹脂は，R_3SiCl，R_2SiCl_2 $RSiCl_3$ をいろいろな割合に混合したものを加水分解して得られる．R の性質（メチル，エチル，フェニル）および R/Si（すなわち網目構造の程度）によって性質が異なる．

R（メチル）/Si：

　1.2 以下： 硬化性大（常温硬化），硬くてもろい．

1.3〜1.6：150℃〜250℃で硬化．可撓性大．
1.6 以上： 硬化に高温，長時間を要する．
シリコン樹脂は，電気絶縁材料，耐熱塗料，接着剤などとして用いられる．

e. ポリフェニレンオキシド（PPO）

代表的なものは 2,6-ジメチルフェノールの酸化的縮合によって得られるポリマーである．酸化の触媒としては銅-アミン錯体が使用される．

PPO はポリカーボネートに似た性質を有し，耐熱・耐寒性に富み，耐薬品性，機械的強度が大きい．熱変形温度が高く（220℃），加工性が悪いのでポリスチレンとブレンドされる．両者は相容性がよく，典型的なポリマーアロイであり，T_g は加成性を示す（変性 PPO）．金属製品やガラス製品の代用としての用途がある．

$$HO-C_6H_2(CH_3)_2-H \xrightarrow[\text{(CuCl-ピリジン)}]{\text{空気または酸素}} -[-O-C_6H_2(CH_3)_2-]_n-$$

ポリマーブレンドとポリマーアロイ

ポリマーブレンド：2種類以上のポリマーを混ぜ合わせてつくるポリマー材料．

ポリマーアロイ：ミクロにみてポリマーを2種類以上含んだポリマー多成分系で，物理的・化学的にポリマーをブレンドしたもので優れた物性をもつものをいう．ブロックあるいはグラフト共重合体も含まれる．

6.3.4 付加縮合系プラスチック

フェノール樹脂，アミノ樹脂がこの部類に属する．いずれも熱硬化性樹脂であり，付加と縮合の2段階反応によって生成する．

a. フェノール樹脂

1907年にベークランド（L. H. Bakeland）は，フェノールとホルムアルデヒドとの反応生成物に木粉を加え，高温・高圧下で硬化成型する方法を見いだし，ベークライトと命名した．これがフェノール樹脂の実用化の始まりである．

フェノールとホルムアルデヒドとの反応では，水酸化ナトリウムやアンモニアのようなアルカリ触媒を用いたときには，縮合反応は起こりにくいので，メチロール基に富んだ1〜2核体の混合物が生成する．これをレゾール（resol）と呼ぶ．レゾール樹脂を加熱すると縮合反応が起こって，最後には不溶不融の三次元網目構造になる．

硬化物の構造は非常に複雑で，異常結合や異常構造を含み，これらが着色の原因とな

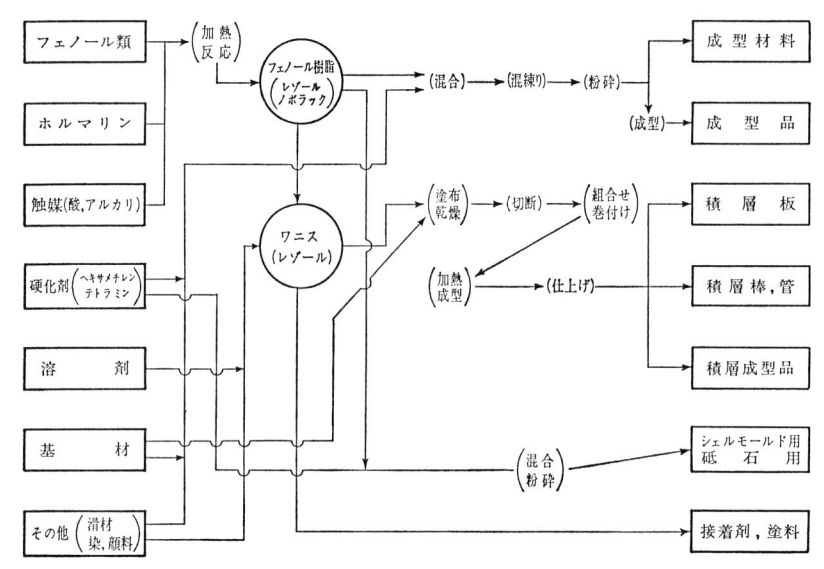

図 6.12 フェノール樹脂製造工程

るものと推定されている．一方，酸触媒（硫酸，塩酸，シュウ酸など）で反応させた場合には，付加よりも縮合が起こりやすいので，生成物は遊離メチロール基の少ない低分子量の線状体である．これをノボラック（novolak(c)）と呼ぶ．

ノボラック樹脂はメチロール基に乏しいため，そのまま加熱しただけでは硬化しないので，ヘキサメチレンテトラミンのような硬化剤を加えて加熱する．

フェノール樹脂の製造工程のフローシートを図 6.12 に示す．成型材料として主としてノボラックが用いられ，基材（木粉，パルプなど），硬化剤，その他の添加剤を混合，混練りしたのち，粉砕して成型粉とする．積層材料用としてはレゾールが使用され，そのアルコール溶液を基材（布や紙など）に塗布，含浸させ，加熱乾燥後所定の寸法に切断する．これを幾枚か重ね合わせて加熱・加圧して成型する．

成型品の用途は軽電気関係が大部分を占め，電気・電子機器部品（ソケット，コネクター，基盤など），機械部品（つまみ，ハウジング，ケーシング），自動車，車両関係（ブレーキ），その他日用雑貨など多方面にわたっている．積層品では積層板が最も多く，化粧板用裏基板，ラジオやテレビなどの部品，配電盤などに使用される．その他，人工砥石粘結剤，接着剤，塗料としての用途も広い．

b. **キシレン樹脂**

メタキシレンを硫酸を触媒としてホルムアルデヒドと加熱すれば粘いキシレンホルムアルデヒド樹脂が得られる．これは次のような結合による付加縮合体の混合物である．

このようなキシレン樹脂をフェノールとともに加熱すると，フェノールが三官能のために三次元化が起こり，硬化する．キシレン樹脂はフェノール樹脂に比べて水酸基が少ないので電気絶縁性，耐薬品性，耐水性が大きく，耐湿性電気絶縁材料として優れている．そのほか，塗料，耐薬品性ライニング用として使用される．

c. アミノ樹脂

アミノ基とホルムアルデヒドの付加縮合によって得られる樹脂を一般にアミノ樹脂といい，尿素樹脂，メラミン樹脂はその代表的なものである．

樹脂化の過程が付加，縮合の2段階からなる点はフェノール樹脂の場合と同じであるが，尿素は四官能性，メラミンは六官能性であるため反応は複雑である．

中性または弱アルカリでは縮合反応が起こりにくいためメチロール化物が生成する（尿素の場合は，テトラメチロールまで，メラミンの場合はヘキサメチロールまで生成可能）．

酸性における反応では縮合速度が大きく，尿素の場合にはメチレン尿素が生成する．実用に供される樹脂は，中性または弱アルカリ性での反応で得られるメチロール化物を加熱，三次元化させたものである．

尿素またはメラミンに対するホルムアルデヒドのモル比を 1.5 ～ 2.5（尿素），2 ～ 4（メラミン）付近に調整し，pH を 7 ～ 8（尿素）あるいは 8 ～ 9（メラミン）に保って

60〜90℃に加熱すると，混合メチロール化物がシロップ状として得られる．

成型材料を目的とするときには，このシロップに木粉またはセルロースを混ぜたのち，乾燥，粉砕し，着色顔料，硬化剤などを加えてよく混合する．硬化剤としては塩化亜鉛，塩化アンモニウムなどが使用されるが，加熱だけでも十分硬化するので，必ずしも添加する必要はない．

メラミン樹脂成型品も尿素樹脂成型品もほぼ同じ用途があるが，特に前者は電気部品，機械部品，回転翼などとしての利用が多く，後者は食器，容器，ボタン，照明器具などとして広く使用される．

積層板としては両者とも使用できるが，実際に使われているのはほとんどメラミン樹脂である．前記のシロップを紙やガラス布に含浸させ，乾燥，切断して加熱下にプレスしてつくられる．化粧板，家具材上張，壁材などとして広い用途がある．

その他の用途として，接着剤，繊維加工剤，紙加工剤および塗料などがある．前三者用としては水溶性のメチロール化物が使用される．接着剤としては主として尿素樹脂が用いられ，合板，木工用として用途が広い．繊維加工は防シワ，ウオッシュアンドウェア加工，撥水加工などの目的で行われる．紙の加工剤として用いたときには湿潤強度が増大する．塗料としては主としてメラミン樹脂が用いられるが，メチロール化物をブタノールなどでエーテル化して有機溶剤に溶かし，単独あるいはアルキド樹脂と併用して焼付け塗料として使用される．

6.3.5 開環重合系プラスチック

開環重合によってポリマーを生成する環状化合物は多数知られているが，実用上重要なのはエチレンオキシド，プロピレンオキシドなどを含む環状エーテル，ε-カプロラクタムがある．後者については，合成繊維の項で述べた．

なお，ホルムアルデヒドやアセトアルデヒドも重合してポリエーテルを生成する．$C=O$ の π 結合を σ 結合に転換する点では付加重合に属するが，重合機構や重合開始剤の点ではむしろ開環重合との関連性が大きいので2員環エーテルとして取り扱う．アルデヒドからのポリエーテルは特にアセタール樹脂と呼ばれる．

a. アセタール樹脂

ホルムアルデヒドはカチオン重合もアニオン重合も可能であるが，カチオン重合では高重合体は得にくい．

ホルムアルデヒドの3量体であるトリオキサンもカチオン重合によってポリオキシメチレンを生成する．

CH_2O (bp $-21°$)

カチオン重合(BF_3, $FeCl_3$)
アニオン重合(Bu_3N, $Al(OR)_3$)
カチオン重合(BF_3)

→ ·····$-CH_2OCH_2OCH_2O-$·····
ポリオキシメチレン

(トリオキサン, mp $64°$)

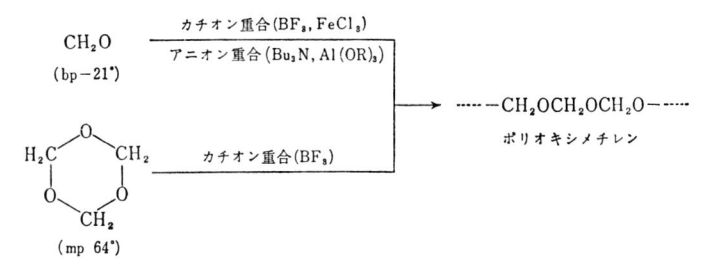

ホルムアルデヒドのポリマーは古くから知られていたが，熱安定性が悪く，実用化には至らなかった．1956年にデュポン社は，熱安定性が大きく機械的性質の優れたアセタール樹脂の製造に成功し，デルリン（Delrin）という商品名で工業化を開始した．デルリンは高度に精製乾燥したホルムアルデヒドを開始剤（アニオン重合系）を含む炭化水素（オクタンなど）中に常温付近で吹き込んでつくられる．重合度が大きく，そのままでも従来のポリオキシメチレンに比べて熱安定性ははるかに大きいが，さらにエステル化などの処理により末端水酸基を保護することにより熱安定性の向上が図られている．

·····$-CH_2OCH_2OCH_2OH$ + $CH_3\overset{O}{\overset{\|}{C}}-O-\overset{O}{\overset{\|}{C}}CH_3$ $\xrightarrow{(CH_3COONa)}$
·····$-CH_2OCH_2OCH_2OOCCH_3$ + CH_3COOH

デルリンは結晶性が大きく，強じんで，耐摩耗性，電気絶縁性に優れている．金属に代わる樹脂（エンプラ）として回転翼，ギヤー，ベアリングなどに使用される．フィルムは強じんで耐熱性も大きい．

セルコン（セラニーズ社）は，トリオキサンと少量のアルキレンオキシドとの共重合物であり，デルリンとほぼ同じ性質のアセタール樹脂である．

b. ポリエーテル

ポリエーテルはエチレンオキシド，プロピレンオキシドなどの開環重合によって得られる．アニオン重合もカチオン重合も可能であるが工業的には主としてアニオン重合が行われる．

CH_2-CH_2 (エポキシ, O) → ·····$-CH_2CH_2-O-CH_2CH_2-O-CH_2CH_2-O-$·····

ポリエチレンオキシドは，分子量200付近の液状低重合物から10000に近いワックス状高重合物までつくられている．化粧品や医薬（軟膏）の添加剤，農薬や顔料の分散剤，潤滑剤などとして用いられる．また，エチレンオキシドやプロピレンオキシドの低重合物はポリウレタンの原料として大量に使用される．アルキルフェノールにエチレンオキ

シドを付加重合させたものは非イオン界面活性剤として有用である．炭酸ストロンチウム，炭酸カルシウムなどのアルカリ土類金属塩を開始剤にしたエチレンオキシドの重合では数十万～数百万の分子量のポリマーが得られる．ポリオックスと呼ばれ機械的性質が優れている．

c. エポキシ樹脂

分子内にエポキシ環を2個以上含むポリマー自身およびそのエポキシ基の開環反応によって生成する樹脂をいう．いろいろのタイプのエポキシ樹脂が製造されているが，代表的なものはビスフェノールAとエピクロルヒドリンとの縮合物である．

$$HO-C_6H_4-C(CH_3)_2-C_6H_4-OH + Cl-CH_2-CH(O)CH_2 \xrightarrow{(アルカリ)}$$

$$CH_2(O)CH-CH_2-O-C_6H_4-C(CH_3)_2-C_6H_4-[O-CH_2-CH(OH)-CH_2-O-C_6H_4-C(CH_3)_2-C_6H_4-]_n O-CH_2-CH(O)CH_2$$

分子量の小さい粘い液体から，分子量の大きい固体までつくられている．

エポキシ樹脂は硬化剤の存在下に室温あるいは加熱することによって網状化が起こる．硬化剤としてはポリアミン，多価カルボン酸およびその酸無水物などが使用される．

$$\sim CH_2-CH(O)CH_2 + H_2N-R-NH_2 \longrightarrow \sim CH_2-CH(OH)-CH_2-N(R)-N(CH_2-CH(OH)-CH_2\sim)_2$$

$$\sim CH_2-CH(OH)-CH_2\sim + 無水フタル酸 \longrightarrow \sim CH_2-CH(O-CO-C_6H_4-COOH)-CH_2\sim$$

$$CH_2(O)CH-CH_2\sim \longrightarrow \sim CH_2-CH-CH_2\sim \text{（フタル酸ジエステル架橋）}$$

一般に使用されるエポキシ樹脂はエチレンジアミン，ジエチレントリアミンなどの脂肪族ポリアミンを硬化剤とするものである．常温硬化で，接着力が大きく，特に金属，

ガラスなどの接着剤として賞用される．また，硬化に際して収縮率が小さいことから注型品としての用途も広い．その他，ガラス布にエポキシ樹脂を塗布して積層品としたり，常温乾燥塗料，焼付け塗料として使用される．

6.3.6 重付加系プラスチック

この部類に入る樹脂は比較的少なく，実用的に重要なのはジイソシアナートとジオールから得られるポリウレタンである．

ジイソシアナートは工業的にはジアミンとホスゲンとの反応によってつくられる．

$$\underset{\text{2,6-トリレンジイソシアナート}}{\text{(図)}}$$

$$\underset{\text{ジイソシアナート}}{\text{OCN-A-NCO}} + \underset{\text{ジオール}}{\text{HO-B-OH}} \longrightarrow \underset{\text{ポリウレタン}}{\sim\!\!\!(\text{OCNH-A-NHCOO-B-O})_n\!\!\!\sim}$$

ウレタンフォーム

ウレタンフォームの製造にはジオール成分としては，エチレンオキシド，プロピレンオキシドあるいはテトラヒドロフランなどの開環重合物で，両末端に水酸基を有するポリエーテル（ポリエーテルグリコール）が使用される．イソシアナートとしては，トリレンジイソシアナート，ジフェニルメタンジイソシアナートのような芳香族系のものが使用される．

これらのジオールとそれよりもやや過剰のジイソシアナートと反応させて，あらかじめ末端に遊離のイソシアナート基をもったプレポリマーをつくる．

このプレポリマーに，水，グリコール，ジアミン，アミノアルコールなどを加えると（プレポリマー中の遊離イソシアナートの化学量論量よりやや少なめに），鎖長が増大するとともに橋かけが起こる．

水橋かけによる網状構造を模型的に示せば次式のようになる．

水による橋かけ

$$\sim\!\!\sim\!\!\text{NCO (プレポリマー)} + \text{H}_2\text{O} \longrightarrow \sim\!\!\sim\!\!\text{NH-CO-NH}\!\!\sim\!\!\sim + \text{CO}_2 \quad \text{(鎖長増大)}$$

$$\sim\!\!\sim\!\!\text{NH-CO-NH}\!\!\sim\!\!\sim + \text{OCN}\!\!\sim\!\!\sim \text{(プレポリマー)} \longrightarrow \sim\!\!\sim\!\!\text{NH-CO-N(CONH}\!\!\sim\!\!\sim\text{)}\!\!\sim\!\!\sim \quad \text{(網状化)}$$

ジオールによる橋かけ

$$\sim\!\!\sim\!\!\text{NCO (プレポリマー)} + \text{HO-R-OH} \longrightarrow \sim\!\!\sim\!\!\text{NH-COO-R-COO-NH}\!\!\sim\!\!\sim \quad \text{(鎖長増大)}$$

$$\sim\!\!\sim\!\!\text{NH-COO-R-COO-NH}\!\!\sim\!\!\sim + \text{OCN}\!\!\sim\!\!\sim \text{(プレポリマー)} \longrightarrow \sim\!\!\sim\!\!\text{NH-COO-R-COO-N(CONH}\!\!\sim\!\!\sim\text{)}\!\!\sim\!\!\sim \quad \text{(網状化)}$$

水橋かけによる模式的網状構造

(矢印：反応部位)

　水を橋かけ剤とするときには，炭酸ガスの発生と網状化をうまく調節することによって良質のフォームが得られる．

　一方，発泡剤として炭酸ガスを利用する代わりに CFC-11（CCl_3F, bp 23.8℃）や CFC-12（CCl_2F_2, bp -29.8℃）のような低沸点のハロゲン化炭化水素（フロン）を使

用する方法が盛んになった．この方法では発泡剤をグリコールやアミノアルコールに冷却下に溶かし，プレポリマーと混合すると上記の反応が起こって網状化する．このときの反応熱によって発泡剤が気化してフォームが得られる．実際にはプレポリマーの製造工程を省き，ジオール成分，ジイソシアナート，発泡剤を同時に混合してワンショットでフォームを製造する方法が主としてとられる．

　フロン発泡法は製造工程上からも，品質上からも優れた方法であるが，フロンにはオゾン層を破壊する作用があるため，代替フロンの開発が急務になっており，シクロペンタンなどの利用が検討されている．

　以上のように分子量の大きいジオール成分を使用してつくられたフォームは橋かけ密度が小さく，軟らかくて弾性があるので軟質フォームまたは弾性フォームと呼ばれる．これに対して水酸基を3個以上もっている分子量の小さいポリオールを使用すれば，橋かけ密度が高く，機械的強度の大きい硬質フォームが得られる．ポリオールとしてはグリセリン，トリメチロールプロパン，ソルビトールなどにエチレンオキシド，プロピレンオキシドを少量付加させたものがよく使用される．

　軟質フォームは軽くて弾性が大きく，引裂き強度，耐老化性も大きい．椅子，マットレス，ベッド，自動車座席のクッション材として大量に使用されている．

　硬質フォームは独立気泡構造を有し，不通気，不透水性であり，機械的強度も大きい．保温・保冷用の断熱材，防音材などのほか，浮揚材，航空機用材料などに広く用いられる．

　非発泡ポリウレタンの用途としては塗料，接着剤，合成皮革などがある．ウレタン塗料にはいくつかのタイプがあるが，いずれも耐摩耗性，耐薬品性が大きく，強じんで屈曲性に富み，優れた性能をもっている．接着剤としたときには常温硬化も可能であり，またイソシアナート基と被接着面との間に一次結合が起こる場合もあり，強固な接着力が得られる．合成皮革，人工皮革用には熱可塑性ウレタンゴムが使用される．

参考文献

1）三羽忠広：基礎合成樹脂の化学（新版），技報堂出版，1975．
2）日本化学会編：化学便覧　応用化学編II（第5版），丸善，1995．

7

機能性高分子材料

　高分子材料を大別すると構造材料として利用するものと，機能材料として利用するものに分けられる．後者の目的で用いられる高分子を機能性高分子というが，明確な定義はない．その機能の特徴を物理化学的な特性を利用するもの（感光高分子，フォトレジスト，導電性高分子など），化学的特性を利用するもの（膜（逆浸透膜，人工腎臓透析膜，酸素富化膜），高分子ゲルなど），生化学的特性を利用するもの（医用高分子，高分子医薬，固定化酵素など）などとおおまかに分類することもできるが，必ずしもこのような分類で分けられないものもある．ここでは，機能性高分子の特徴を理解する立場から機能別に重要な例を紹介する．

7.1 分 離 機 能

　イオン交換樹脂はイオンを吸着することのできる樹脂で，水中に含まれる食塩の除去において古くから用いられた樹脂である．また，透析膜の例にみられるように，膜を用いる分離も盛んに行われるようになった．この項では分離膜を中心に分離の原理と材料について述べる．

7.1.1 イオン交換樹脂 (ion-exchange resin)

　陽イオン交換樹脂，陰イオン交換樹脂の2種があり，陽イオン交換基としては$-SO_3H$（強酸性），$-COOH$，$-OH$（フェノール性）（弱酸性）が，陰イオン交換基としては$\equiv N^+OH^-$（強塩基性），$-NH_2$，$=NH$，$>N$（弱塩基性）がある．ポリスチレンを骨格とする陽・陰イオン交換樹脂は次のようにしてつくられる．
　スチレンに少量のジビニルベンゼン（橋かけ剤）を加えて懸濁重合させて 20〜50 メッシュのビーズ状の樹脂をつくる．この樹脂をスルホン化すれば強酸性陽イオン交換樹脂が得られ，クロルメチル化後アミンで四級化すれば強・弱塩基性陰イオン交換樹脂が得られる．なお最近ではクロルメチル化スチレンモノマーが入手できる．

$$CH_2=CH\ (ベンゼン) + CH_2=CH\ (ジビニルベンゼン、橋かけ剤) \xrightarrow{} 橋かけポリスチレン \xrightarrow{H_2SO_4} \text{—}C_6H_4\text{—}SO_3H$$

$$橋かけポリスチレン \xrightarrow{CH_3OCH_2Cl} \text{—}C_6H_4\text{—}CH_2Cl$$

$$\text{—}C_6H_4\text{—}CH_2Cl \xrightarrow{NR_3} \text{—}C_6H_4\text{—}CH_2NR_3Cl \xrightarrow{NaOH} \text{—}C_6H_4\text{—}CH_2NR_3OH$$

海水脱塩の原理は次のように表される.

$$\text{—}C_6H_4\text{—}SO_3^- H^+ + Na^+ Cl^- \rightleftharpoons \text{—}C_6H_4\text{—}SO_3^- Na^+ + H^+ Cl^-$$

$$\text{—}C_6H_4\text{—}CH_2N^+R_3OH^- + H^+Cl^- \rightleftharpoons \text{—}C_6H_4\text{—}CH_2N^+R_3Cl^- + H_2O$$

　特殊な重合法によって合成された多くの巨大孔をもつ橋かけポリスチレンはMR樹脂 (macroreticular resin) と呼ばれ,有機溶媒による乾湿時の容積変化が小さいという特長をもつ.イオン交換樹脂の最大の用途は水処理である.硬水の軟水化,海水の脱塩による工業用水の確保に大きな役割を果たしている.その他,メッキ液から金属イオンの回収,ショ糖,ホルマリン,グリセリンあるいはペニシリンなどのような食品,化学薬品,医薬品の精製脱色,ガスの吸着,エステル化,加水分解の触媒などに広い用途がある.

7.1.2　イオン交換膜 (ion‐exchange membrane)

　塊状重合法,ペースト法などによってつくられる.前者は重合物から適当な厚さのフィルムを削り取り,イオン交換基を導入する方法,後者はモノマーとジビニルベンゼンの混合物にポリ塩化ビニルなどの熱可塑性樹脂の微粉末を加えてペースト状にしたものを,布,網などに塗布して加熱,重合(このとき,熱可塑性樹脂はゲル化する)させたのち交換基を導入する方法である.イオン交換膜は電気透析用膜として海水の濃縮(製塩),淡水化(工業用水の製造)に広く利用される.その他,糖液,ジュース,アミノ酸水溶液などの脱塩などの用途がある.イオン交換電気透析膜の原理を図7.1に示す.

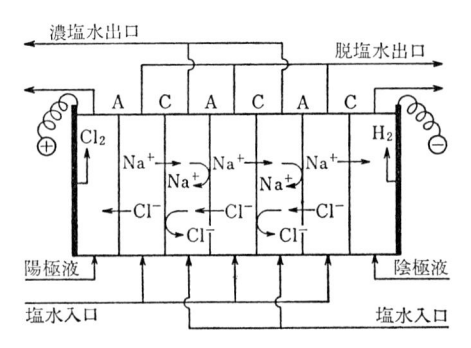

図 7.1 イオン交換膜法による塩水の濃縮・脱塩
A：陰イオン交換膜，C：陽イオン交換膜

隔膜法食塩電気分解における水酸化ナトリウムと塩素の製造においてもイオン交換膜が用いられるが，生成物によって劣化しない耐久性のあるカチオン交換膜としてペルフルオロポリマーが用いられる．

$$-(CF_2CF_2)_x-(CF_2CF_2)_y-$$
$$|$$
$$OCF_2CFCF_3$$
$$|$$
$$OCF_2CF_2SO_3H \quad (あるいは-COOH)$$

高分子溶液を板上に広げ，溶媒を蒸発させると，そのときの条件によって高分子鎖のからみ合いを調節することができ，高分子膜中の孔をコントロールすることができる．一定の大きさの孔をもつ高分子膜はあるサイズよりも小さい分子やイオンのみしか通過させないので分離膜として利用できる．

7.1.3 透析膜 (dialysis membrane)

血液中に含まれる不要の低分子化合物（尿素，尿酸，クレアチンなど）を通過させ，血漿タンパク質などの高分子化合物を保持する操作は，高分子半透膜（例えばアセチルセルロース）を使えば可能であり，腎臓に障害がある人の血液浄化にこの原理が利用される（人工腎臓）．血液を透析器の中空糸内部に通し，外側に生理食塩水を流すことによって透析を行う．

7.1.4 逆浸透膜 (reverse osmosis membrane)

浸透により生じる圧力（浸透圧）より高い圧力を溶液側にかければ，水溶液側から純水側に溶媒の水を移動させることができるので，この原理を利用して海水の淡水化（例

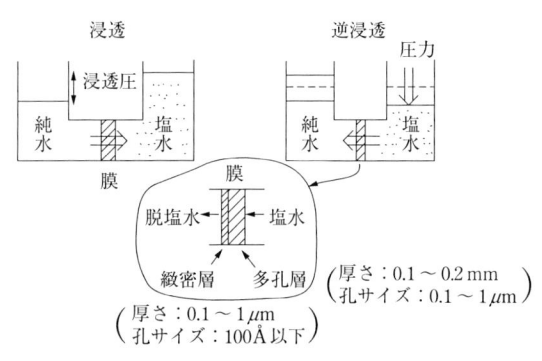

図 7.2 逆浸透の原理と非対称膜

えば 35000 ppm の食塩水を飲用可能な 500 ppm 以下の脱塩水にする）を行うことができる（図 7.2）．この方法を逆浸透法という．膜材料としてアセチルセルロースが用いられ，表層の薄い緻密層（孔サイズ：100 Å 以下）が分離機能に有効な層であり，残りの多孔層は緻密層の支持体と考えられている．海水の脱塩においては海水の浸透圧が約 2.5 MPa であるので，逆浸透では 6〜10 MPa の圧力を要する．膜の透過面積を大きくして強度をあげる方法として，中空糸が考案された．ポリマーもアセチルセルロース以外に芳香族ポリアミド，ポリベンズイミダゾールなどが利用できる．

7.1.5 ガス分離膜

ポリジメチルシロキサンの膜は高分子膜中でも特異的にガス透過能が高い．他の高分子膜の多くは気体の透過係数が炭酸ガスを除けばほぼガス分子の大きさの順に近いが，ポリジメチルシロキサンの膜では酸素の透過係数が大きい．その結果，このポリマーの膜を利用すると膜を通過した空気の酸素量は増大する．このような膜を酸素富化膜（oxygen enrichment membrane）といい，酸素濃度を約 40％まで高めることができる．燃焼効率の向上，呼吸器疾患治療に用いられる．ポリ(4-メチルペンテン)やポリ (2, 6 -ジメチルフェニレンオキシド) なども酸素富化膜として利用される．

7.2 光・電気・電子機能

高分子材料はこれまで電気絶縁材料として重要な役割を果たしてきた．しかし，最近では，高分子の導電性も盛んに研究され，また，エレクトロニクス分野での微細加工において，感光性高分子が活躍するなど，光，電気，電子が関係した領域で高分子材料の活躍が注目を集めるようになった．ここでは高分子の導電性と感光性を利用する材料に

ついて説明する．

7.2.1　導電性ポリマー（conducting polymer）

これまでに取り上げたポリエチレンやポリ塩化ビニルなどは典型的な電気絶縁材料（$<10^{-9}$ S cm^{-1}）として重要であるが，主鎖に共役二重結合をもつポリマーでは導電性が認められるようになる．チーグラー–ナッタ触媒を用いてアセチレンを重合させるとトランス型ポリアセチレンが得られるが，その導電率は 10^{-5} S cm^{-1} と低い（半導体）．これにヨウ素あるいは五フッ化ヒ素（AsF$_5$）を添加する（ドープと呼ぶ）と導電率は 10^3 S cm^{-1} まで増大し，金属と同じレベルの導電性を示すようになる．

ポリアセチレンを電極に用いるとポリマーバッテリーをつくることができる（図7.3）．LiClO$_4$ のプロピレンカーボネートを電解液として，ポリアセチレン電極（アノード）およびリチウム金属電極（カソード）をそれぞれ外部の電池の正と負極に接続する．

充電するときには，カソードで溶液中の Li$^+$ が電子をとって Li になり，アノードではアセチレンは酸化されイオン化される（ClO$_4^-$ のドーピング）．放電するときはこの逆反応が起こる．プラスチックバッテリーは鉛蓄電池と比べて，軽量化，コンパクト化が可能となる．

ポリアセチレンは導電性ポリマーとしては興味深い材料であるが，酸化されやすく耐久性がない．そこで共役結合を主鎖にもつポリマーとしてポリ(3–メチルチオフェン)，ポリピロール，ポリアニリン，ポリフェニレン，ポリフェニレンスルフィドが開発された．これらはドーピングによって導電性ポリマーとして利用できる．前三者は電解重合によって合成される．

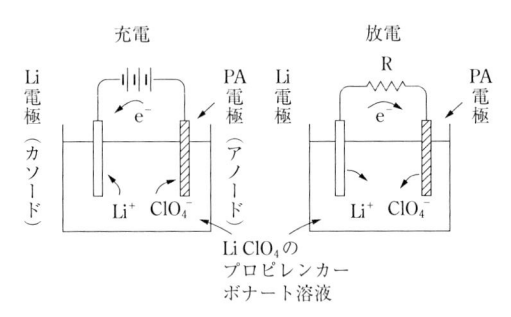

アノード：$-(\mathrm{CH}=\mathrm{CH})_n- \underset{\text{放電}}{\overset{\text{充電}}{\rightleftarrows}} -(\mathrm{CH}=\mathrm{CH})_n^{+x} - + nxe^-$

カソード：$nx\mathrm{Li}^+ \underset{\text{放電}}{\overset{\text{充電}}{\rightleftarrows}} nx\mathrm{Li}^0$

PA：ポリアセチレン

図 7.3　ポリマーバッテリーの原理

ポリ-3-メチルチオフェン　　ポリピロール　　ポリアニリン

ポリ(p-フェニレン)　　ポリフェニレンスルフィド

7.2.2 感光性ポリマー (photosensitive polymer あるいは photopolymer)/フォトレジスト (photoresist)

感光性ポリマーは光を吸収して高分子の物性が変化するポリマーで，光反応としては光重合，光橋かけ反応，光分解反応，側基の光反応まで広く利用される．

感光性ポリマーは印刷製版において銅版の凸版をつくるときに利用される．光橋かけ反応として例えば，ポリビニルシンナマートの光二量化を利用すると，光照射部は橋かけ不溶化する．未照射部を有機溶剤で溶解したのち，無機酸で金属をエッチング（腐食）すると橋かけしたポリマーは酸に対して耐性を示す（このような働きをするものをレジストと呼ぶ）ので，腐食されず，金属面に凸版が形成される．レジストを用いる微細加工をリソグラフィー (lithography) という．

同様の原理で，半導体の集積回路 (integrated circuit；IC) あるいは大規模集積回路 (large scale integrated circuit；LSI) をつくることができる．図7.4に示したようにごく薄いSiO_2層をもつシリコンウエハ上にフォトレジストの薄膜（厚さ 1 μm）を形成させる．マスクを通して光照射し，露光部と未露光部をつくる．フォトレジストには光照

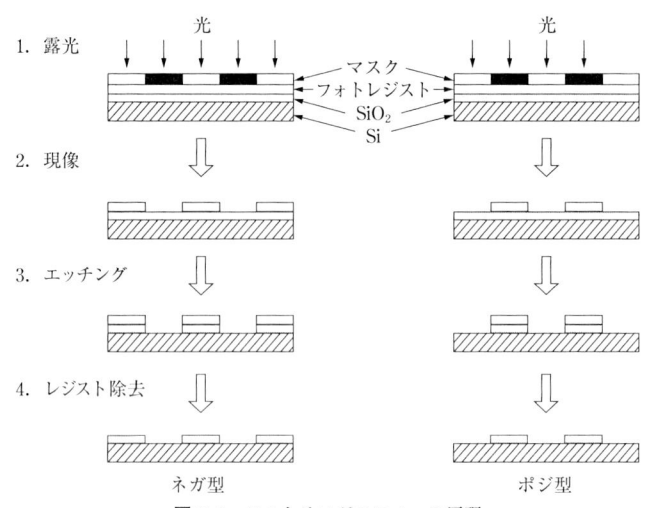

図7.4 フォトリソグラフィーの原理
現像：有機系溶剤，アルカリ水溶液などを用いる．
エッチング：強酸（湿式）あるいはプラズマ（乾式）でSiO_2層を腐食するプロセス．

射後の現像により露光部のみが残るネガ型と溶解するポジ型がある．実用的に重要なポジ型レジストとしてジアゾナフトキノンスルホン酸エステルとフェノール-ホルムアルデヒド樹脂の混合物があり，光照射によりアジド基がカルボン酸基に変化し，アルカリ水溶液に溶解するようになる．非照射部のジアゾナフトキノンスルホン酸エステルはフェノール-ホルムアルデヒド樹脂の溶解阻止剤として作用している．

（R＝ヒドロキシベンゾフェノンあるいはノボラック樹脂など）

最近では，LSIの集積密度の向上により，高解像度，高感度のフォトレジストの開発が盛んで，側基としてt-ブトキシカルボニルオキシ基をもつポリスチレンと光酸発生

剤（例えばトリフェニルスルホニウム塩）を用いた化学増幅型のフォトレジストが開発された．光照射後約150℃で加熱（ポストベーク）すると光酸発生剤より生成した酸が触媒として作用し，側基が熱分解して水酸基に変わる．その結果，光照射部のみがアルカリ水溶液に溶けるようになる（ポジ型）．光照射により生成した酸は繰り返し利用できるので，光と熱を利用するこの反応を化学増幅反応と呼ぶ．高感度（わずかの光量）で，高解像度（現像時にレジストが膨潤しない）のパターン形成ができる特長がある．

1) 光照射

$$Ar_3S^+ \ X^- \xrightarrow[RH]{h\nu} Ar_2S + ArH + R\cdot + H^+X^-$$

（トリフェニルスルホニウム塩）　　$(X^- = SbF_6^-,\ AsF_6^-,\ PF_6^-,\ BF_4^-$ など$)$

2) ポストベーク

―(CH₂CH)ₙ―　　[ベンゼン環に OC(=O)O-C(CH₃)₂-CH₃ 置換基]　$\xrightarrow{H^+,\ 熱}$

―(CH₂CH)ₙ―[ベンゼン環に OH] + CO_2 + $CH_2=C(CH_3)-CH_3$ + H^+

（アルカリ水溶液可溶）

7.3　医用高分子

　高分子は医用材料としても利用されている．このような高分子を医用高分子という．高分子が医用材料として適用されている分野に，生体組織の損傷を修復または代替する目的で，人工皮膚，人工水晶体，眼内レンズ，コンタクトレンズ，人工骨，人工関節，義歯，人工歯根などがあり，生体器官の機能補助，代行を行う目的で利用されるものとして，人工心肺，人工心臓，人工血管，人工血液，人工腎臓，人工肝臓，人工膵臓，人工腸管，人工弁などがある．また一般医療用に使われるものとして，外科手術用縫合糸，創傷カバー材，カテーテル，チューブ，バッグなどがある．
　医用高分子は生体に対して使用されるという点で，日常的，工業的に使用する高分子材料よりも，厳しい条件，基準が要求される．すなわち，生体と接触しても生体に対して悪い影響を与えない性質，生体に対して安全であることが必要である．これを生体適

合性という．生体適合性のなかでも，血液適合性（抗血栓性）は重要である．血液は生体以外のものに触れると凝固する性質がある．これは生体の防御機構として働いているが，医用高分子材料を用いる場合には，この性質が重要になる．血管中で血液の凝固が起これば血栓が形成され，血管が詰まってしまう．血栓が形成されにくい高分子材料を抗血栓性高分子という．血栓形成の機構は複雑で，まだ十分に解明されているわけではなく，抗血栓性の高分子材料の設計は試行錯誤的に行われているのが現状であり，種々の観点からのアプローチが行われている．

　血液とできるだけ相互作用しない疎水性高分子として，ポリテトラフルオロエチレン，シリコンなど，また逆に親水性高分子を橋かけしたものは膨潤してヒドロゲルを形成するが，このような高分子であるポリヒドロキシエチルメタクリラート，ポリアクリルアミドなどを用いることも行われている．水溶性の高分子鎖を表面にグラフトし，高分子材料と血液との間に界面を形成させず，血液が高分子材料を異物として認識できないようにしようとする試みもある．柔らかい構造（ソフトセグメントという）と硬い構造（ハードセグメントという）のブロック型共重合体，例えばブロック型コポリエーテルウレタン（セグメント化ポリウレタンともいう）なども有用である（5.5.3参照）．

　血液適合性材料とともに組織適合性材料の開発も重要である．

　人工皮膚，外科手術用縫合糸のような柔らかい組織（軟組織という）適合性材料として，天然由来材料であるコラーゲン，絹，タンパク質，セルロース，キチン・キトサン（エビ，カニなどの甲殻類から生産される多糖の一種），また軟組織適合性人工材料としてシリコンゴム，ポリウレタン，またポリヒドロキシエチルメタクリラート，ポリアクリルアミド，ポリビニルピロリドンなどを橋かけして得られるヒドロゲルなどがある．骨のような硬い組織（硬組織という）に対する適合性材料も重要であり，ポリメタクリル酸メチルを主成分とする材料がある．

　もう一つ重要な条件は，安全性を考える場合，生体内で分解を受け，分解生成物が代謝・排泄されて無害になることが必要である．このような高分子を生分解性高分子という．このなかには，生体内に存在する酵素によって分解される酵素分解型と自然分解型がある．前者にはポリペプチド，多糖などの高分子があり，後者には脂肪族のポリエステルであるポリグリコール酸，ポリ乳酸がある．グリコール酸-乳酸共重合体（ポリグラクチンという）は比較的加水分解を受けやすく，分解して生成するモノマーの毒性は低く代謝されやすい．

$$\mathrm{+O-CH-\underset{\underset{R}{|}}{C}-}\overset{O}{\underset{}{\|}}\mathrm{+} \qquad \mathrm{+OCH_2\overset{O}{\overset{\|}{C}}+_m+OCH\underset{\underset{CH_3}{|}}{\overset{O}{\overset{\|}{C}}}+_n}$$

ポリグリコール酸　(R = H)　　　　　　　ポリグラクチン
ポリ乳酸　　　　　(R = CH$_3$)

そのほかに，医薬をマイクロカプセルにつつみ込み，必要量を目的とする部位にのみ送り込み，そこで必要なときに必要な時間のみ薬物を放出する薬物送達システム（ドラッグデリバリーシステムという）が開発されている．このようなマイクロカプセルの膜材料として，生体に安全な高分子が使われている．

検査・診断用の分野にも高分子が用いられている．

高分子そのものが薬物としての効果を示す高分子医薬もある．

7.4 光 学 材 料

7.4.1 光学プラスチックの特性

光学材料としてプラスチックを使用するときには，まず透明性が重要となる．透明性は光の透過率で示される．このためには光の透過を下げる反射，吸収，散乱の少ないものがよい．ついで，高屈折率で分散特性（屈折率の波長依存性）が狭いことが必要である．これは鮮明な画像を得るためである．屈折率を上げるのにはフッ素以外のハロゲン，硫黄，リン，ベンゼン核などを導入し，下げるときにはフッ素原子を導入する．光学的に等方性であることが望まれることより，複屈折も好ましくない．ベンゼン核の導入は複屈折が大きく問題となることがある．

プラスチック光学材料は無機ガラスに変わる材料として登場してきたが，無機ガラスと比べて成型性がよく，比重が小さく軽い，品種が豊富で軟らかなものから硬い性質のものまでいろいろな材料が得られる．このような特徴を生かした新たな用途の開発もなされている．

これらのことなどから，プラスチック光学材料としてポリメタクリル酸メチル（PMMA），ポリスチレン（PSt），ポリカーボネート（PC），アリルジグリコールカーボネート（CR-39と呼ばれている）などが主として使用されている．これらポリマーの

表7.1 光学用プラスチックの特性

	無機ガラス	PMMA	PC	PS	CR-39
限界透過率（%）	—	92.5	90.1	89.9	92.3
屈折率（n_D）	1.46〜1.96	1.49	1.59	1.60	1.50
屈折率の温度係数（10^{-4}/℃）	0.02	1.1	1.2	1.1	—
アイゾット衝撃強度（kgf cm cm^{-1}）	—	2.2〜2.8	80〜100	1.4〜2.8	—
ロックウェル硬度	—	M 80〜100	M 70	M 65〜90	M 100
熱変形温度（℃）（18.5 kgf cm cm^{-1}）	500〜720	100	138〜142	70〜100	140
吸水率（飽和）（%）	—	2.0	0.4	0.1	—
線膨張係数（10^{-5}/℃）	0.5〜1.5	7	7	8	11.7
密度（g cm^{-3}）	2.4〜5.2	1.19	1.20	1.06	1.32

性質を表7.1に示す．

$$CH_2=CH-CH_2-O-\underset{\underset{O}{\|}}{C}-O-CH_2-CH_2$$
$$CH_2=CH-CH_2-O-\underset{\underset{O}{\|}}{C}-O-CH_2-CH_2$$

アリルジグリコールカーボネート（CR-39）

7.4.2 プラスチックレンズ材料

プラスチックレンズはカメラからコンタクトレンズ，顕微鏡レンズに至るまで多くの用途で実用化されている．レンズには高屈折率で分散特性の狭いポリマーが要求される．メガネ用レンズは無機ガラスが主流であるが，プラスチックレンズは材料のもつ安全性，軽量性，ファション性などから用いられている．矯正用レンズ（主として凹レンズ）にはCR-39が多く使われ，PMMAは主としてサングラスに用いられる．安全メガネや工業用メガネには耐衝撃性に優れたPCが採用されている．

ソフトコンタクトレンズにはポリヒドロキシエチルメタクリラート，ハードコンタクトレンズにはPMMAが主として使用されている．

7.4.3 光ファイバー

プラスチック光ファイバー（POF）のステップ型多モードの構造を図7.5に示す．つまり，高屈折率のコア（芯）成分に低屈折率のクラッド（鞘）が薄く被覆された構造を有する．さらに，その外側は被覆材で覆われている．

光ファイバーの原料として要求される光学的性質を表7.2に示す．これらの条件のなかで，特に重要なのは光透過性と屈折率である．PSt，PMMA，PCは透明性が高く非晶質であるため良好なコア材料となる．また，クラッドポリマーとしてはコアポリマーに比べ低い屈折率を有することであるが，前者に比べ2〜3%以上小さいことが望ましい．PMMAに対しては1.40前後の屈折率を有するフッ素化アルキルメタクリラートな

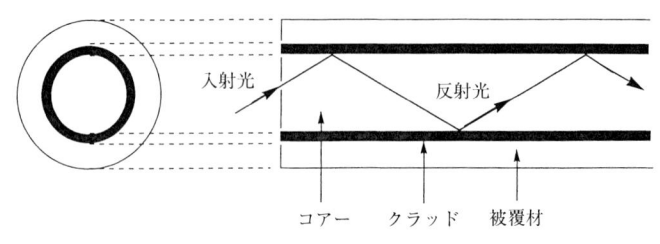

図7.5 プラスチック光ファイバーの構造

ど種々のフッ素系ポリマーがクラッド材として適していると考えられる．被覆材としては取扱性，施工性などの点から柔軟性が要求され，ポリエチレン，ポリ塩化ビニルが一般的に用いられている．

PMMAはディスプレイから工業・通信まで使用され，PStは主にディスプレイ用に用いられ，耐熱性を要する用途にはPCが使われている．

表7.2 光ファイバーに要求される特性

使 用 部 分	要 求 特 性
コア系ポリマー	① 透明性に優れている ② 非晶性である ③ 複屈折を生じない ④ 適当な成型性を有する ⑤ 優れた強度特性を有する ⑥ 高い屈折率を有する
クラッド系ポリマー	① 非晶性である ② 界面における接着性 ③ 屈曲性がある ④ 低屈折率を有する

7.4.4 光ディスク基盤材料

光ディスクには再生専用のコンパクトディスク（conpact disk；CD）やビデオディスク（laser vision disk；VD）および書込み型と文書の書換え可能な記録型デジタルデータ用光ディスク（optical digital data disk；OD^3）があり，それらの基盤材料としてポリマーが使用されている．光ディスク基盤材料として要求される光学特性としては透明性が高く，低複屈折率であることである．さらに，低吸水性であり，耐熱性に優れ，離型性のよいことなどがある．現在，CD基盤ポリマーにはPCが，VDにはPMMAが主として使用されている．OD^3タイプにはPC，PMMA，熱硬化型のエポキシ樹脂による開発がなされている．

7.4.5 高分子偏光フィルム

高分子フィルムを用いた偏光フィルムはポリビニルアルコール一軸配向フィルムにヨウ素や染料をドープして製造されている．このものは液晶表示版，偏光顕微鏡などに使用されている．

参 考 文 献

1) 瓜生敏之，堀江一之，白石振作：ポリマー材料，東京大学出版会，1984.
2) 井上祥平，宮田清蔵：高分子材料の化学（第2版），丸善，1993.
3) 高分子学会編：医療機能材料，共立出版，1990.
4) 片岡一則，岡野光夫，由井伸彦，桜井靖久：生体適合性ポリマー，共立出版，1988.
5) 筏　義人：医用高分子材料，共立出版，1989.
6) 中島章夫，筏　義人：ハイテク高分子材料，アグネ，1989.
7) 高分子学会編：入門高分子物性，共立出版，1985.
8) 園田　昇，亀岡　弘：有機工業化学（第2版），化学同人，1993.
9) 井手文雄，寺田　拡：光ファイバー光学材料，共立出版，1987.
10) 高分子学会編：高分子新素材便覧，丸善，1989. 培風館，1986.
11) 高分子学会編：高分子データハンドブック・応用編，1986.

8 ゴム工業

8.1 ゴムの生産

ゴムは特別の弾性をもった特別な高分子材料であり,天然ゴムと合成ゴムに大別される.天然ゴムはタイ,インドネシア,マレーシアなどの東南アジアが,合成ゴムはアメリカ,日本などが主な生産国である.

8.2 ゴムの歴史

天然ゴムをはじめて西欧社会に紹介したコロンブス以後のゴムの科学および技術上の主な事項を表 8.1 に示す.19 世紀にゴムの防水布やゴムバンドなどが製造されゴム産業が一つの工業として成立した.1839 年のグッドイヤー(C. Goodyear)による加硫法の発見により,弾性,不浸透性,電気絶縁性が良好な性質に加え,強じん性と耐久性が加わることで利用範囲が大きく広まった.その後,1888 年イギリス人のダンロップ(J. B. Dunlop)が空気入りタイヤを考案し,自動車用のタイヤとしてゴムが使用されるにおよんでゴム工業は飛躍的に発展した.現在でも自動車用タイヤはゴムの最大の用途となっている.

一方,合成ゴムの歴史は天然ゴムの模倣から始まった.天然ゴムの乾留よりその構造単位であるイソプレンが単離され,イソプレンが加熱によりゴム状物質に変化することも見いだされた.そして,19 世紀末から 20 世紀はじめには汎用合成ゴムは研究室レベルでは合成可能であった.その後の自動車工業および諸産業の発展と戦争などにより天然ゴムの需要は逼迫していた.それゆえに,合成ゴムの開発は,天然ゴムの生産国である東南アジアに拠点をもたなかった,アメリカやドイツが中心であった.ドイツにおいてはスチレンとブタジエンの共重合体(SBR)である"ブナ S",ブタジエンとアクリロニトリルの共重合体(NBR)である"ブナ N"の開発に成功した.アメリカにおい

8.2 ゴムの歴史

表 8.1 ゴムの科学・技術史略年表

年代	人名	事項
1496	C. Columbus	天然ゴムを新世界で見た
1770	J. Priestley	原料を"Rubber"と命名
1819	T. Hancock	素練りを発明
1826	M. Faraday	ゴムの化学分析よりその組成が C_5H_8 と推定
1839	C. Goodyear	硫黄による天然ゴムの加硫を発見
1860	G. Williams	ゴム成分を単離し,イソプレンと命名
1879	G. Bouchardat	天然ゴムの乾留で得たイソプレンを濃塩酸とともに加熱しゴム状物質を合成
1882	W. A. Tilden	イソプレンの構造式として $CH_2=C(CH_3)-CH=CH_2$ を提出
1888	J. B. Dunlop	空気入タイヤを発明
1897	W. Euler	β-メチルピロリドンよりイソプレンを合成し,Tilden の構造式を確認
1900	I. Kondakov	2,3-ジメチルブタジエンとアルコール性カリとの加熱によりゴム状物質を合成
1904	S. C. Mote and F. E. Matthews	カーボンブラックの充填補強効果を発見
1905	G. Oenslager	アニリンによる加硫促進効果を発見
1910	F. E. Mattewa	金属ナトリウムによりイソプレンを重合
1910	C. Harries	三日後に同上のことを発見
1910	S. V. Lebedev	ブタジエンが加熱により重合しゴム状物質を与えることを発見
1912	Bayer 社	イソプレンを卵アルブミン,デンプン,ゼラチンなどの水溶液中で重合
1913	W. L. Holts (Badisch and Aniline)	金属ナトリウムによるイソプレンの重合を炭酸ガス気流中で行い,はじめてベンゼン可溶の重合体を合成
1913	C. Harries	ブタジエンを金属ナトリウムで重合
1918	ドイツ政府	ドイツ政府によるメチルゴム (2,3-ジメチルブタジエン) の工業化
1924	J. C. Patrick	多硫化物系ゴム (Thiokol) を発明
1931	W. H. Carothers and Nieuwland	モノビニルアセチレンに塩酸を付加してクロロプレンを合成し,その重合より良質のゴムを合成
1933	G. S. Whitby and M. Katz	メチルゴムにカーボンブラックを配合し引張強さ改善
1933	E. Tschunkur and W. Bock	乳化重合によるブタジエンとスチレンの共重合体の合成 (Buna S)
1933	E. Konard and E. T schunkur	乳化重合によるブタジエンとアクリロニトリルの共重合体の合成 (Buna N)
1937	R. M. Thomas and W. J. Spark	イソプレンとイソブテンの共重合体を $AlCl_3$ 触媒により合成
1939	Goodyear	硫黄による天然ゴムの加硫
1942	U. S. A. 政府	GR-S, GR-N (Goverment's Rubber)
1955	Fire Stone 社	Cold Rubber の工業化
1956	S. E. Horne	シス-1,4-ポリイソプレンをチーグラ-ナッタ触媒により合成 (Goodrich 社)
1956	F. W. Stabvely	シス-1,4-ポリイソプレン (Coral Rubber) を Li 触媒により合成 (Fire Stone 社)
1956	Phillips 社	シス-1,4-ポリブタジエンをチーグラ-ナッタ触媒により合成
1957	G. Mazzanti	V-Al 系触媒による EP ラバーを合成
1958	Goodrich 社	ウレタン系熱可塑性エラストマーを工業化
1965	Shell 社	スチレン系 (SBS) 熱可塑性エラストマーを工業化

ては政府機関の管理下において"GR-S"(SBR)や"GR-N"(NBR)などの合成ゴムが開発された．その後，チーグラー-ナッタ触媒，アルキルリチウム触媒からイソプレンやブタジエンから立体規則性ゴム（ステレオゴム）が開発された．さらに，リビング重合を利用した新しい概念の熱可塑性エラストマー（TPE）であるスチレン-ブタジエン-スチレンのトリブロック共重合体が開発された．その後種々のTPEが開発され工業化されている．

8.3　ゴムの加工

製品を得るまでの生ゴムの加工段階は天然ゴムも合成ゴムもほぼ同じであり，素練り，混練り（配合），成型および加硫の四つの工程からなる．

8.3.1　素 練 り

天然ゴムは分子量が大きく，ゲル分も含まれているため，そのままでは可塑性に乏しく加工性が悪い．素練り（mastication）によりゲル組織がほぐされ，機械的なせん断力および酸化分解によりゴム分子の分子量が低下する．このため可塑性を示すようになり，以後の加工が容易になる．合成ゴムは重合時に重合度が調節されているため，加工性を高めるという意味での素練りは不必要なものが多い．素練りはロールまたはバンバリーミキサー（banbury mixer）を用いて行われる．ロールで行う場合には，回転速度の異なる2本のロールの間にゴムを繰り返し通す．バンバリーミキサーは図8.1のようなもので，2枚のロータによってゴムが引きちぎられ，均一化されていく．いずれの方法でもゴム分子には機械的なせん断力が働き，ゴム粒子のほぐれ，分子鎖の切断が起こる．温度が上昇するとゴムが軟化し，流動性がでてくるため，素練り効果が小さくなる．さらに高温になると酸素による化学的な酸化切断が起こる．素練りの効果を高めるために下に示すような素練り促進剤（ペプタイザー）が使用される．

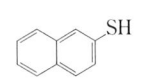

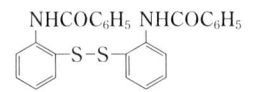

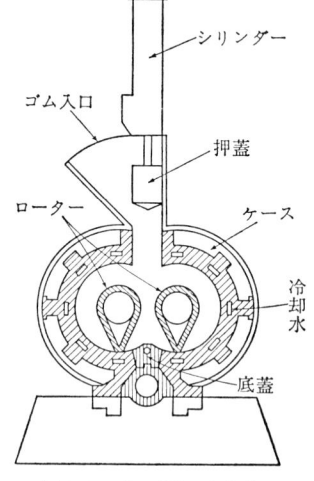

β-ナフチルメルカプタン　　ジ(o-ベンザミドフェニル)ジスルフィド

図8.1　バンバリーミキサー

表 8.2　各種ゴムの加硫剤

ゴムの種類	主な加硫剤
天然ゴム，SBR，NBR，IR，BR，EPDM	硫黄，有機過酸化物
IIR	硫黄，有機過酸化物，フェノール樹脂
CR	亜鉛華，マグネシア
多硫化ゴム	酸化鉛，亜鉛華
ウレタンゴム	イソシアナート，有機過酸化物
フッ素ゴム	ポリアミン，有機過酸化物
ケイ素ゴム，EPM	有機過酸化物

ゴムの種類の略語および構造については表 8.7 を参照.

8.3.2　混練り（配合）

混練りはゴム配合薬品を混入する操作であり，素練りと同じくロールまたはバンバリーミキサーが使用される．バンバリーミキサーと押出機を兼ねた連続混合機もある．配合剤には次のようなものがある．

a. 加硫剤

天然ゴムの加硫には硫黄が使用されてきたが，合成ゴムの出現で各種の加硫剤（橋かけ剤）が使用されるようになった．表 8.2 に主な加硫剤を示す．

b. 加硫促進剤

硫黄加硫の場合，硫黄単独で使用されることはなく，常に促進剤が併用され，それにより良質のゴム弾性体が得られる．促進剤は加硫温度を低下させ，加硫時間を短縮させる．通常，促進剤は促進助剤と呼ばれる亜鉛華およびステアリン酸と一緒に使用される．数多くの促進剤があるが，その代表的なものを表 8.3 に示す．

c. 老化防止剤

ゴム製品を長期間使用していると亀裂が生じたり，ぼろぼろになったりして次第に物

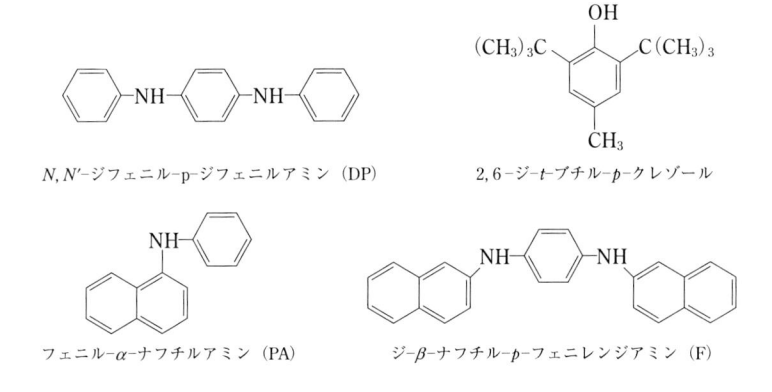

N,N'-ジフェニル-p-ジフェニルアミン（DP）

2,6-ジ-t-ブチル-p-クレゾール

フェニル-α-ナフチルアミン（PA）

ジ-β-ナフチル-p-フェニレンジアミン（F）

表8.3 代表的な有機加硫促進剤

タイプ	代表的な例	略称	特性
アルデヒドアミン	ブチルアルデヒド-アニリン反応生成物	—	再生ゴム，硬質ゴム，自己架橋型セメントの速効性促進剤
アミン系	ヘキサメチレンテトラミン [a]	H	天然ゴム用遅効性弱促進剤
グアニジン系	ジフェニルグアニジン [b]	D	チアゾール系と併用して使用される塩基性促進剤
チアゾール系	ジベンゾチアゾールスルフィド [c]	DM	遅効性強促進剤でチウラム系や塩基性促進剤と併用
チウラム系	テトラメチルチウラムジスルフィド [d]	TT	塩基性促進剤と併用して使用の超促進剤
スルフェンアミド系	N-シクロヘキシル-2-ベンゾチアゾールスルフェンアミド [e]	CZ	遅効性強促進剤でカーボン配合系のSBRなどに好適
ジチオカーバメート系	ジメチルジチオカルバミン酸亜鉛 [f]	ZnMDC	SBR, NBR, IIRに好適の超促進剤
ザンテート系	ジブチルザントゲンジスルフィド [g]	BX	NR, SBRの低温加硫用超促進剤

理的性質が低下し，実用的な使用に耐えられなくなる．このような老化現象は酸素，オゾン，光，熱，ひずみおよび機械的疲労などが原因となって起こる．特に酸素によるゴム分子の酸化崩壊は老化の主原因であり，熱や光によって加速される．老化防止剤としては，前ページに示すようなアミン系化合物やフェノール誘導体が使用される．

d. 補 強 剤

ゴムの引張強度を向上させるために使用され，カーボンブラックが最も広く用いられている．シリカも最近使用されるようになった．その他，微粉ケイ酸，炭酸マグネシウム，炭酸カルシウムなどもある．合成ゴムは一般に引張強度が小さく，補強剤を使用することではじめて実用的な強度に達する．

e. 軟 化 剤

ロール作業を容易にしたり，製品の硬度を調節するために使用される．石油系プロセス油（炭素数20以上の炭化水素），タール，ピッチ，天然樹脂，動植物性油脂，合成可塑剤などが用いられる．

f. 増量充填剤

再生ゴム，炭酸カルシウム，粘土，セッコウ，ケイソウ土などがある．これらは硬度を高めるためにも使用される．軟化剤も増量を目的として使用される場合がある．

表8.4 自動車タイヤトレッドの配合と加硫条件

原料	配合例1	配合例2
NR	100.0	—
SBR 1500	—	70.0
BR 1220	—	30.0
亜鉛華	5.0	3.0
ステアリン酸	3.0	2.0
HAF カーボンブラック	50.0	50.0
老化防止剤	1.0	1.0
芳香族油	3.0	5.0
硫黄	2.5	1.8
促進剤 DM	0.7	—
促進剤 CZ	—	1.0
計	165.2	163.8
加硫	148℃×30分	155℃×30分

以上の配合薬品を種々の割合で混練りすることから種々の性質をもつゴムが得られる．例として自動車タイヤ用の配合を表8.4に示す．

8.3.3 成型と加硫

配合剤との混練りが終わったゴムは，ロールまたは押出機でシート状，チューブ状あるいは棒状に押し出される．ゴム引布はゴムと布を同時にロールの間を通して圧着させたり，ゴムのりを塗ったりしてつくる．このようにして得られた素材を目的の形に成型し，加圧下に加熱して加硫を行う．加硫の方法にはプレス法と耐圧缶法がある．

タイヤの製造における工程を図8.2に示す．コードにゴムをはり合わせたコード布を幾枚も重ね合わせてカーカス部をつくり，これとトレッド部やビード部などを組み合わせて生タイヤに成型する（図8.3を参照）．これを金型に入れ，内部にエアーバッグを挿入して空気を圧入し，生タイヤを金型に密着させて加熱し加硫を行う（図8.4）．タイヤコードとしてはナイロンが多く使用される．その他ポリエステル，スチールなども使用される．ラジアルタイヤと呼ばれるものは，カーカス部のコードが半径方向に配向し

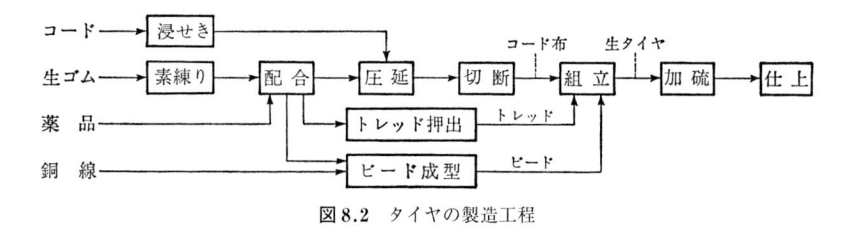

図8.2 タイヤの製造工程

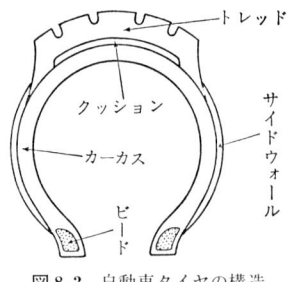

図 8.3　自動車タイヤの構造

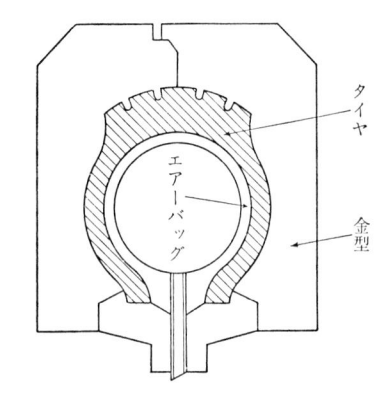

図 8.4　自動車タイヤの加硫

たもので，バイアスタイヤ（コードは周方向に対して互い違いに斜めに配向）に比べて優れた耐久性と操縦安定性を備えている．

　工業用部品では，シート状または棒状の素材を金型に入れてプレス加硫されるものが多い．ホースは押出機から出たチューブのなかにアルミ管を通し，表面を締め布で巻いて加硫缶のなかで高圧水蒸気を通して加硫する．はき物はシート状のものをアルミの型の上にはり合わせ，型に入れたまま同じように加硫缶中で加硫する．

8.3.4　加硫（vulcanization）の意義

　天然ゴム（素練りしたもの）でも合成ゴムでも，生ゴムの状態では鎖状分子の単なる集まりであるので本質的には熱可塑性ポリマーである．天然ゴムは生ゴムの状態でも弾性挙動は示すが，外力を除くと永久ひずみが残る．それはゴムの分子間にすべり（流れ）が起こるためである．一方，合成ゴムとして用いられるSBRやポリブタジエンなどは，外力に対しては流れが起こるだけで弾性挙動はほとんど認められない．

　ゴム分子間に橋かけを行って巨大網目分子構造に変えると，外力を受けて変形してもすべりが起こらないので，外力を取り去れば再び元の状態に戻る．すなわち優れたゴム状弾性体となる（2章図2.13を参照）．硫黄は天然ゴムの橋かけ剤として使用されてきており，いまでも用いられている．実際の加硫では，天然ゴムや合成ゴムを問わず，種々の配合剤が加えてあるので加硫反応はきわめて複雑である．モデル化合物を使用した研究から，ゴム分子の二重結合の隣の活性水素および二重結合が橋かけ反応に関与しているものと推定されている．

　加硫という言葉は元来，硫黄によってゴム分子を橋かけさせることから生まれたものであるが，今日では硫黄以外の試剤によって橋かけさせる場合も一般に加硫と呼ばれて

$$\begin{array}{c}\sim\sim\sim CH_2-\underset{CH_3}{\overset{CH_3}{C}}=CH-CH_2\sim\sim\sim\\ \sim\sim\sim CH_2-\underset{CH_3}{\overset{|}{C}}=CH-CH_2\sim\sim\sim\end{array} + 硫黄（S_8） \longrightarrow$$

$$\begin{array}{cc}\sim\sim\sim CH_2-\underset{}{\overset{CH_3}{C}}=CH-\underset{S_x}{\overset{|}{CH}} & \sim\sim\sim CH_2-\underset{}{\overset{CH_3}{C}}=CH-\underset{S_x}{\overset{|}{CH}}\\ \sim\sim\sim CH_2-\underset{CH_3}{\overset{|}{C}}=CH-\underset{}{\overset{|}{CH}}\sim\sim\sim & \sim\sim\sim CH_2-\underset{CH_3}{\overset{|}{C}}-CH-CH_2\sim\sim\sim\end{array}$$

いる．

8.4 ゴムの用途

ゴムの用途はすべての産業分野，生活にわたっている．天然ゴムにしろ合成ゴムにしろ，最大の用途はタイヤおよびチューブ類で，全消費量の半量近くがこの部門に使用される．ついで，はき物関係，工業用品として使用されている．そして，それぞれの分野に適した原料ゴムが使用されている．

8.5 天然ゴム

8.5.1 ラテックス

ゴム分を分泌する植物は数多いが，実際にはほとんどパラゴムノキ（ヘビヤブラジリエンシス，*Heveabrasiliensis*）から採取されている．ゴムの樹皮の形成層近くの乳管組織を切開すると，乳液がしみ出してくる．これをラテックス（latex）と呼ぶ．ラテックスは，タンパク質その他の物質に包まれたゴム粒子が水中に分散した一種のコロイドゾルである．粒子の大きさは 0.5～3 μm である．その組成はおよそゴム分 35%，タンパク質 2%，脂肪酸 1.5%，灰分 0.5%，糖分 1.5%，水分 60% で，その他微量の酵素が含まれている．新鮮な天然ゴムラテックスの pH は約 6.8～7 であり，ゴム表面粒子は脂質とタンパク質の膜で安定化されている．空気中に放置すると酸化され酸性を増し凝固するので，安定性を高めるためにアンモニアを加えて pH 10～11 で保存される．酸性では凝固するが，陽性セッケンを加えて安定化したものに，有機酸あるいは無機酸を加

えて pH を 3 以下にすると酸性ラテックスが得られる．採取したままのラテックスは濃度が薄く，現地で 60% 前後に濃縮して出荷される．ラテックスはフォームラバー，糸ゴム，浸せき製品（手袋，氷のうなど），防水布，接着剤などとして利用される．

8.5.2 生ゴム

天然ゴムの大部分は生ゴム（加硫を行っていない原料ゴム）として使用される．ラテックスの pH を 4.3～4.8 にするとゴム分が凝固し，生ゴムが得られる．凝固剤としては通常酢酸またはギ酸が使用される．生ゴムは製造法の違いによりスモークドシートゴムとクレープゴムに大別される．

8.5.3 天然ゴムの構造

天然ゴムの分子量は樹齢，生ゴムの状態などにより異なるが通常数十万である．天然ゴムを乾留するとイソプレンが得られ，オゾン分解によってレブリンアルデヒドが生成することより，天然ゴムはイソプレンが 1, 4 結合した構造であることが明らかにされている．

$$-CH_2-\underset{CH_3}{C}=CH-CH_2-CH_2-\underset{CH_3}{CH}=CH-CH_2-CH_2- \xrightarrow{乾留} \underset{1\quad 2\quad 3\quad 4}{CH_2=\underset{\underset{CH_3}{|}}{\overset{5}{C}}-CH=CH_2}$$

イソプレン

$$-CH_2-\underset{CH_3}{C}=CH-CH_2-CH_2-\underset{CH_3}{C}=CH-CH_2-CH_2- \xrightarrow{オゾン分解} OHC-CH_2-CH_2-\underset{CH_3}{C}=O$$

レブリンアルデヒド

天然ゴムは主鎖に二重結合を含むことからシス型とトランス型の構造が可能である．天然ゴムは通常の状態では無定形であるが，延伸あるいは低温冷却すると結晶化が起こる．延伸時の X 線解析などから天然ゴムはシス-1, 4 結合であることが確かめられている．

ゴム類似の天然物としてバラタおよびグッタペルカがある．ともにポリイソプレン構造の炭化水素であるが分子量は天然ゴムに比べかなり小さい．室温付近では硬く，結晶性は天然ゴムより高い．またその構造はトランス-1, 4 結合したものであることが確かめられている．

8.5.4 天然ゴム誘導体

天然ゴムは生ゴムの状態で加工して使用する以外に，誘導体としても利用される．主

な誘導体としては塩素化ゴム（塩化ゴム），塩酸ゴムおよび環化ゴムがある．

8.6 合成ゴム

8.6.1 合成ゴムの種類

現在工業化されている合成ゴムには表 8.5 のようなものがある．古くは合成ゴムといえば SBR が主体であり，NBR, IIR などのジエン系共重合物やネオプレンなどもあったが品種も少なかった．ポリブタジエンあるいはポリイソプレン単独ではゴムとしての性能に優れたポリマーが得られず，実用化されずにいた．しかし，1954 ～ 1955 年に至り，金属リチウムやチーグラー型触媒によって天然ゴムと同じ構造をもつシス-1, 4 ポリイソプレンが合成され，ステレオラバーという新しい製品が生まれた．以来，重合触媒についての検討が行われ，今日では種々のタイプのステレオラバーが製造されている．ポリブタジエンは，汎用ゴムとして使用されているが，非ジエン系のゴムも開発されている．石油化学工業の発展とチーグラー型触媒の発見，さらにメタロセン触媒への展開によって EPM あるいは EPDM が注目されている．

8.6.2 汎用ゴム

a. ポリブタジエン（BR）

原料のブタジエンは，ナフサ分解時の C 4 留分中よりの抽出あるいは n-ブタン，n-ブテンの脱水素から得られる．ポリブタジエンのミクロ構造にはシス-1, 4，トランス-1, 4 および 1, 2-ビニルがある．工業的にはチーグラー型触媒（遷移金属成分として Ti, Ni および Co を使用）による高シス（Ti 系で 90 ～ 93%，Ni および Co 系で 96 ～ 98%）のものと，アルキルリチウムによるシス含有率 35 ～ 40%（トランス 50 ～ 60%）のものが生産されている．ポリブタジエンは耐寒性，耐摩耗性に優れ，高弾性で動的発熱量も少ない．汎用ゴムとしてタイヤ，ベルト，各種工業用品，ゴム引布，スポーツ用品などに広く用いられる．

b. ポリイソプレン（IR）

原料のイソプレンは，ナフサ分解ガス中の C 5 留分からの分離，C 5 留分の脱水素，プロピレン二量化法およびイソブテン-ホルマリン法などによって合成される．

高シス含有率のポリイソプレンはチーグラー型の $TiCl_4 \cdot AlR_3$ 触媒（シス含有率約 97%）あるいは金属リチウム，アルキルリチウム（シス含有率約 94%）による溶液重合によって得られる．天然ゴムとほぼ同様の分子構造をもつ汎用合成ゴムであり，性能も天然ゴムに似ているが，合成品は素練りが不要という特徴がある．

表 8.5 合成ゴムの種類と化学構造

ゴム	略語	化学構造	備考
スチレン・ブタジエンゴム	SBR	$-(CH_2-CH=CH-CH_2)-(CH_2-CH(C_6H_5))-$	ランダム共重合
ニトリルゴム	NBR	$-(CH_2-CH=CH-CH_2)-(CH_2-CH(CN))-$	ランダム共重合
クロロプレンゴム（ネオプレン）	CR	$-(CH_2-C(Cl)=CH-CH_2)-$	高トランス構造
ブチルゴム	IIR	$-(CH_2-C(CH_3)_2)-(CH_2-C(CH_3)=CH-CH_2)-$	イソプレン含有量 2 モル%以下
ブタジエンゴム	BR	$-(CH_2-CH=CH-CH_2)-$	高シス，低シスなど
1,2-ポリブタジエン	1,2-BR	$-(CH_2-CH(CH_2-CH_3))-$	シンジオタクチック-1,2-ビニル
イソプレンゴム	IR	$-(CH_2-C(CH_3)=CH-CH_2)-$	シス-1,4 構造
エチレンプロピレンゴム	EPM	$-(CH_2-CH_2)-(CH_2-CH(CH_3))-$	ランダム共重合
	EPDM	$-(CH_2-CH_2)-(CH_2-CH(CH_3))-(\text{ENB})-CH-CH_3$	ランダム共重合 ENB タイプ
クロロスルホン化ポリエチレン	CSM	$-(CH_2-CH_2)-(CH_2-CH(SO_2Cl))-(CH_2-CH(Cl))-$	[Cl]：25〜43wt%, [S]：1.0〜1.4wt%
ウレタンゴム	U	$-(R-O-C(=O)-NH-R'-NH-C(=O)-O)-$	ポリエステルでは AU ポリエーテルでは EU
多硫化ゴム	T	$-(R-S_x)-$	CH_2ClCH_2Cl と NaS_4 などの重縮合物
シリコンゴム	Q	$-(Si(CH_3)(R)-O)-(Si(CH=CH_2)(CH_3)-O)-$	R はメチル基や 1-フルオロプロピル基など
フッ素ゴム	FKM	$-(CF_2-CH_2)-(CF(CF_3)-CF_2)-$	フッ化ビニリデン系
アクリルゴム	ANM	$-(CH_2-CH(COOR))-(CH_2-CH(CN))-$	R はアルキル基

c. スチレン-ブタジエンゴム（SBR）

乳化重合スチレン-ブタジエンゴム（E-SBR）はブタジエンとスチレンとの乳化共重合により製造される合成ゴムの代表である．過硫酸塩（$K_2S_2O_8$ など）を開始剤として

比較的高温（約40℃）の重合から得られるものはホットラバー（hot rubber）と呼ばれ，レドックス系開始剤による低温重合（約5℃）からのものはコールドラバー（cold rubber）と呼ばれている．後者の方が物性的に優れていることから，E-SBRの大部分は低温重合で製造されている．乳化共重合の工業的処方は複雑であるが，低温重合においては，乳化剤としてロジンセッケンが，開始剤としてはヒドロペルオキシドと第一鉄塩またはポリアミンとのレドックス系が，重合度調整剤としてドデシルメルカプタンなどが使用されている．E-SBRは合成ゴム中で最も多量に生産されている汎用ゴムである．通常のE-SBRはスチレン含有率が23～25％のもので，天然ゴムに比べ耐磨耗性，耐老化性に優れる．SBRラテックスは繊維や紙の加工剤，接着剤，塗料，ゴム引布などとして使用される．天然ゴムおよび合成ゴム用の補強剤やスポンジ靴底として使用される．

溶液重合によるSBR（S-SBR）も工業化されている．ベンゼンやヘキサンなどの炭化水素溶媒中でアルキルリチウム触媒などによりスチレンとブタジエンを共重合させることにより製造されている．

8.6.3 特殊ゴム
a. アクリロニトリル・ブタジエンゴム（NBR，ニトリルゴム）

SBRと同様にしてアクリロニトリルとブタジエンのレドックス系乳化共重合により製造される非晶性の共重合体である．アクリロニトリルの含有率によって性質が異なるが，このタイプのゴムの最大の特徴は耐油性，耐溶剤性が高いことである．ニトリル含有量が増大すると耐油性は増大するが，ゴム自身は硬くなる．通常20～45％のニトリル含有率のものが使用される．耐油性を要求される燃料ホースなどの工業用品，自動車部品のほか，接着剤，塩化ビニル樹脂の補強剤などに使用される．

b. ポリクロロプレン（CR）

CRは1931年にアメリカで工業化された歴史の古い合成ゴムである．別名ネオプレンとも呼ばれ，クロロプレンの乳化重合によってつくられる．ポリクロロプレンは80～90％トランス-1,4結合と少量の1,2結合を含んでいる．延伸により結晶化が起こる．

$$CH_2=C-CH=CH_2 \atop \underset{1\quad 2\quad 3\quad 4}{\overset{Cl}{|}} \longrightarrow \left(\begin{array}{c}Cl\\|\\C-CH_2\\|\\CH_2\quad H\end{array}\right) \left(\begin{array}{c}Cl\\|\\CH_2-C\\|\\CH\\||\\CH_2\end{array}\right)$$

トランス-1,4　　　1,2-ビニル

加硫剤として，亜鉛華（ZnO），マグネシヤ（MgO）などの金属酸化物が用いられる．CRの最も大きな特徴は耐候性，耐オゾン性が大きいことである．また耐油性，耐薬品

性も良好であり，難燃性でもある．電線の被覆，各種の工業用品，接着剤などとして使用される．

c. ブチルゴム（IIR）

IIRはイソブテンと少量（0.6～3.0%）のイソプレンを塩化メチレン，塩化エチルなどを溶媒とし，塩化アルミニウムを開始剤として－100℃付近でカチオン重合させることより製造される．

IIRの加硫には硫黄加硫のほか，樹脂加硫，キノイド加硫がある．あとの二者による加硫は耐熱性ゴムを得ることを目的とするときに一般に採用される．樹脂加硫にはフェノール樹脂（p-t-ブチルフェノールホルムアルデヒド樹脂など）p-キノンジオキシムが用いられる．

IIRは気体透過性が小さく，チューブ用として広く使用される．耐候性，耐熱性にも優れているので電線被覆，タイヤキュアリングバッグ，タンクライニング，その他の工業用品としても使用される．

d. ハイパロン

クロルスルホン化ポリエチレン（CSM）であるハイパロンは高分子量のポリエチレンに塩素と亜硫酸ガスを反応させてつくられる．加硫はスルホニルクロリド基を利用して金属酸化物によって行われる．ハイパロンは二重結合を含まないため耐オゾン性，耐候性に優れており，耐薬品性，耐熱性も良好である．

e. EPM, EPDM

EPMはバナジウム系チーグラー型触媒によってエチレンとプロピレンを共重合させてつくられるランダム共重合体である．二重結合を含まないので硫黄加硫ができないため過酸化物による架橋が行われる．架橋EPMは耐オゾン性，耐候性，耐熱性，耐薬品性が優れている．

EPMは硫黄加硫ができない．そこで，ジエンモノマーを添加した三成分共重合によって側鎖に不飽和基を有するターポリマー（terpolymer）すなわちEPDMが開発された．第3成分としてはジシクロペンタジエン，エチリデンノルボルネン（EBN），1,4-ヘキサジエンなどの非共役ジエンが用いられる（↑部が共重合に関与する）．

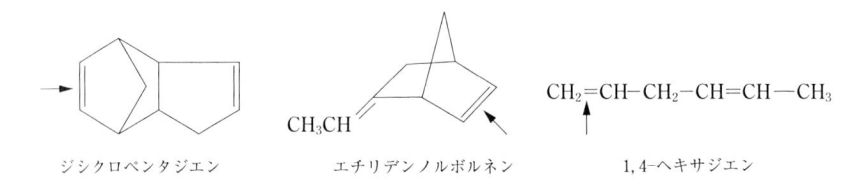

ジシクロペンタジエン	エチリデンノルボルネン	1,4-ヘキサジエン
	CH₃CH=	CH$_2$=CH–CH$_2$–CH=CH–CH$_3$

EPDMにおいて二重結合は側鎖にあるため，硫黄加硫はできるが，耐オゾン性，耐

候性には大きく影響しない．

EPM，EPDM はポリプロピレンとともに自動車のバンパーなどに用いられている．

f．ウレタンゴム

　熱可塑性ウレタンゴムは，両末端水酸基型のポリエーテル（ポリエチレンオキシド，ポリプロピレンオキシド）または脂肪族ポリエステル（ポリエチレンアジペート）と芳香族ジイソシアナート（ジフェニルメタンジイソシアナート，トリレンジイソシアナート）との反応によって得られる．これらはあとで述べるハードセグメントとソフトセグメントからなる熱可塑性エラストマーで，熱可塑性プラスチックの成型法が適用できる．成型品は強度，耐熱性に難があるが，耐摩耗性，耐油性，耐オゾン性が優れている．

　ウレタン溶液は合成皮革，人工皮革分野に使用される．合成皮革は，織布にポリウレタンあるいはポリアミドの溶液を塗布し，表面にスポンジ層を形成させたもので，家具内装用，シート，かばん，袋物に使用される．人工皮革は，甲革用として開発されたもので，不織布にポリウレタン溶液を含浸，凝固させてつくった基体にポリウレタン溶液を塗布してスポンジ状表面層を形成させたもの（二層構造）と基体と表面層の間に織布を入れたもの（三層構造）がある．靴，かばん類のほか，衣料用など広い用途に用いられている．

　一方，混練り用ウレタンゴムは，両末端水酸基型のポリエーテル（ポリエチレンオキシド，ポリプロピレンオキシド）または脂肪族ポリエステル（ポリエチレンアジペート）と芳香族ジイソシアナート（ジフェニルメタンジイソシアナート，トリレンジイソシアナート）との反応によって得られる末端が水酸基型のポリウレタンである．ジイソシアナートまたは過酸化物を加えて混練り後，加熱プレスして成型品とする．

　このほかにもポリエーテル，ポリエステルと芳香族ジイソシアナートとの反応で得られる末端イソシアナート型の液状ポリウレタンである注型用ウレタンゴムもある．このプレポリマーに，トリメチロールプロパンなどを加え，型に流し込んで加熱成型する．

　ウレタンゴムは耐摩耗性，耐老化性，耐油性に優れているが耐熱性に乏しく，酸，アルカリや熱水に侵されやすい．用途としては，低速高荷重運搬車用タイヤ，靴底のほか，ベルト，パイプ，ホースなどの耐油性，耐摩耗性工業用品がある．

g．多硫化ゴム

　有機ジハロゲン化合物と多硫化アルカリとの縮合反応（次式）によってつくられる．

$$\text{Cl-CH}_2\text{-CH}_2\text{-Cl} + n\text{NaS}_x \longrightarrow -(\text{CH}_2\text{-CH}_2\text{-S}_x)_n- + 2n\,\text{NaCl}$$

　1929年アメリカのチオコール（Thiokol）社で工業化されたことから多硫化ゴムはチオコールと通称されている．チオコールの製造において，多硫化ナトリウムを有機ジハロゲン化合物に対して過剰に使用することより鎖末端には SH 基となる．加硫は ZnO，

PbO によって行われるが，この場合加硫は網目状の形成ではなく分子量の増大だけである．

$$HS\sim\sim\sim SH + ZnO + HS\sim\sim\sim SH$$
$$\Downarrow$$
$$HS\sim\sim\sim S-Zn-S\sim\sim\sim SH + H_2O$$
$$\Downarrow$$
$$HS\sim\sim\sim S\sim\sim\sim SH + ZnS$$

多硫化ゴムは耐油性，耐溶剤性がきわめて優秀であり，耐オゾン性，耐候性も大きく，燃料ホース，燃料タンクの内張り，印刷ロールなどに用いられている．

多硫化ゴムの使用は液状ゴムに移っており，室温加硫性などを生かし，建築用のコーキング材や車両のシーリング材などに使われている．

h. シリコンゴム

シリコンゴムの品種は非常に多いが，最も一般的なのはポリジメチルシロキサン構造のものである．このものはジメチジルクロルシランを加水分解して得られる 50 ～ 60% の環状体を酸またはアルカリによる開環重合から得られる．

$$\text{(環状シロキサン)} \xrightarrow{\text{(NaOH)}} \text{OH}-\underset{\underset{CH_3}{|}}{\overset{\overset{CH_3}{|}}{Si}}-O-\underset{\underset{CH_3}{|}}{\overset{\overset{CH_3}{|}}{Si}}-O-\underset{\underset{CH_3}{|}}{\overset{\overset{CH_3}{|}}{Si}}------O-\underset{\underset{CH_3}{|}}{\overset{\overset{CH_3}{|}}{Si}}-OH$$

ポリジメチルシロキサン

加硫は通常，有機過酸化物によって行われる．橋かけを起こしやすくするためビニル基を導入したビニルシリコンゴムや感湿性の橋かけ剤が添加された液状室温硬化シリコンゴムがある．シリコンゴムは耐熱性，耐寒性に優れ，耐候性，電気特性も良好である．

$$\left(\begin{array}{c}CH_3\\|\\-Si-O-\\|\\CH_3\end{array}\right)_m \left(\begin{array}{c}CH_3\\|\\-Si-O-\\|\\CH=CH_2\end{array}\right)_n \qquad CH_3COO-\underset{\underset{OCOCH_3}{|}}{\overset{\overset{OCOCH_3}{|}}{Si}}-CH_3$$

メチルビニルシリコンゴム　　　　　　感湿性橋かけ剤

主な用途は自動車，電気・電子・OA 機器，建築分野，食品・医療などである．

i. フッ素ゴム

フッ素ゴムには種々のタイプのものがあり，その骨格によりフッ化ビニリデン系（ケル F，バイトン A），テトラフルオロエチレン-ペルフルオロメチルビニルエーテル共重

合系（ペルフルオロゴム）などがある．

```
   H  F  F  F           H  F  F  F           F  F  F  F
   |  |  |  |           |  |  |  |           |  |  |  |
 —C—C—C—C—            —C—C—C—C—            —C—C—C—C—
   |  |  |  |           |  |  |  |           |  |  |  |
   H  F  F  Cl          H  F  F  CF₃         F  F  F  OCF₃
      ケルF                  バイトンA               ペルフルオロゴム
```

加硫は有機過酸化物あるいはポリアミンによって行われる．フッ素ゴムは耐熱性，耐溶剤性に特に優れ，耐候性，耐摩耗性も他のゴムに比べ著しく優れている．

8.7 新しい形態のゴム

8.7.1 熱可塑性エラストマー

高温で可塑化されてプラスチックと同様に成型加工ができ，常温ではゴム弾性体の性質を示す高分子材料が熱可塑性エラストマー（TPE）である．TPEはゴムとプラスチックの中間的な性質を示す．TPEは加硫を必要としない．これはTPEがゴム成分（ソフトセグメント，軟質相）と樹脂成分（ハードセグメント，硬質相）からなり，室温においてゴム成分である軟質相が何らかの形でその塑性変形を阻止されているため，加硫ゴムと同様の挙動を示す．一方，温度の上昇とともに硬質相が軟らかくなると塑性変形をし，任意の形に成型できるようになる．このソフトセグメントの分子拘束形式による

表8.6 TPEの分類

分類	硬質相	軟質相	製造法
スチレン系			
SBS	ポリスチレン	BR	イオン重合
SIS	ポリスチレン	IR	イオン重合
SEBS	ポリスチレン	BRの水素添加	イオン重合
オレフィン系	ポリプロピレン	EPDM	ブレンド
ジオレフィン系			
1,2-BR	結晶1,2-BR	非晶性BR	イオン重合
トランスIR	トランス構造	非晶性IR	イオン重合
塩化ビニル系	結晶領域	非晶性PVC	ブレンド
ウレタン系	ウレタン構造	ポリエーテルまたはポリエステル	重付加
エステル系	エステル構造	ポリエーテルまたはポリエステル	重縮合
アミド系	アミド構造	ポリエーテルまたはポリエステル	重縮合
フッ素系	フッ素樹脂	フッ素ゴム	乳化重合

TPE の分類を表 8.6 に示す．

世界で最初の TPE は 1958 年のウレタン系（TPU）であるが，1965 年シェル化学がスチレン系（SBC）のリビング重合によるスチレン-ブタジエン-スチレンのトリブロック共重合体（SBS）を開発し，新しいタイプのゴムとしての TPE の概念が確立した．以来，エステル系，オレフィン系，塩化ビニル系，ポリブタジエン系，水素添加型 SBS（SEBS），アミド系，フッ素系などの TPE が開発されている．

このような TPE は熱可塑性樹脂成型機で迅速に加工でき，加硫工程を必要とせず，再使用が可能である．しかし，耐熱性や残留ひずみに問題を残している．現在，国内では十数種の TPE が市販されている．

8.7.2 液状ゴム

液状ゴムとは常温では流動性を示すが，化学反応により網目構造となり，加硫ゴムと同様な物理的性質を示す物質をいう．分子量が 3000～6000 程度のゴムは液状であり，これを分子間架橋しても，もろい樹脂となる．ところが，液状ゴムの末端に官能基を導入し，それを多官能性の架橋型鎖延長剤と反応させると加硫ゴムと同様の物性を示すものが得られる．つまり，液状ゴムとして利用するには官能基を鎖末端に有するポリマーであることが必要となる．

多硫化ゴム，シリコンゴムやウレタンゴムの低重合度のものは古くから液状ゴムとして利用されていた．その後，両末端に官能基をもったジエン系の液状ゴム（テレケリックラバー，telechelic rubber）も開発された．ジエンモノマーを $HOOC-(CH_2)_4-S-S-(CH_2)_4COOH$ や CBr_4 などの連鎖移動剤存在下にラジカル重合することによりテレケリックポリマーが得られる．また，金属リチウムあるいはナトリウム-ナフタレンのような電子移動型の開始剤を用いたアニオン重合によって生成するリビングポリマーに種々の停止剤を働かせても得られる．テレケリックポリブタジエンは末端基を利用してジイソシアナート，ポリエポキシド，ポリアミンなどによって三次元化させることができる．注型加工できる点が液状ゴムの大きな利点である．現在数種の液状ゴムが国内で市販されている．

参 考 文 献

1) 中川鶴太郎：ゴム物語，大月書店，1991．
2) 阿河利男，小川雅弥ほか：有機工業化学（第 6 版），朝倉書店，1988．
3) 神原　周，川崎京市，北島孫一，古谷正之：合成ゴムハンドブック，朝倉書店，1960．
4) 日本化学会編：化学便覧応用編（改訂 3 版），丸善，1994．
5) 高分子学会編：高分子新素材便覧，丸善，1992．
6) 佐伯康治，尾見信三：新ポリマー製造プロセス，工業調査会，1994．

7) 小松公栄：ゴムのおはなし，日本規格協会，1995.
8) 山下晋三，小松公栄ほか：エラストマー，共立出版，1989.
9) 鞠谷信三：ゴム材料科学序論，日本バルカー，1995.
10) 園田　昇，亀岡　弘編：有機工業化学（第2版），化学同人，1993.

9

塗料・印刷インキ・接着剤

9.1 塗　料

9.1.1 塗料とは

塗料とは，諸種の材料の面に塗布してその保護，美装，着色を図るものである．塗料は流動状態で物の表面に広げると薄い膜となり，時間とともに塗面に固着したまま固化して所期の性能をもつ膜となり，連続してその面を覆うものである．塗料は塗膜成分と塗膜形成助要素（その溶剤または希釈剤）とからなっている．透明塗料は顔料を含まないのに対し，顔料着色塗料は透明塗料に当たる部分（ビヒクルといわれる）に顔料を分散させたものである．

9.1.2 塗料の分類と塗膜形成成分

塗料を分類する方法はいくつもある．普通はこれらを組み合わせて使う．その分類例を表9.1に示す．

塗膜形成の主成分は液状塗膜を形成したのちに硬化，乾燥する反応乾燥型のものと，溶剤の蒸発により固体塗膜を形成する溶剤揮発乾燥型のものに分けられる．その主なものを示すと表9.2の通りである．

表9.1　塗料の種々の分類法と具体例

分類法	具体例
原料	油性塗料，酒精塗料，水性塗料，セルロース誘導体塗料，合成樹脂塗料
塗料の状態	かた練りペイント，調合ペイント，粉状塗料，エマルション塗料，ゾル塗料
塗装物	自動車用塗料，鉄道車両用塗料，船底塗料，軽合金用塗料，コンクリート用塗料，皮革用塗料

表 9.2 塗料の塗膜成分の分類

塗膜形成成分	液体塗膜形成成分	乾性油‥‥‥‥‥‥アマニ油,エノ油など
		改良乾性油‥‥‥‥脱水ヒマシ油,スチレン油
		液体合成樹脂‥‥‥不飽和ポリエステル,合成ウルシ
		天然フェノール‥‥生ウルシ,カシューナッツセル油
	固体塗膜形成成分	天然樹脂‥‥‥‥‥ロジン,セラックなど
		加工樹脂‥‥‥‥‥エステルゴムなど
		合成樹脂‥‥‥‥‥アルキド樹脂,塩化ビニル樹脂,エポキシ樹脂,ウレタン樹脂など
		セルロース誘導体‥ニトロセルロース,アセチルセルロースなど
		水溶性結合剤‥‥‥ポリビニルアルコール,CMC,カゼインなど

9.1.3 油性塗料

主として乾性油,改良乾性油を熱重合あるいは酸化重合させて製造される加工油を塗膜形成成分とする塗料で,油性ペイント,油性エナメルなどがある.

a. 油性ペイント

油性ペイントのビヒクルはボイル油である.かた練りペイントと調合ペイントがあり,前者は顔料 85 〜 90% で塗装時ボイル油を添加する.後者は顔料 60 〜 65% と 2 〜 5% の溶剤(ミネラルスピリット)を含み,そのまま使用できる.

油性ペイントは乾燥が遅く,硬さ,耐水,耐アルカリ性に乏しいなどの欠点が多い.長油性アルキド樹脂の混合などで欠点は改良される.速乾ペイント,合成樹脂ペイントの名で販売されている.

b. 油性エナメル

樹脂と乾性油を加熱重合し,溶剤,乾燥剤を添加した油性ワニスに顔料を分散した塗料を油性エナメルという.エナメルは顔料を含む塗料の総称である.樹脂としてはコーパルやダンマルおよびロジン(主成分の樹脂酸はアビチオン酸)などの天然樹脂,それ

アビチオン酸

らを熱分解やマレイン酸との反応したものなどの加工樹脂や合成樹脂(ロジン変性マレ

イン酸樹脂，フェノール樹脂）が用いられ，それぞれコーパルワニス，マレイン酸樹脂ワニス，フェノール樹脂ワニスなどと呼ばれる．

このような油性塗料に使用される乾性油としてはアマニ油，ダイズ油，キリ油，エノ油，シナキリ油などがある．一方，この乾性油を270～300℃に空気を絶って急速に加熱し重合させたものが熱重合油あるいはスタンド油である．また，乾性油を100℃前後で空気を吹き込んで粘度と比重を増加させると吹込油が得られる．吹込油にコバルトセッケンなどの乾燥剤を溶解させたものをボイル油といい塗料に多量に用いられる．アマニ油のボイル油は乾燥が早いが変色（焼け）がはなはだしいので，白色ペイントには乾燥は遅いがダイズのボイル油が利用される．ヒマシ油をアルミナなどを触媒として230～280℃に加熱し脱水した脱水ヒマシ油，ダイズ油やトール油に無水マレイン酸を200℃付近で作用させて得られる化合物を多価アルコールでエステル化したマレイン酸化油などが改良乾性油として用いられる．

9.1.4　セルロース誘導体

セルロース誘導体を塗膜形成成分とする塗料はラッカーといわれる．セルロース誘導体としてはニトロ，アセチル，アセチルブチルセルロースなどのセルロースエステルあるいはエチルセルロース，ベンジルセルロースのようなセルロースエーテルが使われるが，窒素分 10.8～12.2％のニトロセルロースが最も広く使われている．短油性変性アルキド樹脂と混合して用いることが多い．

9.1.5　合成樹脂塗料

a.　合成ウルシ

ウルシオールと類似した構造をもつカシュー核油と油溶性フェノール樹脂との共縮合物を主ビヒクルとするものを合成ウルシまたはカシュー系塗料という．

ウルシオール

b.　フェノール樹脂塗料

塗料用フェノール樹脂は油溶性と他のビヒクルとの相溶性のためロジン変性フェノール樹脂も使われていたが，p-t-ブチルフェノール，p-フェニルフェノールなどのp-アルキルまたはアリル置換フェノール樹脂が用いられている．これらを未変性100％フェノール樹脂という．この油溶性フェノール樹脂と油との重合ワニスをビヒクルとする塗

料をフェノール樹脂塗料という．100%フェノール樹脂を原料とする電気絶縁塗料は電気工業には欠くことができない．

c. アルキド樹脂塗料

無水フタル酸や無水マレイン酸のような二塩基酸と多価アルコールからのポリエステル樹脂を油または脂肪酸で変性した純油変性アルキド樹脂ならびに塗料適性を改善するため各種の樹脂またはビニル単量体などで変性した変性アルキド樹脂が用いられる．酸成分としては無水フタル酸，アルコール成分としてグリセリン，ペンタエリトリトールが主に利用されるのでフタル酸樹脂塗料ともいう．このときの分子構造の例を図9.1に示す．

$$HOCH_2-\underset{\underset{CH_2OH}{|}}{\overset{\overset{CH_2OH}{|}}{C}}-CH_2OH$$

ペンタエリトリトール

塗料用アルキド樹脂は分子量2000〜3000のプレポリマーであり，使用する多塩基酸，多価アルコールおよび塩基酸の三成分の種類と量を変えることにより性質を広範囲に変えられる．変性油としてアマニ油，ダイズ油，ヒマシ油を用いたとき乾燥性，保色性はこの順に減少する．また油長により表9.3のように分類される．

d. アミノアルキド樹脂塗料

尿素樹脂，メラミン樹脂は脂肪族一価アルコール（普通はブタノール）変性物の形で使われる．塗料用変性アミノ樹脂は他の合成樹脂類と相溶するよう変性されたものであ

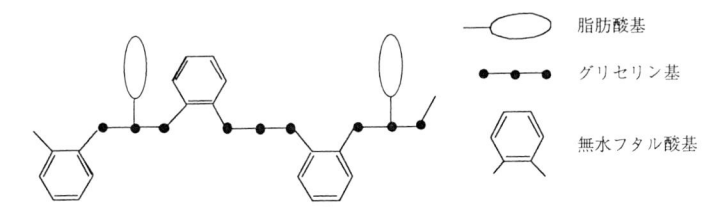

図 9.1 脂肪酸法によるアルキド樹脂の構造

表 9.3 変成アルキド樹脂の種類と用途

アルキド樹脂の種類	脂肪酸含量	特 徴	用 途
短油性アルキド樹脂	20〜40%	アミノ樹脂，ニトロセルロースとの混合塗料として使用	自動車用，電気機器用塗料
中油性アルキド樹脂	40〜50%	空気乾燥性はあるが，加熱する方がより良好	車車両，重機械用エナメルに使用
長油性アルキド樹脂	50%以上	空気乾燥性	大型建造物塗装用

る．変性反応は次式で示される．

$$R-NH_2 + CH_2O \longrightarrow R-NH-CH_2OH$$
$$R-NH-CH_2OH + R'OH \longrightarrow R-NH-CH_2OR'$$

普通，アルキド樹脂との組合せで用いられる．このアミノアルキド樹脂の熱硬化は，アミノ樹脂中のメチロール基またはブトキシ基とアルキド樹脂中の残存OH基の間に起こる橋かけ反応で進行する．

塗料用アミノアルキド樹脂は両樹脂の種類，その配合割合，焼付け条件で諸性質のものが得られるが，焼付け時間が短く，無色透明，保色性良好，耐候性・耐薬品性も大で電気的性質も優れ，耐摩耗性も大きいなどの特徴をもっている．

e. エポキシ樹脂塗料

ビスフェノールAとエピクロロヒドリンの共縮合物であるエポキシ樹脂を用いた塗料で次のように利用される．

1) 熱硬化樹脂による加熱硬化 フェノール樹脂，アミノ樹脂中のフェノール性OH，メチロール基などとエポキシ基の橋かけ反応を利用する．高温（150～180℃）で焼き付けた塗料である．

2) ポリアミン，ポリアミドによる常温硬化 エチレンジアミン，ジエチレントリアミンなどのポリアミンや塗料用ポリアミド樹脂のアミノ基によるエポキシ基の橋かけ反応を利用する常温硬化2液型塗料，2液型エポキシ塗料は耐アルカリ性，付着性が優れているので，耐薬品塗料，防食塗料，缶コーティングに利用されている．

3) エポキシ樹脂の脂肪酸エステルの利用 エポキシ樹脂を脂肪酸と反応させて得たエポキシエステルは脂肪酸の種類，エステル化度により空気乾燥型のものや加熱乾燥型のものが得られる．エステル結合が生成するため純エポキシ樹脂より耐薬品性は劣るが，通常のアルキド樹脂より耐薬品性・付着性が優れている．

f. ポリウレタン塗料

OH基を有するポリエステルとイソシアナート基を二つ以上有するトリレンジイソシアナート（TDI）のような化合物との付加反応を利用する二液型のものが知られている．二液型ポリウレタン塗料はイソシアナート，ポリエステルの種類，配合比により硬化速度，塗膜の諸性質が自由に変えられる．油変性ポリウレタンやウレタン化アルキド樹脂を用いるときは一液型焼付け塗料となる．ポリエステル成分には不飽和ポリエステルのほか油変性アルキド樹脂も使われる．

光沢，耐薬品性，付着性がきわめて優れているが，黄変しやすい欠点がある．耐薬品性塗料，木材用塗料，ゴム用塗料，電気絶縁塗料となる．

g. 不飽和ポリエステル塗料

無水マレイン酸のような不飽和ジカルボン酸とグリコール類とのポリエステルをスチ

レンなどのビニル系モノマーに溶解した塗料である．この塗料の乾燥（硬化反応）には重合開始剤と促進剤が併用される．通常，DDM（メチルエチルケトンペルオキシド）の可塑剤溶液-ナフテン酸コバルト系とBPO（ベンゾイルペルオキシド）-DMA（ジメチルアニリン）系が用いられる．DDM-Co系は完全に硬化し，黄変も少ないが水分の影響を受けやすい．BPO-DMA系は低温で完全硬化しにくく変色が大きいが，水分の影響が少ない．ポリエステル塗料の性質はエステル結合鎖の分子構造，不飽和酸含有量，スチレン配合量および硬化条件により支配される．

木部塗装に適する．耐薬品性が大きいので，タンクのライニング用にも使われる．

h．ビニル系塗料

1） 塩化ビニル-酢酸ビニル共重合体塗料　塗料用には塩化ビニル85〜90％を含むものと70％のものがある．付着力は後者が優れ，耐薬品性は前者がやや優っている．

2） ビニルゾル塗料　塩化ビニル系樹脂微粉末を可塑剤，溶剤などの液体に分散させた懸濁液で塗膜形成成分は液状成分に溶けていないので，これを塗ってから加熱すると塩化ビニル樹脂の可塑剤への膨潤，融合が起こり弾性皮膜が形成される．ビニルゾルは分散媒に可塑剤だけを用いたプラスチゾルと，分散媒として可塑剤以外に揮発性溶剤を含むオルガノゾルに大別される．

高分子量の塩化ビニル樹脂を用いているので，塗膜は強じんで水，化学薬品に安定なので，金属保護塗料として使われる．塗装後加工が可能なので塗装金属板またはエナメル線用として最適である．

3） ポリビニルブチラール塗料　部分ケン化ポリビニルアルコールをブチラール化したポリビニルブチラールが塗料用に適する．すなわち次式のブチラール（a），酢酸ビニル（b）およびビニルアルコール（c）からなっている．重合度500〜1000で（a）60〜65 mol％，（b）3〜5 mol％を含むものが市販されている．

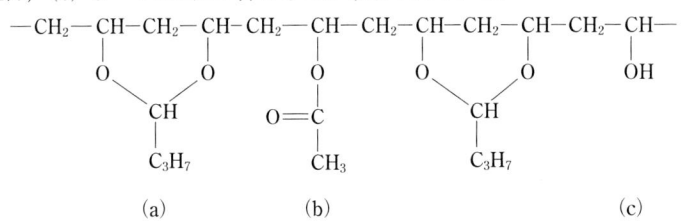

$$-CH_2-CH-CH_2-CH-CH_2-CH-CH_2-CH-CH_2-CH-CH_2-CH-$$

(a)　(b)　(c)

金属表面処理塗料"ウオッシュプライマー（wash primer）"のビヒクルとして金属塗装に不可欠である．ブチラール樹脂にフェノール樹脂を15〜20％加えたものは缶詰内面塗料として使われる．130℃，20分位で硬化する．

4） アクリル系塗料　アクリル酸エステルとメタクリル酸メチルを主体とした共重合体を用いた塗料である．前者は被塗面への付着性が大きく，流展性が大きいので塗膜

形成能が大きい．後者はそれと対称的に形成塗膜は凝集性が強く，流動性に乏しく素面への付着性に乏しい．重合体中に，OH，COOH，エポキシ基などを導入して加熱乾燥によって自己硬化する樹脂を加熱硬化型アクリル樹脂と呼ぶ．

アクリル－メタクリルエステルのポリマー混合物のみを使用する塗料とニトロセルロース，アセチルブチルセルロースを含む複合ラッカーがある．いずれも自動車上塗り用である．自己硬化型塗料は家庭用電気機器，建築用金属製品の塗装に使われる．中温（150℃以下）加熱型と高温（160℃以上）加熱型がある．

9.1.6 エマルションペイント

エマルションペイントは乳化重合体，顔料，可塑剤のほか増粘剤（水溶性高分子化合物），分散剤，湿潤剤などを含んでいる．エマルションペイントの性能は乳化重合体の種類によってほぼ決まる．アクリル系，酢酸ビニル系，スチレン－ブタジエン系が主なものである．いずれも建築物壁面用塗料となる．アクリル系，酢酸ビニル系は屋外塗装にも用いられる．

9.1.7 酒精塗料

アルコールを主体とした溶剤に樹脂類を溶解した塗料で，セラック，コーパル，ダンマル，ロジンなどの天然樹脂が使われる．樹脂は多くの場合，単独で使われる．

9.1.8 ラッカー

ニトロセルロースのみでは硬くて脆いうえ，付着性に乏しいので樹脂や可塑剤で改質する．ニトロセルロースと樹脂の比は1：1～2が標準であるが，ハイソリッドラッカーはその比が1：2.5であり，ニトロセルロースの方が副成分的となっている．樹脂としてアルキド樹脂が多く使われている．

9.2 印刷インキ

9.2.1 印刷インキの組成

印刷インキとは，印刷に用いるインキの総称であって，顔料とビヒクルおよび補助剤の三つの成分から構成されている．一般には顔料とビヒクルを練り合わせたものを用い，必要に応じて乾燥剤やコンパウンドなどの補助剤を加える（コンパウンドとは普通は印刷インキに混和して印刷適性を改善するためのものをいう）．ビヒクルは樹脂，植物油，溶剤を主成分としている．ビヒクルとして使用される樹脂は石油樹脂，フェノール樹脂，油変性アルキッド樹脂など多くのものがその特長を考慮して選択される．

9.2.2 印刷方式と印刷インキ

代表的な印刷方式としては凸，凹および平版方式があり，模式的に示すと図 9.2 の通

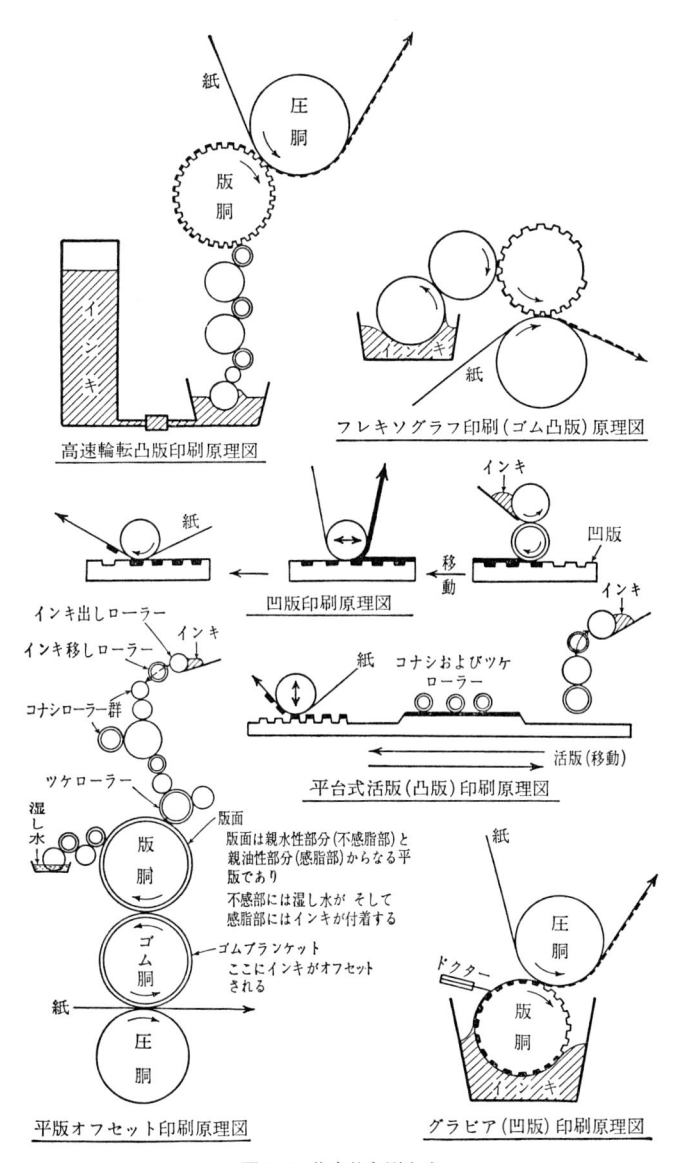

図 9.2 代表的印刷方式

表9.4 印刷版方式別の印刷インキの分類

印刷方式	原理	種類	印刷インキの例
凸版印刷	印刷しようとする部分（画線部）が突起しており，インキをこの突起部だけにつけ，紙などの被印刷物に転移させる．	活版 輪転 ゴム凸版	活版，写真インキ 書籍輪転，新聞輪転インキ 段ボール，フレキソグラフインキ
凹版印刷	画線部が凹んだ版を使用し，版全面にインキをつけたのち，非画線部のインキを取り除き，凹部に残ったインキで被印刷物に転移させる．	凹版 グラビア	凹版，凹版輪転インキ グラビア，特殊グラビアインキ
平板印刷	画線部を親油性，非画線部を親水性にした平らな版を使用する．ついで，版を水でぬらしてインキをつけると，インキは画線部のみに選択的につく．これをゴムのブランケットに移し，被印刷物に転移させる．	石版 オフセット	石版インキ オフセット，オフセット輪転インキ

りである．印刷インキの分類は表9.4に示す印刷版方式以外に被印刷物，用途などいろいろな方法で行われている．

9.2.3 印刷インキ乾燥方式

代表的な乾燥方式は，吸収型，蒸発型，酸化重合型であり，このほか冷着型，ゲル化型，ろ過型などがある．吸収型はインキ自体が印刷用紙に浸透するため印刷物が物理的に乾燥状態に達する．新聞輪転インキがその例である．蒸発型は溶剤が揮発することで乾燥するもので，特殊グラビアインキが例である．酸化重合型は乾性油がドライヤーを触媒として酸化重合して固化するもので，ブリキ板インキがその例である．冷着型は常温で固体であり，適当な加熱により液体になる高分子物をビヒクルとして使用し，印刷機を加熱し

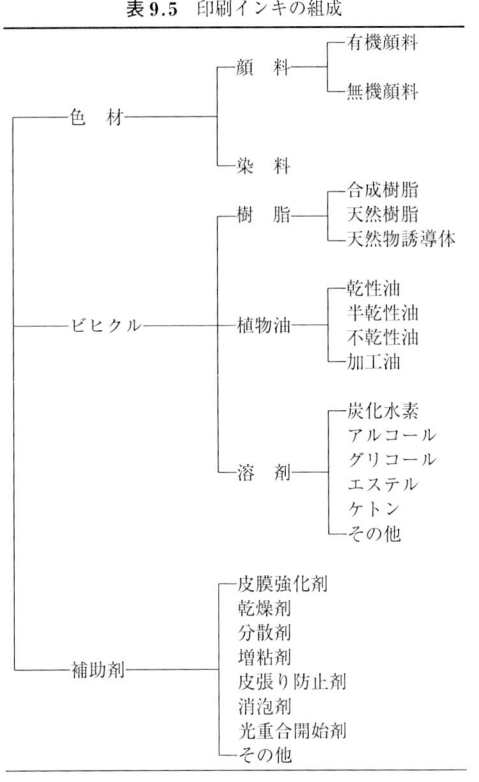

表9.5 印刷インキの組成

- 色材
  - 顔料
    - 有機顔料
    - 無機顔料
  - 染料
- ビヒクル
  - 樹脂
    - 合成樹脂
    - 天然樹脂
    - 天然物誘導体
  - 植物油
    - 乾性油
    - 半乾性油
    - 不乾性油
    - 加工油
  - 溶剤
    - 炭化水素
    - アルコール
    - グリコール
    - エステル
    - ケトン
    - その他
- 補助剤
  - 皮膜強化剤
  - 乾燥剤
  - 分散剤
  - 増粘剤
  - 皮張り防止剤
  - 消泡剤
  - 光重合開始剤
  - その他

ておいて印刷を行うと，インキは紙に付着して冷却されることによって固化する．コピーインキがその例である．沈殿型は印刷用紙にビヒクルの一部が吸収されるとビヒクルに溶解していた高分子物質が析出沈殿するため固化するものでモイスチュアセットインキがその例である．ゲル化型は加熱によりゲル化して固化するもので，プラスチゾルがその例である．

9.2.4 製造方法

印刷インキ原料としては印刷膜要素，印刷膜助要素，その他がある．その原料組成を表9.5に示す．これら多種の原料をそのままか，または加工して配合し多種の印刷インキがつくられる．

9.3 接着剤

9.3.1 接着剤とその選択

接着剤（adhesive）は主材ベースポリマーに各種の硬化剤，触媒，可塑剤，充填剤，増粘剤，安定剤，消泡剤などを配合することにより製造される．ベースポリマーとしてはほとんどの合成樹脂が接着剤となりうる．現在，接着剤に使用されているベースポリマーは数百種以上にのぼる．被着体としては金属，ガラス，プラスチック，木材，皮革，紙，織物などがあり，これらの同種物質間および異種物質間において接着が行われ，被着体により適する接着剤が異なる．接着剤の選択にあたり考慮すべき点は，① 分子間引力（溶解性パラメータSPで表す），② 高分子の結晶性（結晶性の低いものの方がよい），③ 室温でのヤング率，④ ガラス転移点などである．

9.3.2 接着剤の種類と特徴

接着剤は通常，デンプン，デキストリン，ニカワ，カゼインなどの天然系接着剤と，熱可塑性樹脂，熱硬化性樹脂，ゴム類などの合成接着剤とに大別される．合成接着剤についてSP，結晶性，ヤング率，ガラス転移点を考慮した各接着剤の接着性，接着方式を表9.6に示す．接着性は◎＝優と○＝良のもののみ示した．

接着は流動-固体化という過程をへて行われる．その過程から分類すると次のような型に分類される．

a. 再湿性型接着剤

紙などにデンプンやポリビニルアルコールのような水溶性重合体を塗布乾燥したもので，水で湿らせ，再活性化し粘着性を再生する．切手や印紙などに使用されている．

表9.6 接着剤の性能

| 主剤となる高分子 | 接着方式 | 接着性 |||||||
		木材	金属	ゴム	ガラス	皮革	紙	織物	陶器
熱可塑性樹脂									
アクリル系									
メタクリル酸エチル	溶, 融				◎	◎	◎		
メタクリル酸ブチル	溶	○		○	◎	◎	◎	◎	
アクリル酸エチル	溶	○			◎	◎	◎	◎	
ビニル系									
酢酸ビニル	溶, 融	◎	○				◎	◎	
塩化ビニル-酢酸ビニル共重合体	溶, 融	○	○			○	◎	◎	
塩化ビニリデン共重合体			○				○	◎	
ビニルブチラール	溶, 融	◎	◎		◎	◎	◎		
その他									
ポリアミド	溶, 融	◎	◎	—		◎	◎	◎	
セラミック	溶, 融		◎		◎				◎
ニトロセルロース		○			◎	◎	◎		
熱硬化性樹脂									
アミノ系									
尿素ホルムアルデヒド	室	◎				○	◎	◎	
	高	◎				○	◎	◎	
メラミンホルムアルデヒド	高	◎				○	◎		
フェノール系									
フェノールホルムアルデヒド	室				◎				○
	高	◎			◎	◎	◎	◎	
フェノール樹脂・エラストマー	溶, 室	○	○	○	◎	◎	○	○	
	高	◎	◎		◎	◎	◎	◎	
フェノール樹脂・ポリアミド	融, 高	◎	◎						
フェノール樹脂ビニルアセタール	中, 高	◎	◎		◎		◎		
レゾルシンホルムアルデヒド	室	◎		◎	◎	◎	◎	◎	
ポリエステル系									
不飽和ポリエステル	高			◎	◎		◎		
ポリエステル, エラストマー	高, 室	○			○	◎	○	○	
その他									
エポキシ樹脂	室, 中, 高	◎	◎	◎	◎	◎	○	◎	◎
イソシアナート樹脂	室, 中	◎	◎	◎	◎		○	◎	
ゴム類									
天然ゴム	加			◎		◎		○	
塩素化ゴム	溶, 融							○	
環化ゴム	溶, 融			◎				○	
ニトリルゴム	溶, 融	○	○	○		○	○	○	○
	加	○	◎						
ネオプレン	溶	◎	○	◎		◎		◎	
	加	◎		◎		◎		◎	
シリコンゴム	室, 加	◎	◎	◎	◎		◎		

溶＝溶液またはエマルションより溶剤の散逸, 融＝熱融解, 加＝加硫, 室＝常温硬化, 中＝65～95℃硬化, 高＝135～155℃硬化

b. 蒸発型接着剤

接着剤中の有機溶剤や水が蒸発することにより固化・接着するもの．有機溶剤を用いる溶液型としてポリ酢酸ビニルなどの熱加塑性接着剤や天然ゴムやSBRなどのゴム系接着剤が入る．一方，水系にはポリビニルアルコール，ポリアクリルアミドのような水溶性接着剤とポリ酢酸ビニルなどのエマルション接着剤がある．最近，有機溶剤を用いる蒸発型接着剤は安全などの面からハイソリッド化，無溶剤化，水系へと進んでいる．

c. 反応型接着剤

重合反応などにより固化し接着力を生じるものであり，α-シアノアクリレートのようなモノマーの重合により接着力を生じる重合型と初期重合物を熱や硬化剤により硬化する熱硬化型に分けられる．

重合型粘着剤としてはα-シアノアクリレートがある．このモノマーは水分に触れると瞬間的にアニオン重合を開始し，2～7秒で硬化することから瞬間接着剤と呼ばれている．市販品は0.05%のヒドロキノンと0.001～0.01%の二酸化硫黄ガスを添加することで安定化している．このα-シアノアクリレートはシアノ酢酸エステルをアルカリ触媒の存在下でホルマリンと反応させ，メチロール化し，脱水によって合成されるが，脱水反応で生成した水分が重合触媒となり，ポリ-α-シアノアクリレートとして取り出される．そこで生成したポリマーを乾燥し，熱による解重合からモノマーを得ている．

熱硬化型接着剤としてはアミノ樹脂，フェノール樹脂，エポキシ樹脂，不飽和ポリエステルなどがある．これらは一般的に分子量が低く，高い反応性の官能基をもち，硬化剤と混合することにより橋かけにより高分子化することにより接着が生じる．

d. 感圧型接着剤

テープに粘着剤を塗布したもので，指の圧で粘着するもの．ベースポリマーとしては天然ゴムやアクリル酸エステル系が使用されている．絆創膏，紙おむつ用ファスナーなど多くの粘着製品として使われている．

e. 感熱型接着剤

熱加塑性樹脂を加熱により溶融して塗布し，冷却すると固化して接着するもの．ホットメルト接着剤ともいわれる．ベースポリマーとしてはエチレン-酢酸ビニル共重合体（EVA）が，耐熱性や耐久性が必要な用途には使用できないが，安価なため最も多く使用されている．ポリアミドやポリエステル系もベースポリマーとして使われている．

f. 感光型接着剤

紫外線や可視光線により重合したり，硬化することで接着力が生じるもの．紫外線硬化型としてアクリレート系モノマーおよびオリゴマー（分子量1000～5000程度のポリエステル，ポリウレタン）が使用され，無溶剤で高速硬化することより電子部品や精密工業で用いられている．

参 考 文 献

1) 阿河利男,小川雅弥ほか:有機工業化学(第6版),朝倉書店,1988.
2) 高分子学会編:高分子データハンドブック・応用編,培風館,1986.
3) 大阪市立工業研究所,プラスチック技術協会編:プラスチック読本(改訂第18版),プラスチックエージ,1992.
4) 高分子学会編:高分子新素材便覧,丸善,1989.
5) 日本化学会編:化学便覧 応用化学編II・材料編,丸善,1986.
6) 高分子学会編:高機能接着剤・粘着剤,共立出版,1989.
7) 園田 昇,亀岡 弘編:有機工業化学(第2版),化学同人,1993.

10

高分子材料の分解と再生利用技術

合成高分子は天然高分子のように微生物によって分解されにくいことが特長で,その特長を利用し包装材料,ビン,容器などをはじめとして広く利用されてきた.しかし,包装材料としての合成高分子の廃棄量が膨大になった現在では,その特長は欠点と見なされるようになってきた.

高分子の分解は生物化学的分解(微生物分解),化学的分解(酸化分解,オゾン分解,加水分解など),物理化学的分解(熱分解,光・放射線分解,機械的分解)などに大別され,高分子が分解(主に分子量の低下)すると高分子の物性は低下し,高分子のもつ性質,性能は発揮されなくなる.これがいわゆる高分子の劣化といわれるもので,これまでの高分子の分解の研究はこのような劣化を防止するための研究,すなわち高分子の分解の機構の解明と安定化に重点がおかれた.その結果,酸化劣化防止剤,光安定剤などが開発され,高分子材料の耐久性は著しく向上し,いろいろな分野で広く利用されるようになってきた.しかし,このような耐久性のある高分子材料をワンウェイの包装材料に大量に使うと使用後の処理が問題となってくる.このような時代背景を踏まえ,環境保全の立場から高分子材料の分解について述べる.

10.1 高分子の分解

高分子の熱分解は大抵はラジカル反応で進行すると考えられているが,その機構は複雑である.無酸素雰囲気下では多くの有機系高分子は真空中,500℃までの加熱で主鎖および側鎖が分解する.例えば,ビニル系ポリマーの熱分解開始温度はポリエチレン400℃,ポリプロピレン300℃,ポリテトラエチレン500℃であり,解重合とランダム分解があり,大別すると次のようになる.

解重合により100％近くがモノマーにかわるもの:ポリメタクリル酸メチル,ポリテトラフルオロエチレン,ポリα-メチルスチレン,ポリオキシメチレンなど主鎖に四級炭素をもつ高分子.

ランダム分解によって低分子量化するがほとんどモノマーを生成しないもの：ポリエチレン，ポリプロピレン，ポリ塩化ビニルなど．

解重合とランダム分解が同時に進行するもの：ポリスチレン，ポリイソブチレン，ポリブタジエンなど．

ポリエステルおよびポリアミドなど縮合系ポリマーではランダム分解するものが多い．

解重合

$\sim M-M-M-M-M-M\cdot \longrightarrow \sim M-M-M-M-M\cdot \ +\ M$

ランダム分解

$\sim M-M-M-M-M-M\sim \longrightarrow \sim M-M-M\cdot \ +\ \cdot M-M-M\sim$

M：モノマー

ポリ塩化ビニルでは脱塩酸により主鎖に二重結合が生成する．

$$\sim CH_2-CH(Cl)-CH_2-CH(Cl)\sim \longrightarrow \sim CH_2-CH=CH-CH(Cl)\sim \ +\ HCl$$

ポリ酢酸ビニル，ポリビニルアルコールなども側基の脱離が主鎖分解に優先し二重結合が生成する．

酸素が存在するときはポリマー中に生成したラジカル酸化によるポリマーの分解が起こるようになる．ポリエチレンを例にとるとポリマー中に生成したラジカルは酸化され，

$$\sim CH_2CH_2\overset{\cdot}{C}HCH_2\sim \xrightarrow{O_2} \sim CH_2CH_2CH(O-O\cdot)CH_2\sim \xrightarrow{RH}$$

$$\sim CH_2CH_2CH(O-O-H)CH_2\sim \ +\ R\cdot$$

$$\downarrow$$

$$\sim CH_2CH_2CH(O\cdot)CH_2\sim \ +\ \cdot O-H$$

$$\downarrow$$

$$\sim CH_2CH_2C(=O)CH_2\sim \ +\ H_2O \qquad \sim CH_2CH_2CH(=O)\ +\ HOCH_2\sim$$

RH：ポリエチレン

ヒドロペルオキシドを生成する．ヒドロペルオキシドの酸素-酸素結合（約 120 kJ/mol）

は弱く，容易に分解し，続いて主鎖切断反応が起こる．もちろん，実際にはポリエチレン中の炭素ラジカル同士のカップリングにより橋かけ反応も進行する．

10.2　環境保全と高分子材料の分解性

　天然高分子（セルロース，ポリイソプレンなど）が自然環境のなかで微生物などにより低分子量化する速度に比べ，ポリエチレンなど合成高分子の中には，なかなか分解しないものが多い．廃棄されたプラスチックはゴミとして焼却するか，土の中に埋められる．焼却では合成高分子の発熱量が高いので，焼却炉のいたみが激しく，多量の炭酸ガスの発生が地球温暖化を促進する．さらには，塩素を含むポリマーでは有害物質（ダイオキシンなど）が生成するなど問題が残されている．また，ゴミの埋め立てでは，埋める場所に限度があり，また，埋めたものの地下水への影響も考慮されなければならない．
　このような中で，廃棄されたプラスチックが天然高分子と同じように微生物分解するようにできないか，あるいはリサイクルすることで廃棄量を低減できないかなどの検討が進められている．

a. 分解性プラスチック

　プラスチックとしてよく利用されるポリエチレン，ポリプロピレン，ポリスチレン，ポリ塩化ビニルあるいはポリエチレンテレフタレートは自然環境下での分解は非常に遅い．分解を速める方法としては光分解性にするか，微生物分解性にするかの方法がとられる．

1) 光分解性プラスチック　　代表的なものにエチレン—一酸化炭素共重合体がある．次式に示したように光反応により主切断が起こる．光分解生成物の微生物分解性はまだよく解明されていない．

$$\sim CH_2CH_2CH_2COCH_2CH_2CH_2 \sim$$

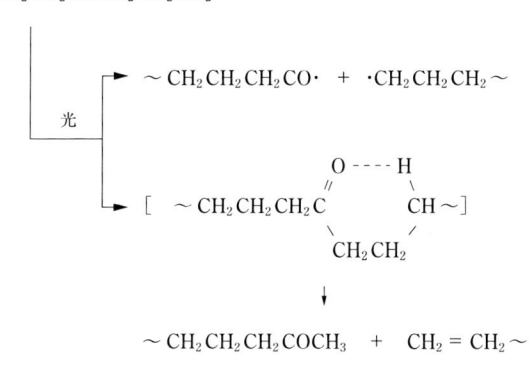

$$\xrightarrow{光} \sim CH_2CH_2CH_2CO\cdot\ +\ \cdot CH_2CH_2CH_2 \sim$$

$$\longrightarrow \left[\sim CH_2CH_2CH_2\underset{CH_2CH_2}{\overset{O\text{----}H}{C}} \underset{}{CH} \sim \right]$$

$$\downarrow$$

$$\sim CH_2CH_2CH_2COCH_3\ +\ CH_2=CH_2 \sim$$

2) 生分解性プラスチック　　合成高分子のなかでも微生物分解するものがあるが，ポリアミノ酸，ポリエチレングリコール，ポリビニルアルコール，脂肪族ポリエステル，ポリウレタン（脂肪族系）などに限られている．

最近では，微生物がエネルギー源として蓄えているポリエステルをプラスチックに利用する研究が盛んで，ポリ（3-ヒドロキシブチラート）[P(3HB)] あるいは3HBと3-ヒドロキシバリラート）[3HV] の共重合体 [P(3HB-co-3HV)] がプラスチック（商品名：バイオポール）に利用できるようになっている．

$$-(\text{OCHCH}_2\text{C})_n- \quad\quad -(\text{OCHCH}_2\text{C})_n-(\text{OCHCH}_2\text{C})_n-$$
$$\begin{array}{c}\text{CH}_3\quad\text{O}\\|\quad\quad\|\end{array} \quad\quad \begin{array}{c}\text{CH}_3\quad\text{O}\quad\quad\text{C}_2\text{H}_5\quad\text{O}\\|\quad\quad\|\quad\quad\;\;|\quad\quad\|\end{array}$$

P(3-HB)　　　　　　　　　P(3HB-co-3HV)
（バイオポール）

これらのポリエステルでつくったボトルは土中約2年間で完全に分解する．

合成高分子でも開環重合で得られるポリ（ε-カプロラクトン）(PCL)（$T_m = 60℃$），ポリグリコール酸（PGA）（$T_m = 230 \sim 240℃$），ポリ乳酸（PLA）（$T_m = 180℃$）は微生物分解性である．PCLは縫合糸として利用されているが，PCLは融点が60℃と低いので利用範囲に制限がある．

ε-カプロラクトン → $-(\text{OCH}_2\text{CH}_2\text{CH}_2\text{CH}_2\text{CH}_2\text{C})_n-$　PCL

グリコリド → $-(\text{OCH}_2\text{CO})_n-$　PGL

ラクチド → $-(\text{OCHCO})_n-$　PLA

これらのポリエステルはグリコール酸（あるいは乳酸）の重縮合でも合成できるが，分子量を増大させることがむずかしく，グリコリド（あるいはラクチド）の開環重合が利用された．しかし最近では乳酸の重合でポリ乳酸が得られるようになっている．ラクテ

ィあるいはレイシアなどの商品名で市販されている．

　重縮合で得られるコハク酸とエチレングリコール（あるいはブチレングリコール）のポリエステルのように T_m が高いものもある．"ビオノーレ（商品名）" は生分解性プラスチックとして市販されている．

$$HO(CH_2)_nOH + HO_2C(CH_2)_2CO_2H \longrightarrow$$

$$-[O(CH_2)_nO_2C(CH_2)CCO]_n-$$

ビオノーレ

$(n=2:T_m=104℃,\ n=4:T_m=120℃)$

　以上のような完全な生分解性ではないが，デンプンとポリエチレンのブレンド（デンプンをトリアルキルシリル化して疎水化するか，あるいはポリエチレンをエチレン-アクリル酸共重合体に代えて親水性を付与する）が分解性プラスチックとして工業化されているが，デンプンのみが土壌中で分解するので成型品の形状は崩れるが，ポリエチレンの分解には時間がかかる．

b. プラスチックのリサイクル

　生分解性プラスチックは自然のサイクルの立場からは一つの理想であるが，現在使われているプラスチックの生産量および用途の広さから考えてすべてプラスチックを生分解性プラスチックで置き換えることはできない．したがって，廃棄されたプラスチックのリサイクルは不可欠の技術となる．

　プラスチックの年間の生産量が 1500 万トンを超え，およそそのうちの半分近くが廃棄されている．主なプラスチックはポリエチレン（PE），ポリプロピレン（PP），ポリスチレン（PS），ポリ塩化ビニル，ポリエチレンテレフタレート（PET）などで，PE が一番多い．

　リサイクルする方法には，ポリマーとして再利用するか，分解物（モノマーを含む）として再利用するか，あるいは燃料（電気，熱エネルギー）としてエネルギーを回収する方法がある．

　1）ポリマーとしての再利用　　PE では新しい PE とブレンドにする，あるいは回収したものを中間層にした3層成型品として再利用する．回収された PET ボトルはカーペット用繊維などに再生し利用されている．いずれの場合も回収プラスチックは汚れているので洗浄が必要であり，食品用の包装材料（ボトルなどを含む）への再利用はむずかしい．自動車のバンパーは再生容易な PP へ移行しつつある．

　2）モノマーの再利用　　PET からはエチレングリコール，テレフタル酸，あるいはテレフタル酸ジメチル，ビスヒドロキシエチレンテレフタレートまで，ナイロン-6 では ε-カプロラクタムまで解重合できる．

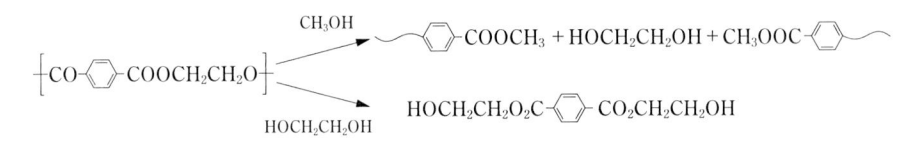

$$\{CO-\!\!\bigcirc\!\!-COOCH_2CH_2O\} \xrightarrow[\text{HOCH}_2\text{CH}_2\text{OH}]{\text{CH}_3\text{OH}} \begin{array}{l} \sim\!\!\bigcirc\!\!-COOCH_3 + HOCH_2CH_2OH + CH_3OOC\!\!-\!\!\bigcirc\!\!\sim \\ HOCH_2CH_2O_2C\!\!-\!\!\bigcirc\!\!-CO_2CH_2CH_2OH \end{array}$$

3) 石油に再生　回収した PE と PS を混ぜゼオライト系触媒を用いて熱分解するとガソリンと同じものができる．

4) エネルギーの利用　回収したタイヤはセメント製造時の燃料に利用．

　以上，リサイクルされたポリマーの再利用について二，三の例を述べた．しかし，問題はこのような技術よりも，廃プラスチックの回収・分別に費用がかかり，さらに回収したポリマーの洗浄など経済的に採算がとれないことが大きな問題であり，今後はリサイクルを考慮したポリマーの用途の制限，あるいは使用量の低減化など，回収再生技術以外にも解決せねばならない問題が多く残されている．

参 考 文 献

1) 安田　源，佐藤恒之ほか：高分子化学，朝倉書店，1994．
2) 筏　義人編：生分解性高分子，高分子刊行会，1994．

索 引

欧 文

ABS 樹脂 122
AS 樹脂 122
BR 165
Cp_2ZrMe_2-MAO 触媒 51
CR 167
DPPH 39
e 42,43
EDC 法 123
EPDM 168
EPM 168
E-SBR 166
GR-N 157
GR-S 157
HDPE 50,121
IC 149
IIR 168
iniferter 54
IR 165
LDPE 50,120
LLDPE 50,121
LSI 149
MAO 51
MR 樹脂 145
NBR 167
P(3 HB) 190
POF 154
PPO 135
Q 42,43
RAFT 55
RIM 117
S-S 曲線 21
S-SBR 167
TPE 23,158

ア 行

アクリル系繊維 98
アクリル系塗料 179
アクリル系ポリマー 125
麻 68,79
アセタールポリマー 138
アセチルセルロース 119
アセテート 86
アタクチック 13
圧縮成型 115
後処理 89
アニオン重合 29
亜麻 79
アミノアルキド樹脂塗料 177
アミノ樹脂 137
アミラーゼ 105
アルキド樹脂 130
アルキド樹脂塗料 177
アルミナ繊維 103

イオン交換樹脂 144
イオン交換膜 145
イオン対 49
イオン橋かけ 23
異性化重合 46
イソタクチック 13
一次ラジカル 33
糸まり状 35
医用高分子 151
陰イオン交換樹脂 144
インキ乾操方式 182
インフレーション加工 117

ウオッシュアンドウェア加工 111
ウレタン系の高分子 58
ウレタンゴム 169
ウレタンフォーム 141

エステル 125
エステル化反応 60
エッチング 150
エポキシ樹脂 140
エポキシ樹脂塗料 178
エマルションペイント 180
塩化ビニリデン繊維 101
塩化ビニル繊維 100
塩基触媒 47
エンジニアリングプラスチック 3,129
延伸 89
エントロピー弾性 22
エンプラ 129

オキシ塩素化法 123
押出加工 117
オゾン層の破壊 143

カ 行

開環重合 54
開始剤切片 34
開始反応 28
解重合 187
塊状重合 30
界面重縮合 61
化学繊維 78
化学増幅型のフォトレジスト 151
架橋型鎖延長剤 172
拡散律速停止 36
過酸化ベンゾイル 30
ガス分離膜 147
カチオン重合 29
加熱重縮合 61
ε-カプロラクタム 57,88

索引

カーボンブラック 160
カミンスキー触媒 120
可溶性触媒 51
ガラス繊維 103
ガラス転移温度（点） 19,114
加硫 162
加硫剤 159
カルボカチオン 54
カレンダー加工 117
感圧型接着剤 185
環境保全 189
感光型接着剤 185
感光性ポリマー 149
乾式紡糸 78
環状エーテルの開環重合 56
含窒素系ポリマー 129
感熱型接着剤 185
含ハロゲン繊維 100
顔料 180

キシラン 70
キシレン樹脂 136
キシロース 70
絹フィブロイン 79,81
逆浸透膜 146
球晶 18
牛乳カゼイン 79
キュプラ 82
共重合 39
共重合組成曲線 41
共重合組成式 39
共重合体 39
共触媒 46
共鳴安定化 42
共鳴効果 30
共役モノマー 43
極限粘度 10
極性効果 30
巨大網目分子構造 162

クラッド 154
グラフト共重合 64
グラフト共重合体 14
クラフトパルプ 73
繰返し単位 8
クリンプ 77
β-グルコース 68

けい光増白剤 106
血液適合性 152
結合 35
結晶化 14
結晶性高分子 15
結晶領域 69
ケラチン 81
ゲル効果 36
ケン縮 77
懸濁重合 31

コア 154
高解像度 151
高感度 151
抗血栓性 152
交互共重合体 41
硬質相 171
硬質フォーム 143
合成ウルシ 176
合成繊維 78
硬組織 152
高分子医薬 153
高分子反応 64
高分子偏光フィルム 155
高密度ポリエチレン 50,121
黒鉛繊維 102
五炭糖 70
ゴム弾性 22
コラーゲン 79
コールドラバー 167
コンジュゲート繊維 99
コンタクトレンズ 154
コンパクトディスク 155

サ 行

再開始反応 38
再湿性型接着剤 183
最小結晶単位 69
サイジング 75
再生セルロース繊維 82
再生繊維 78
再沈殿 24
サーモゾール法 108
鞘 154
三次元高分子 12
三大合成繊維 2,89

ジアゾナフトキノンスルホン酸
　エステル 150
2-シアノアクリル酸エステル
　127
シスチン結合 81
湿式紡糸 78
自動加速効果 36
射出成型 117
重合開始剤 30
重合禁止剤 38
重合速度 32
重合度調整剤 37
重合抑制剤 38
重縮合 27,59
集積回路 149
重付加 27
樹脂加工 110
酒精塗料 180
瞬間接着剤 127
硝酸セルロース 119
蒸発型接着剤 185
触媒の酸性 45
シリコンゴム 170
シリコン樹脂 134
シーリング材 170
芯 154
真空成型 118
シングルサイト 51
シンジオタクチック 13
浸せき加工 116
浸染 107
人造繊維 78
迅速開始緩慢成長 52
浸透圧 24

ステープルファイバー 77
ステレオゴム 158
素練り 158
スーパーエンプラ 133
スパンデックス 101
スフ 77
スラッシュモールド 116

生体適合性 151
成長反応 28
成長ラジカルの異性化 38
生分解性高分子 152
生分解性プラスチック 190

索　引

精練　104
精練剤　104
積層成型　116
セリシン　80
セルコン　139
セルロイド　2,119
セルロース　68
セルロース系プラスチック　119
セルロース誘導体　176
セロハン　111
線状高分子　26
染色　106

相対反応性　42
増量充填剤　161
促進剤　159
組織適合性材料　152
塑性変形　20
ソフトコンタクトレンズ　127
ソフトセグメント　171

タ 行

耐圧缶法　161
大規模集積回路　149
大麻　79
タイヤの製造　161
多糖類　68
多分散性　10
ターポリマー　168
多硫化ゴム　169
単位胞　69
炭化ケイ素繊維　103
単結晶　17
弾性フォーム　143
弾性変形　20
炭素繊維　102
タンパク質　79
単分散高分子　10

チオコール　169
逐次反応　27
チーグラー–ナッタ触媒　50, 120
注型加工　116
超高分子量ポリエチレン　121
直鎖状低密度ポリエチレン　50,121
沈殿剤　24

停止反応　28
定常状態　32
低密度ポリエチレン　50,120
テックス　77
デニール　77
テフロン　101
テフロン繊維　101
デルリン　139
テレケリックラバー　172
電子移動型　48
電子供与性モノマー　43
電子受容性モノマー　43
テンセル　78
天然繊維　78
デンプン　68

等重合度反応　64
透析膜　146
導電性ポリマー　148
頭尾構造　13
透明性　153
ドーマント種　54
ドラッグデリバリーシステム　153
トランスファー成型　116
トリアセテート　88
トリオキサン　138
トリフェニルスルホニウム塩　151
トリブロック共重合体　23
塗料　174
トルイレンジイソシアナート　58

ナ 行

ナイロン　90
ナイロン–6　90
ナイロン–66　90
なせん　106
生ゴム　164
軟化剤　161
軟質相　171
軟質フォーム　143
軟組織　152

二次元高分子　12
ニトリルゴム　167
ニトロキシド　55
乳化重合　31
乳化重合スチレン–ブタジエンゴム　166
ニュートンの法則　20
尿素樹脂　137
尿素・ホルムアルデヒド樹脂　63,110

ネガ型　150
熱可塑性エラストマー　23,158
熱可塑性樹脂　12,114
熱硬化性樹脂　12,62,114
熱分解　187
粘弾性　21
粘度平均分子量　10

伸び率　20
ノボラック樹脂　62,136
のり抜き剤　104

ハ 行

配位重合　29
ハイパロン　168
破壊的連鎖移動反応　36
橋かけ反応　64
橋かけモノマー　27
発泡成型　118
ハードセグメント　171
パラゴムノキ　163
パルプ　68,71
半合成繊維　78,86
反応型接着剤　185
反応乾燥型　174
バンバリーミキサー　158

光酸発生剤　150
光散乱　24
光ディスク　155
光の透過率　153
光分解性プラスチック　189
非共役モノマー　43
微結晶　14
非結晶領域　69
ビスコースレーヨン　82

被着体　183
ヒドロゲル　152
ビニル系塗料　179
ビニルゾル塗料　179
ビニロン　99
ビヒクル　180
漂白　104
漂白剤　104
貧溶媒　23

フィブリル　69
フェノール樹脂　135
フェノール樹脂塗料　176
フェノール・ホルムアルデヒド
　　樹脂　62
フォークト模型　21
フォトレジスト　149
付加型　48
付加縮合　62
不均化　35
複合材料　132
複合ラッカー　180
房状ミセル　15,69
不織布　111
ブチルゴム　168
フックの法則　20
フッ素系ポリマー　124
フッ素ゴム　170
ブナ S　156
ブナ N　156
不飽和ポリエステル　131
不飽和ポリエステル塗料　178
プラスチック　114
プラスチック光ファイバー
　　154
プリント　106
プレス法　161
ブロー（吹込）成型　118
ブロック共重合体　41,53
フロン　142
分解性プラスチック　189
分解反応　64
分子内環化反応　65
分子量分布　11
分離機能　144

平均重合度　8
平均分子量　8

平衡定数　61
平衡反応　61
平方根の法則　32
平面構造　17
ヘキソサン　70
ヘキソース　70
ベークライト　1
ヘビヤブラジリエンシス　163
ヘミセルロース　68,70
α-ヘリックス　81
ペルフルオロポリマー　146
ペントサン　70
ペントース　70

芳香族ポリアミド　94
紡糸　88
膨潤　23
補強剤　160
ポジ型　150
補助剤　180
ホットラバー　167
ポリ（3-ヒドロキシブチラート）
　　190
ポリアクリルアミド　125
ポリアクリル酸　125
ポリアクリロニトリル　125
ポリアセチレン　148
ポリアセチレン電極　148
ポリアミド　130
ポリアリラート　130
ポリイソプレン　165
ポリウレタン　141
ポリウレタン繊維　101
ポリウレタン塗料　178
ポリエステル　130
ポリエチレン　9,16,120
ポリエチレンオキシド　139
ポリエチレン繊維　100
ポリエチレンテレフタレート
　　130
ポリエチレンテレフタレート繊
　　維　95
ポリエーテル　139
ポリ塩化ビニリデン　124
ポリ塩化ビニル　123
ポリオキシメチレン　138
ポリオレフィン　120
ポリオレフィン系繊維　100

ポリカーボナート　132
ポリグリコール酸　190
ポリクロロプレン　167
ポリ酢酸ビニル　127
ポリスチレン　122
ポリテトラフルオロエチレン
　　101
ポリ乳酸　152,190
ポリノジック繊維　84
ポリビニルアルコール　64,99
ポリビニルエーテル　128
ポリビニルシンナマート　149
ポリビニルピリジン　129
ポリビニルピロリドン　129
ポリビニルブチラール塗料
　　179
ポリフェニレンオキシド　135
ポリブタジエン　165
ポリブチレンテレフタレート
　　130
ポリプロピレン　17,121
ポリプロピレン繊維　100
ポリマーアロイ　135
ポリマーバッテリー　148
ポリマーブレンド　135
ポリメタクリル酸　126
ボロン繊維　103

マ　行

マイクロカプセル　153
マクスウェル模型　21
マーセル化　79
末端官能化反応　53
末端官能化ポリマー　52
末端基　8
マンノース　70

ミクロブラウン運動　19
ミセル　31,69

無機繊維　103
無定形高分子　15

メタクリル酸グリシジル　127
メタクリル酸メチル　126
メチルアルミノキサン　51
メチルエステル　126

メラミン樹脂　137
メラミンホルムアルデヒド樹脂
　　110

モノマー　26
モノマー反応性比　40
木綿　68,79

ヤ 行

薬物送達システム　153

有機過酸化物　170
有機ガラス　127
有機光ファイバー　127
融点　19,114
誘導期　38
遊離イオン　49
油性エナメル　175
油性塗料　175
油性ペイント　175

陽イオン交換樹脂　144
溶液重合　31

溶解　23
溶剤揮発乾燥型　174
羊毛ケラチン　79
溶融重縮合法　59
溶融紡糸　78
四フッ化エチレン繊維　101

ラ 行

ラクタムの開環重合　57
ラクトンの開環重合　57
ラジカルアニオン　52
ラジカル重合　29
ラジカル付加開裂連鎖移動剤
　　55
らせん構造　17
ラッカー　180
ラテックス　163
ラミー　79
ラメラ構造　18

リグニン　68
リサイクル　191
立体異性体　13

立体規則性　14
立体規則性ゴム　158
立体規則性ポリマー　29
立体配座　15
リビングカチオン重合　54
リビングポリマー　49
リビングラジカル重合　54
流動コーティング　118
良溶媒　23

ルイス酸　46

レオロジー　20
レゾール樹脂　62,135
レドックス開始剤　33
レーヨン　68
レーヨン繊維　82
連鎖移動定数　33,36
連鎖移動反応　28
連鎖てい伝体　28
連鎖反応　27

老化防止剤　159
六炭糖　70

新版 基礎高分子工業化学

定価はカバーに表示

2003 年 1 月 25 日　初版第 1 刷
2014 年 1 月 20 日　　　第10刷

著　者	田　　中　　　　誠	
	大　　津　　隆　　行	
	角　　岡　　正　　弘	
	高　　岸　　　　徹	
	圓　　藤　　紀代司	
発行者	朝　　倉　　邦　　造	
発行所	株式会社 朝　倉　書　店	

東京都新宿区新小川町 6-29
郵 便 番 号　162-8707
電　話　03（3260）0141
F A X　03（3260）0180
http://www.asakura.co.jp

〈検印省略〉

Ⓒ 2003〈無断複写・転載を禁ず〉　　　　教文堂・渡辺製本

ISBN 978-4-254-25246-0　C 3050　　Printed in Japan

JCOPY ＜(社)出版者著作権管理機構 委託出版物＞

本書の無断複写は著作権法上での例外を除き禁じられています．複写される場合は，そのつど事前に，(社) 出版者著作権管理機構（電話 03-3513-6969，FAX 03-3513-6979，e-mail: info@jcopy.or.jp）の許諾を得てください．

高分子学会編

高分子辞典（第3版）

25248-4 C3558　　　B5判　848頁　本体38000円

前回の刊行から十数年を経過するなか、高分子精密重合や超分子化学、液晶高分子、生分解高分子、ナノ構造体、表面・界面のナノスケールでの構造・物性解析技術さらにポリマーゲル、生医用高分子、光・電子用高分子材料など機能高分子の発展は著しい。今改訂では基礎高分子化学領域を充実した他、発展領域を考慮し用語数も約5200と増やし内容を一新。わかりやすく解説した五十音順配列の辞典。〔内容〕合成・反応／構造・物性／機能／生体関連／環境関連／工業・工学／他

日本分析化学会高分子分析研究懇談会編

高分子分析ハンドブック
（CD-ROM付）

25252-1 C3558　　　B5判　1268頁　本体50000円

様々な高分子材料の分析について、網羅的に詳しく解説した。分析の記述だけでなく、材料や応用製品等の「物」に関する説明もある点が、本書の大きな特徴の一つである。〔内容〕目的別分析ガイド（材質判定／イメージング／他）、手法別測定技術（分光分析／質量分析／他）、基礎材料（プラスチック／生ゴム／他）、機能性材料（水溶性高分子／塗料／他）、加工品（硬化樹脂／フィルム・合成紙／他）、応用製品・応用分野（包装／食品／他）、副資材（ワックス・オイル／炭素材料）

作花済夫・由水常雄・伊藤節郎・幸塚広光・肥塚隆保・田部勢津久・平尾一之・和田正道編

ガラスの百科事典

20124-6 C3550　　　A5判　696頁　本体20000円

ガラスの全てを網羅し、学生・研究者・技術者・ガラスアーチストさらに一般読者にも興味深く読めるよう約200項目を読み切り形式で平易解説。〔内容〕古代文明とガラス／中世・近世のガラス／製造工業の成立／天然ガラス／現代のガラスアート／ガラスアートの技法／身の回りのガラス／住とガラス／映像機器／健康・医療／自動車・電車／光通信／先端技術ガラス／工業用ガラスの溶融／成形と加工／環境問題／エネルギーを創る／ガラスの定義・種類／振る舞いと構造／特性／他

前東大 田村昌三編

危険物ハザードデータブック

25249-1 C3058　　　B5判　512頁　本体19000円

実験室や化学工場で広く用いられている化学物質のうち、消防法、毒・劇物取締法、労働安全衛生法、高圧ガス保安法等に記載されている危険物2400余を網羅。物理的特性、燃焼危険性、有害危険性、火災時の措置等のデータを一覧表形式で掲載。研究開発から現場での安全管理まで広く役立つ実用的な内容。化学・環境関連の研究者・技術者必備の一冊。〔内容〕CAS No.／危険物分類／外観／比重／沸点／融点／溶解度／引火点／発火点／爆発範囲／LC_{50}／火災時の措置／他

神奈川大 山村　博・横浜国大 米屋勝利監修

セラミックスの事典

25251-4 C3558　　　A5判　496頁　本体16000円

セラミックスに関する化学、応用化学、さらに電子情報、バイオ、環境・エネルギー領域を視野におき、総説的あるいは教科書の観点に立って現象や事象を平易に解説。全体を9部門（約380項目）に分け各項目ごとに読み切り形式とし、図やデータを用いながら具体的な記述によりセラミックスに関わる各種技術を中心とする基礎から応用までを概観できる事典。〔内容〕粉末・粉体／焼結体／単結晶／シリカガラス（石英ガラス）／膜／繊維とその複合材料／多孔体／加工・評価技術／結晶構造

◈ 役にたつ化学シリーズ〈全9巻〉 ◈

基本をしっかりおさえ，社会のニーズを意識した大学ジュニア向けの教科書

安保正一・山本峻三編著　川崎昌博・玉置　純・
山下弘巳・桑畑　進・古南　博著
役にたつ化学シリーズ1
集 合 系 の 物 理 化 学
25591-1 C3358　　　　B5判 160頁 本体2800円

エントロピーやエンタルピーの概念，分子集合系の熱力学や化学反応と化学平衡の考え方などをやさしく解説した教科書。〔内容〕量子化エネルギー準位と統計力学／自由エネルギーと化学平衡／化学反応の機構と速度／吸着現象と触媒反応／他

川崎昌博・安保正一編著　吉澤一成・小林久芳・
波田雅彦・尾崎幸洋・今堀　博・山下弘巳他著
役にたつ化学シリーズ2
分 子 の 物 理 化 学
25592-8 C3358　　　　B5判 200頁 本体3600円

諸々の化学現象を分子レベルで理解できるよう平易に解説。〔内容〕量子化学の基礎／ボーアの原子モデル／水素型原子の波動関数の解／分子の化学結合／ヒュッケル法と分子軌道計算の概要／分子の対称性と群論／分子分光法の原理と利用法／他

出来成人・辰巳砂昌弘・水畑　穣編著　山中昭司・
幸塚広久・横尾俊信・中西和樹・高田十志和他著
役にたつ化学シリーズ3
無 機 化 学
25593-5 C3358　　　　B5判 224頁 本体3600円

工業的な応用も含めて無機化学の全体像を知るとともに，実際の生活への応用を理解できるよう，ポイントを絞り，ていねいに，わかりやすく解説した。〔内容〕構造と周期表／結合と構造／元素と化合物／無機反応／配位化学／無機材料化学

太田清久・酒井忠雄編著　中原武利・増原　宏・
寺岡靖剛・田中庸裕・今堀　博・石原達己他著
役にたつ化学シリーズ4
分 析 化 学
25594-2 C3358　　　　B5判 208頁 本体3400円

材料科学，環境問題の解決に不可欠な分析化学を正しく，深く理解できるように解説。〔内容〕分析化学と社会の関わり／分析化学の基礎／簡易環境分析化学法／機器分析法／最新の材料分析法／これからの環境分析化学／精確な分析を行うために

水野一彦・吉田潤一編著　石井康敬・大島　巧・
太田哲男・垣内喜代三・勝村成雄・瀬恒潤一郎他著
役にたつ化学シリーズ5
有 機 化 学
25595-9 C3358　　　　B5判 184頁 本体2700円

基礎から平易に解説し，理解を助けるよう例題，演習問題を豊富に掲載。〔内容〕有機化学と共有結合／炭化水素／有機化合物のかたち／ハロアルカンの反応／アルコールとエーテルの反応／カルボニル化合物の反応／カルボン酸／芳香族化合物

戸嶋直樹・馬場章夫編著　東尾保彦・芝田育也・
圓藤紀代司・武田徳司・内藤猛章・宮田興子著
役に立つ化学シリーズ6
有 機 工 業 化 学
25596-6 C3358　　　　B5判 196頁 本体3300円

人間社会と深い関わりのある有機工業化学の中から，普段の生活で身近に感じているものに焦点を絞って説明。石油工業化学，高分子工業化学，生活環境化学，バイオ関連工業化学について，歴史，現在の製品の化学やエンジニヤリングを解説

宮田幹二・戸嶋直樹編著　高原　淳・宍戸昌彦・
中條善樹・大石　勉・隅田泰生・原田　明他著
役にたつ化学シリーズ7
高 分 子 化 学
25597-3 C3358　　　　B5判 212頁 本体3800円

原子や簡単な分子から説き起こし，高分子の創造・集合・変化の過程にそって解説した学部学生のための教科書。〔内容〕宇宙史の中の高分子／高分子の概念／有機合成高分子／生体高分子／無機高分子／機能性高分子／これからの高分子

古崎新太郎・石川治男編著　田門　肇・大嶋　寛・
後藤雅宏・今駒博信・井上義朗・奥山喜久夫他著
役にたつ化学シリーズ8
化 学 工 学
25598-0 C3358　　　　B5判 216頁 本体3400円

化学工学の基礎について，工学系・農学系・医学系の初学者向けにわかりやすく解説した教科書。〔内容〕化学工学とその基礎／化学反応操作／分離操作／流体の運動と移動現象／粉粒体操作／エネルギーの流れ／プロセスシステム／他

村橋俊一・御園生誠編著　梶井克純・吉田弘之・
岡崎正規・北野　大・増田　優・小林　修他著
役にたつ化学シリーズ9
地 球 環 境 の 化 学
25599-7 C3358　　　　B5判 160頁 本体3000円

環境問題全体を概観でき，総合的な理解を得られるよう，具体的に解説した教科書。〔内容〕大気圏の環境／水圏の環境／土壌圏の環境／生物圏の環境／化学物質総合管理／グリーンケミストリー／廃棄物とプラスチック／エネルギーと社会／他

前東大 田村昌三・東大 新井 充・東大 阿久津好明著
エネルギー物質と安全
25028-2 C3058　　A5判 176頁 本体3200円

大きな社会問題にもなっているエネルギー物質，化学物質とその安全性・危険性の関連を初めて体系的に解説。〔内容〕エネルギー物質とその応用／エネルギー物質の熱化学／安全の化学／化学物質の安全管理と地震対策／危険物と関連法規

前名大 後藤繁雄編著　名大 板谷義紀・名大 田川智彦・前名大 中村正秋著
化学反応操作
25034-3 C3058　　A5判 128頁 本体2200円

反応速度論，反応工学，反応装置工学について基礎から応用まで系統的に平易・簡潔に解説した教科書，参考書。〔内容〕工学の対象としての化学反応と反応工学／化学反応の速度／均一系の反応速度／不均一系の反応速度／反応操作／反応装置

◆ 応用化学シリーズ〈全8巻〉 ◆
学部2～4年生のための平易なテキスト

横国大 太田健一郎・山形大 仁科辰夫・北大 佐々木健・岡山大 三宅通博・前千葉大 佐々木義典著
応用化学シリーズ1
無機工業化学
25581-2 C3358　　A5判 224頁 本体3500円

理工系の基礎科目を履修した学生のための教科書として，また一般技術者の手引書として，エネルギー，環境，資源問題に配慮し丁寧に解説。〔内容〕酸アルカリ工業／電気化学とその工業／金属工業化学／無機合成／窯業と伝統セラミックス

山形大 多賀谷英幸・秋田大 進藤隆世志・東北大 大塚康夫・日大 玉井康文・山形大 門川淳一著
応用化学シリーズ2
有機資源化学
25582-9 C3358　　A5判 164頁 本体3000円

エネルギーや素材等として不可欠な有機炭素資源について，その利用・変換を中心に環境問題に配慮して解説。〔内容〕有機化学工業／石油資源化学／石炭資源化学／天然ガス資源化学／バイオマス資源化学／廃炭素資源化学／資源とエネルギー

前千葉大 山岡亜夫編著
応用化学シリーズ3
高分子工業化学
25583-6 C3358　　A5判 176頁 本体2800円

上田充・安中雅彦・鴇田昌之・高原茂・岡野光大・菊地明彦・松方美樹・鈴木淳史著。
21世紀の高分子の化学工業に対応し，基礎的事項から高機能材料まで環境的側面にも配慮して解説した教科書。

前慶大 柘植秀樹・横国大 上ノ山周・前群馬大 佐藤正之・農工大 国眼孝雄・千葉大 佐藤智司著
応用化学シリーズ4
化学工学の基礎
25584-3 C3358　　A5判 216頁 本体3400円

初めて化学工学を学ぶ読者のために，やさしく，わかりやすく解説した教科書。〔内容〕化学工学の基礎（単位系，物質およびエネルギー収支，他）／流体輸送と流動／熱移動（伝熱）／物質分離（蒸留，膜分離など）／反応工学／付録（単位換算表，他）

掛川一幸・山村博・植松敬三・守吉祐介・門間英毅・松田元秀著
応用化学シリーズ5
機能性セラミックス化学
25585-0 C3358　　A5判 240頁 本体3800円

基礎から応用まで図を豊富に用いて，目で見てもわかりやすいよう解説した。〔内容〕セラミックス概要／セラミックスの構造／セラミックスの合成／プロセス技術／セラミックスにおけるプロセスの理論／セラミックスの理論と応用

前千葉大 上松敬禧・筑波大 中村潤児・神奈川大 内藤周弌・埼玉大 三浦弘・理科大 工藤昭彦著
応用化学シリーズ6
触媒化学
25586-7 C3358　　A5判 184頁 本体3200円

初学者が触媒の本質を理解できるよう，平易に分かりやすく解説。〔内容〕触媒の歴史と役割／固体触媒の表面／触媒反応の素過程と反応速度論／触媒反応機構／触媒反応場の構造と物性／触媒の調整と機能評価／環境・エネルギー関連触媒／他

慶大 美浦隆・神奈川大 佐藤祐一・横国大 神谷信行・小山高専 奥山優・甲南大 縄舟秀美・理科大 湯浅真著
応用化学シリーズ7
電気化学の基礎と応用
25587-4 C3358　　A5判 180頁 本体2900円

電気化学の基礎をしっかり説明しし，それから応用面に進めるよう配慮して編集した。身近な例から新しい技術まで解説。〔内容〕電気化学の基礎／電池／電解／金属の腐食／電気化学を基礎とする表面処理／生物電気化学と化学センサ

上記価格（税別）は2013年12月現在